U0541225

教育部哲学社会科学系列发展报告（培育）项目
食品安全风险治理研究院智库研究成果
国家自然科学基金青年项目（71303094）研究成果

中国食品安全网络舆情发展报告（2017）

Introduction to 2017 China Development Report on Online Public Opinion of Food Safety

洪 巍 邓 婕 吴林海 等 著

中国社会科学出版社

图书在版编目（CIP）数据

中国食品安全网络舆情发展报告.2017/洪巍等著.—北京：中国社会科学出版社，2019.6

ISBN 978-7-5203-1949-2

Ⅰ.①中… Ⅱ.①洪… Ⅲ.①食品安全—互联网络—舆论—研究报告—中国—2017 Ⅳ.①TS201.6

中国版本图书馆 CIP 数据核字（2018）第 004738 号

出 版 人	赵剑英
责任编辑	卢小生
责任校对	周晓东
责任印制	王 超

出　　版	中国社会科学出版社
社　　址	北京鼓楼西大街甲 158 号
邮　　编	100720
网　　址	http://www.csspw.cn
发 行 部	010-84083685
门 市 部	010-84029450
经　　销	新华书店及其他书店
印　　刷	北京明恒达印务有限公司
装　　订	廊坊市广阳区广增装订厂
版　　次	2019 年 6 月第 1 版
印　　次	2019 年 6 月第 1 次印刷
开　　本	710×1000　1/16
印　　张	16.5
插　　页	2
字　　数	278 千字
定　　价	88.00 元

凡购买中国社会科学出版社图书，如有质量问题请与本社营销中心联系调换
电话：010-84083683
版权所有　侵权必究

处于风口浪尖上的中国食品安全舆情：
认识规律，正确引导人文关怀[*]
（代序）

食品安全和网络舆情都属当下中国最引人注目也是最值得关注的事项，一旦它们有了交集，就更加需要花大力气去研究。摆在我们面前的《中国食品安全网络舆情发展报告》（以下简称《报告》）为公众和研究者提供了丰富的材料、提出了富有启发的思路和观点。

如今互联网已成为公开透明的利益表达和利益博弈场所，成为各种突发事件和热门话题极其重要的信息集散地。2000 年，食品安全事件成为网络热点事件。此后，尤其是 2011 年、2012 年，公众对食品安全的网络负面舆情倍加关注，甚至群情鼎沸。当科学素养和独立判断能力尚不足以解惑之时，人们难免会感慨："在中国，还有什么能吃？"甚至在网络上言辞激烈地批评政府监管不力。有时，科学家就食品安全问题发表理性意见，却会被刻薄地斥责为包庇政府或为企业开脱，甚至被调侃为"砖家""叫兽"。但是，在这看似"一边倒"的混沌的信息背后，透过那些乱箭伤人的情感表达，以及负面舆情的无序发展，还是能发现，网络舆情的发展其实包含着独特的运行逻辑：在网民多种意见、观点的交相呈现和反复激荡中，理性的声音必然会逐渐上升，最终会形成多元互补格局。务必记住，网络舆情研究既要忠于事实，解读社情民意，又不能被网上的喧哗、流言甚至谣言所牵引，随波逐流。社会管理者必须运用更高的智慧，把握网络舆论的深层规律，以便正确应对和引导网上随时可能喷薄而出的舆论能量。

本《报告》在中国食品安全舆情研究的历史上应具标志性。它紧紧抓住近年来出现的相关典型事件，对食品安全网络舆情的内生机理、传播

---

[*] 此序言是刘大椿教授为《中国食品安全网络舆情发展报告（2012）》所作。

规律、预警和引导机制做了细致的研究，揭示了食品安全网络舆情的社会影响力和深层机理，致力于引导公众理性地看待中国社会的食品安全舆情，具有很高的学术价值和重大的现实意义。《报告》还给社会管理者以现实的启迪：食品安全网络舆情的引导不是仅凭悲天悯人的情怀就能处理好的，而是既要热心体会民生冷暖，也要冷眼观察舆论的潮起潮落；只有认识到网络舆情的生成、传播的内在特征，客观地评估政府与新闻媒体、网络民意的互动效果，认真审视新闻发布、民众诉求应对、官员问责等事项，才能真正有效地引导舆论的良性发展，提高公众的科学素养和研判能力。对于媒体而言，客观、公正的资料采集、整理、分析、总结、评论，及时寻找对策并与民众进行交流沟通，才能将最为合理的评价传递给受众，引导群众理性应对风险，避免社会心理恐慌。

食品安全是事关民生的大问题，《报告》以新媒体环境下中国食品安全的网络舆情现状为立足点，整合传播学、管理学、社会学、计算机科学、信息科学等多学科研究视角，娴熟地运用定量与定性相结合的方法，不仅在理论研究上卓有建树，而且对我国食品安全网络舆情的公众认知、态度的倾向性以及政府应对的得失等方面开展了广泛的应用研究。《报告》着重实证研究，通过大量的问卷和问题来厘清食品安全网络舆情的焦点、强度、演变轨迹。《报告》不回避当今公众对食品安全事件太深的无奈和太沉的期待，体现了研究者对实事求是精神的坚守和强烈的人文关怀，令人感动。

网络支撑起的虽是虚拟空间，然而表达的常为关乎民生的现实社会问题。在虚实之间，互联网正成为提升当代社会凝聚力的平台。善待网民，信任人民，提高公众素养，此乃当务之急。愿《报告》的出版，有助于减少"转型期社会"的震荡和阵痛，打破官民间习见的精神隔膜，促进中国食品安全事业的和谐发展。倘如此，则《报告》功莫大焉。

中国人民大学一级教授、图书馆馆长刘大椿
2012年10月3日于北京

目 录

导 论 ……………………………………………………………… 1
  一 研究背景 …………………………………………………… 1
  二 研究主线 …………………………………………………… 2
  三 研究方法 …………………………………………………… 2
  四 研究内容 …………………………………………………… 3
  五 主要结论 …………………………………………………… 5

上篇 食品安全网络舆情发展现状

第一章 2016年食品安全网络舆情行业研究 ………………… 11
  一 肉制品行业网络舆情 …………………………………… 11
  二 油制品行业网络舆情 …………………………………… 23
  三 乳制品行业网络舆情 …………………………………… 27
  四 白酒与饮料行业网络舆情 ……………………………… 38

第二章 基于食品抽检结果的食品安全状况分析 …………… 52
  一 国家食品药品监督管理总局抽检结果 ………………… 52
  二 江苏省食品药品监督管理局抽检结果 ………………… 62
  三 总结 ……………………………………………………… 68

中篇 食品安全网络舆情实证研究

第三章 食品安全网络舆情公众调查报告 …………………… 73
  一 调查说明与受访网民特征 ……………………………… 73

二　网民对食品安全和食品安全网络舆情的认知与行为………… 75
　　三　网民对食品安全网络谣言信息的认知与行为………………… 82
　　四　食品安全网络谣言信息与公众恐慌………………………………… 93
　　五　主要结论………………………………………………………………… 102

第四章　网民传播食品安全网络谣言信息的影响因素……………… 105
　　一　文献回顾………………………………………………………………… 105
　　二　研究设计………………………………………………………………… 106
　　三　网民传播食品安全网络谣言信息影响因素回归分析………… 108
　　四　研究结论………………………………………………………………… 111

第五章　食品安全网络谣言信息对公众恐慌的影响………………… 112
　　一　文献回顾………………………………………………………………… 112
　　二　问卷设计与样本特征………………………………………………… 113
　　三　公众恐慌的影响因素回归分析……………………………………… 115
　　四　结果分析………………………………………………………………… 117
　　五　研究结论………………………………………………………………… 119

下篇　食品安全网络舆情理论研究

第六章　食品安全网络舆情耦合机制研究…………………………… 123
　　一　理论基础………………………………………………………………… 124
　　二　食品安全事件网络舆情耦合协调度模型………………………… 126
　　三　实证分析………………………………………………………………… 129
　　四　结论……………………………………………………………………… 133

第七章　基于个体情感特征的群体极化现象研究…………………… 136
　　一　引言……………………………………………………………………… 137
　　二　基础模型………………………………………………………………… 138
　　三　基于个体情感特征的观点演化模型构建………………………… 140
　　四　仿真模拟………………………………………………………………… 142
　　五　结语……………………………………………………………………… 156

第八章 2017年食品安全谣言传播网络分析 ... 159
    一 文献综述 ... 160
    二 社会网络分析法 ... 161
    三 研究设计 ... 166
    四 总结 ... 175

第九章 基于前景理论的食品安全网络谣言传播仿真研究 ... 178
    一 文献回顾 ... 178
    二 模型假设及解释 ... 180
    三 食品安全网络谣言传播仿真实验分析 ... 185
    四 研究结论 ... 218

第十章 政府监管下的网络推手合谋行为研究 ... 220
    一 引言 ... 220
    二 网络推手和意见领袖合谋行为的博弈分析 ... 223
    三 仿真分析 ... 231
    四 政策建议 ... 235
    五 结语 ... 236

主要参考文献 ... 238

后 记 ... 249

图 目 录

图 1-1　2016 年四川老太买回发光猪肉事件百度指数 …………………… 22
图 1-2　2016 年北大荒食用油致癌物超标事件百度指数 ………………… 27
图 1-3　2016 年央视曝光多款海淘奶粉不合格事件百度指数 …………… 38
图 1-4　2016 年假酒事件舆情走势 …………………………………………… 45
图 1-5　2016 年澳洲蜂蜜事件百度指数 ……………………………………… 51
图 2-1　国家食品药品监督管理总局各类食品监督抽检
　　　　不合格率 …………………………………………………………………… 54
图 2-2　不合格产品生产厂家和经营单位所在省份出现次数 …………… 54
图 2-3　糕点抽检不合格情况 ………………………………………………… 55
图 2-4　糕点抽检不合格产品省份 …………………………………………… 56
图 2-5　食糖抽检不合格情况 ………………………………………………… 57
图 2-6　食糖抽检不合格产品省份 …………………………………………… 58
图 2-7　水果制品抽检不合格情况 …………………………………………… 58
图 2-8　水果抽检不合格产品省份 …………………………………………… 59
图 2-9　水产制品抽检不合格情况 …………………………………………… 60
图 2-10　水产制品抽检不合格产品省份 …………………………………… 60
图 2-11　蔬菜抽检不合格情况 ……………………………………………… 61
图 2-12　蔬菜抽检不合格产品省份 ………………………………………… 62
图 2-13　2017 年江苏食品药品监督管理局各类食品监督抽检
　　　　 不合格率 ………………………………………………………………… 63
图 2-14　江苏省酒类抽检不合格情况 ……………………………………… 63
图 2-15　江苏省糕点抽检不合格情况 ……………………………………… 65
图 2-16　江苏省肉制品抽检不合格情况 …………………………………… 66
图 2-17　江苏省饮料抽检不合格情况 ……………………………………… 67
图 2-18　江苏省水产制品抽检不合格情况 ………………………………… 67

图 3-1 受访网民对于与过去相比（如上年）食品安全总体状况的认识 …………… 76
图 3-2 受访网民对于未来食品安全状况的信心 …………………………………… 76
图 3-3 受访网民对于网络上食品安全信息的关注程度 …………………………… 77
图 3-4 受访网民对于网络上食品安全信息的信任程度 …………………………… 77
图 3-5 受访网民接收食品安全知识的途径 ………………………………………… 78
图 3-6 受访网民从新闻或者其他媒体上获知某类食品具有安全问题时采购此类食品的行为 ……………………………………………… 79
图 3-7 受访网民发现有食品安全问题时采取的措施 ……………………………… 79
图 3-8 受访网民在什么情况下可以参与食品安全治理或者举报 ………………… 80
图 3-9 受访网民在网络上发现一个话题与自己所认知的实际不符合时的行为 … 80
图 3-10 受访网民对于网络上一些激烈的争论同时也是自己感兴趣的话题的行为 …………………………………………………… 81
图 3-11 受访网民对于在网络注册时填写个人真实信息的必要性的认识 ……… 81
图 3-12 受访网民对于食品安全网络谣言的数量的认识 ………………………… 82
图 3-13 受访网民对于食品安全网络谣言最多的网络平台的认识 ……………… 83
图 3-14 受访网民对"传播食品安全网络谣言信息可能降低其他网民对自己的信任"这种说法的认同程度 ……………………………… 83
图 3-15 受访网民对"传播食品安全网络谣言信息可能因触犯法律法规而带来负面影响"这种说法的认同程度 ………………………… 84
图 3-16 受访网民对"传播食品安全网络谣言信息可以引起更多人关注食品安全事件并有助于其解决"这种说法的认同程度 ……………………………………………………………………… 85
图 3-17 受访网民对"政府对食品安全网络谣言信息的监管力度不够"这种说法的认同程度 …………………………………………… 85
图 3-18 受访网民对"传播食品安全网络谣言信息不会对其他人产生负面影响"这种说法的认同程度 ……………………………………… 86
图 3-19 受访网民对"传播食品安全网络谣言信息不会对社会产生

图目录 ·3·

图 3-20 受访网民对"由于培训、宣传不到位而导致不了解有关网络信息传播的法律法规"这种说法的认同程度 …………… 87

图 3-21 受访网民对"食品安全网络谣言信息容易激发公众担忧、恐惧、不满、愤怒等情感"这种说法的认同程度 ………… 88

图 3-22 受访网民对"食品安全网络谣言信息细节描述详尽"这种说法的认同程度 ……………………………………………… 88

图 3-23 受访网民对"食品安全网络谣言信息有证据支持"这种说法的认同程度 ……………………………………………… 89

图 3-24 受访网民对于食品安全事件所产生的危害的严重程度的认识 …………………………………………………………… 89

图 3-25 受访网民对于政府食品安全监管部门针对食品安全网络谣言信息所发布的辟谣信息的充足程度的认识 ………… 90

图 3-26 受访网民对于政府食品安全监管部门针对食品安全网络谣言信息所发布的辟谣信息的及时性的认识 …………… 90

图 3-27 受访网民对于政府食品安全监管部门针对食品安全网络谣言信息所发布的辟谣信息的可信度的认识 …………… 91

图 3-28 受访网民在食品安全事件发生后的焦虑程度 …………… 92

图 3-29 受访网民对食品安全知识的熟悉程度 …………………… 92

图 3-30 受访网民辨别食品安全网络谣言信息的能力 …………… 93

图 3-31 受访网民传播食品安全网络谣言信息的可能性 ………… 93

图 3-32 受访网民对"食品安全网络谣言信息对其他人的影响更大"这种说法的认同程度 ……………………………………… 94

图 3-33 受访网民对于食品安全网络谣言信息所涉及的食品安全问题的致命程度的认识 …………………………………… 95

图 3-34 受访网民对于食品安全网络谣言信息所涉及的食品安全问题的影响范围的认识 …………………………………… 95

图 3-35 受访网民对于在食品安全网络谣言信息所涉及的食品安全问题中的暴露程度的认识 ……………………………… 96

图 3-36 受访网民对于食品安全网络谣言信息所涉及的食品安全问题的不可接触程度的认识 ……………………………… 96

图 3-37 受访网民对于食品安全网络谣言信息所涉及的食品安全

	问题的可识别程度的认识 ……………………………	97
图3-38	受访网民对于食品安全网络谣言信息的清晰程度的认识 ……………………………………………………	97
图3-39	受访网民对于媒体对食品安全网络谣言信息所涉及的食品安全问题的报道数量的认识 …………	98
图3-40	受访网民对于媒体对食品安全网络谣言信息所涉及的食品安全问题的正面报道与负面报道相比数量的认识 ……	98
图3-41	受访网民对于自己所知道的其他人在面对食品安全网络谣言信息时的恐慌程度的认识 ………………	99
图3-42	受访网民对于专家针对食品安全网络谣言信息所发布的辟谣信息的及时性的认识 ………………………	99
图3-43	受访网民对于专家针对食品安全网络谣言信息所发布的辟谣信息的可信度的认识 ………………………	100
图3-44	受访网民对于自己对政府处理食品安全问题的能力的信任程度的认识 ………………………………………	100
图3-45	受访网民在面对食品安全网络谣言信息时的恐慌程度 ……	101
图3-46	受访网民因食品安全网络谣言信息而采取恐慌行为（如抵制、抢购等）的可能性 ……………………………	101
图6-1	食品安全事件网络舆情耦合机制 ………………………	126
图6-2	耦合度测量指标体系权重 ………………………………	129
图6-3	客观型数据分布 …………………………………………	131
图6-4	耦合协调度趋势 …………………………………………	131
图6-5	耦合协调度与事件影响力对比 …………………………	132
图7-1	观点交互阈值与观点值的函数曲线 ……………………	141
图7-2	当 x=0.5 时，d_m 取不同值情况下群体观点演化过程 ……	144
图7-3	当 x=1 时，d_m 取不同值情况下群体观点演化过程 ……	145
图7-4	当 x=2 时，d_m 取不同值情况下群体观点演化过程 ……	146
图7-5	当 x=2 时，初始观点呈正态分布，d_m 取不同值情况下群体观点演化过程 ………………………………………	149
图7-6	最近邻耦合网络，当 x=2 时，d_m 取不同值情况下群体观点演化过程 ………………………………………	150
图7-7	随机网络，当 x=2 时，d_m 取不同值情况下群体观点	

演化过程 ·· 151

图7-8 小世界网络，当 x=2 时，d_m 取不同值情况下群体观点
演化过程 ·· 152

图7-9 BA 无标度网络，当 x=2 时，d_m 取不同值情况下群体观点
演化过程 ·· 152

图7-10 当参数 x=2、$n_0=1$ 时，d_m 取不同值情况下群体观点
演化过程 ·· 154

图7-11 当参数 x=2、$n_0=2$ 时，d_m 取不同值情况下群体观点
演化过程 ·· 155

图8-1 社会网络分析指标分类 ···································· 161

图8-2 2017年食品安全微博谣言传播网络 ························ 169

图9-1 政府对食品安全网络谣言的监管力度对传播过程的
影响 ·· 187

图9-2 网民与群体行为不一致而遭受的心理损失对传播过程的
影响 ·· 190

图9-3 网络谣言推手和网民传播谣言获得收益的概率对
传播过程的影响 ·· 194

图9-4 网络推手和网民传播谣言信息所获得收益的相关参数对
传播过程的影响 ·· 203

图9-5 网络推手和网民传播谣言信息所付出的成本和受到的惩罚
相关参数对传播过程的影响 ······························ 212

图9-6 风险态度系数对传播过程的影响 ························ 215

图9-7 概率权重系数对传播过程的影响 ························ 217

图10-1 价值函数和权重函数曲线 ································ 224

图10-2 网络推手对惩罚力度 k_1 的敏感性 ······················· 232

图10-3 意见领袖对惩罚力度 k_2 的敏感性 ······················· 232

图10-4 意见领袖对网络推手报酬 M 的敏感性 ···················· 233

图10-5 意见领袖对声誉损失 H 的敏感性 ························ 233

图10-6 网络推手对前景理论参数 α 和 λ 的敏感性 ················ 234

图10-7 意见领袖对前景理论参数 α 和 λ 的敏感性 ················ 234

表 目 录

表 2-1	2017年各类食品监督抽检结果汇总	52
表 3-1	受访网民基本特征	74
表 4-1	问卷测量题项与选项	107
表 4-2	模型整体拟合结果	109
表 4-3	模型似然比检验结果	109
表 5-1	问卷测量题项与选项	114
表 5-2	模型整体拟合结果	116
表 5-3	模型回归分析结果	116
表 6-1	耦合协调度等级划分	128
表 6-2	耦合协调度测量指标体系	128
表 8-1	有效规模和限制度表达式及说明	165
表 8-2	实际网络和随机网络的聚类系数对比情况	170
表 8-3	2017年食品安全微博谣言传播网络的点度中心度和接近中心度（前10名）	171
表 8-4	结构洞指标计算结果（前10名）	172
表 8-5	成分分析结果	173
表 8-6	K核分析结果	174
表 9-1	网络谣言推手和网民博弈感知收益矩阵	182
表 9-2	网民和网民博弈感知收益矩阵	182
表 9-3	网络谣言推手和网络谣言推手博弈感知收益矩阵	183
表 10-1	网络推手和意见领袖合谋与政府部门博弈的收益感知矩阵	226

导　论

《中国食品安全网络舆情发展报告（2017）》（以下简称《报告》）是江南大学江苏省食品安全研究基地（食品安全风险治理研究院）第六次出版的关于食品安全网络舆情的年度报告。《报告》在论述我国食品安全网络舆情发展状况的基础上，探讨网民在食品安全网络舆情中的认知与行为特点，利用多个学科的理论和方法，分析食品安全网络舆情的重要问题，研究食品安全网络舆情的监管与引导方法。本章通过介绍研究背景、研究主线、研究方法、研究内容与主要结论等方面内容，力求全面、清晰地展现《报告》的整体概况。

一　研究背景

食品安全问题持续成为公众关注的热点，食品安全网络舆情作为公众参与食品安全管理的重要平台，影响公众的食品安全认知以及食品消费。由于食品安全知识具有专业性且部分公众、媒体食品安全知识相对匮乏，而网络具有开放性、自由性、隐蔽性等特征，大量夸大、虚假的食品安全信息在网络中广泛传播，形成食品安全网络谣言。根据中国社会科学院发布的《中国新媒体发展报告（2015）》，网络谣言中食品安全谣言占45%，居第一位。食品安全网络谣言不仅会误导公众的食品安全认知，引发公众的食品安全恐慌心理，导致公众的非理性行为，还会对食品行业的发展产生负面影响，甚至威胁社会和谐稳定。因此，必须研究公众对食品安全网络谣言的认知、食品安全网络谣言信息与公众恐慌之间的关系，探讨食品安全网络舆情的形成与演化规律，以探寻食品安全网络谣言的应对机制以及食品安全网络舆情的监管与引导策略。

二　研究主线

《报告》以食品安全网络舆情的核心参与主体——网民为切入点,遵循"食品安全网络舆情的现实发展状况与特征分析——基于网民视角的食品安全网络舆情实证研究——食品安全网络舆情的演变机理与监管引导机制理论研究"的主线,对食品安全网络舆情的重要问题进行深入探讨。具体来说,《报告》主要从如下三个方面研究食品安全网络舆情的发展特征与基本规律。

第一,收集与整理2016年相关食品行业主要的食品安全网络舆情,分析2016年食品安全网络舆情的发展特征。通过对相关部门食品抽检结果进行分析,展现我国各类食品存在的主要问题。

第二,基于在全国范围内开展的食品安全网络舆情网民行为问卷调查,分析网民对食品安全以及食品安全网络舆情的认知与行为、网民对食品安全网络谣言信息的认知与行为、食品安全网络谣言信息与公众恐慌,探讨网民传播食品安全网络谣言的影响因素,研究食品安全网络谣言信息对公众恐慌的影响。

第三,综合运用多个学科的理论和方法,研究食品安全网络舆情的形成与演化机理,探寻食品安全网络舆情监管与引导的有效方法,如运用社会网络分析方法研究食品安全谣言传播网络。

三　研究方法

《报告》主要采用如下研究方法。

（一）文献归纳法

《报告》在研究过程中回顾与分析了大量的国内外重要研究文献,这些文献不仅为了解国内外相关研究领域的前沿与热点问题提供帮助,还在研究思路与方法方面提供了重要借鉴。此外,《报告》还使用国家相关部门与研究机构的统计数据和研究结论以及重要媒体的新闻报道,在丰富内容的同时,尽可能地提高《报告》的科学性、时效性以及可读性。

（二）调查研究法

针对网民对食品安全以及食品安全网络舆情的认知与行为、网民对食品安全网络谣言信息的认知与行为、食品安全网络谣言信息与公众恐慌等重要问题，研究团队设计了调查问卷，并于2016年7—8月在全国范围内选取涵盖我国东部、西部、南部、北部、中部地区的12个省份共48个规模不同的城市进行问卷调查。调查研究法是《报告》的基本特色之一，上述问卷调查有助于提高《报告》的说服力。

（三）模型计量法

为了保障研究的严谨性与科学性，《报告》在研究过程中使用了模型计量法，例如，运用多项Logistic回归模型研究网民传播食品安全网络谣言的影响因素；运用前景理论和博弈论，研究食品安全网络谣言传播。

四　研究内容

《中国食品安全网络舆情发展报告（2017）》主要包括食品安全网络舆情发展现状（上篇）、食品安全网络舆情实证研究（中篇）和食品安全网络舆情理论研究（下篇）三篇，共分为10章，基于上述研究主线。上篇包括第一章和第二章，主要探讨2016年食品安全网络舆情的发展特征，分析我国食品安全存在的主要问题；中篇包括第三章、第四章和第五章，主要通过问卷调查，研究食品安全网络舆情网民认知与行为特征，基于网民的视角，探讨食品安全网络舆情的引导策略；下篇包括第六章至第十章共五章，主要运用管理学、网络科学、计算机科学等学科的理论与方法，探讨食品安全网络舆情的演化机理以及监管与引导机制。

（一）上篇

上篇为食品安全网络舆情发展现状，包括两章内容，分别为：

第一章　2016年食品安全网络舆情行业研究。通过收集与整理2016年食品行业的网络舆情，探讨食品行业网络舆情的发展状况。

第二章　基于食品抽检结果的食品安全状况分析。通过整理与分析国家食品药品监督管理总局与江苏省食品药品监督局2017年关于各类食品的抽检结果，探讨我国各类食品的情况以及存在的主要问题。

（二）中篇

中篇为食品安全网络舆情实证研究，包括三章内容，分别为：

第三章　食品安全网络舆情公众调查报告。基于问卷调查，深入分析网民对食品安全和食品安全网络舆情的认知与行为、网民对食品安全网络谣言信息的认知与行为、食品安全网络谣言信息与公众恐慌等问题。

第四章　网民传播食品安全网络谣言信息的影响因素。基于问卷调查数据，运用多项Logistic回归模型，研究网民传播食品安全网络谣言信息的影响因素。

第五章　食品安全网络谣言信息对公众恐慌的影响。基于问卷调查数据，运用多项Logistic回归模型，研究食品安全网络谣言信息对公众恐慌的影响。

（三）下篇

下篇为食品安全网络舆情理论研究，包括五章内容，分别为：

第六章　食品安全网络舆情耦合机制研究。基于耦合理论，将食品安全网络舆情中的影响因素分为内部动力和外部动力，构建食品安全网络舆情耦合机制，探讨食品安全网络舆情演变过程中内部动力和外部动力之间的耦合作用。

第七章　基于个体情感特征的群体极化现象研究。通过引入个体的情感特征，将个体自身的坚定性与个体对事件的观点值联系起来，并基于传统的有界信任模型中的Deffuant模型，构建加入个体情感特征的观点演化模型，模型中充分考虑了个体的异质性，定性地分析了群体极化现象产生的原因，然后运用仿真模拟的方法，分析初始观点分布、网络结构和意见领袖对群体观点演化过程的影响。

第八章　2017年食品安全谣言传播网络分析。运用社会网络分析方法，研究2017年食品安全微博谣言传播网络。

第九章　基于前景理论的食品安全网络谣言传播仿真研究。基于前景理论，研究食品安全网络谣言的传播过程。

第十章　政府监管下的网络推手合谋行为研究。通过构建政府监管下网络推手和意见领袖合谋的三方博弈模型，研究网络推手的行为特征。

五 主要结论

本部分主要介绍《报告》最重要的研究结论，以便读者能够对2016年我国食品安全网络舆情的发展状况有一个整体性了解。

（一）大部分受访网民看好当前和未来的食品安全状况且对网络上的食品安全信息比较关注，但信任程度不高

调查结果显示，分别有29.58%和8.99%的受访网民认为，当前市场上的食品安全的总体情况有所好转和大有好转，分别有26.90%、12.67%的受访网民对未来食品安全状况的信心较强和信心很强。由此可见，我国食品安全状况的持续改善已经获得公众的认可。食品安全问题涉及复杂的专业知识，公众主要通过媒体推送、关注或主动阅读各类相关材料等途径接受食品安全知识，因此，公众对网络上的食品安全信息的关注程度较高。然而，由于网络具有开放性、自由性、隐蔽性等特征，食品安全网络信息夹杂着大量的夸大、虚假甚至谣言信息，使公众对网络上的食品安全信息的信任程度不高。政府相关部门需要对网络上的食品安全网络信息进行监管，通过规范媒体的信息发布行为，发挥网络意见领袖的舆情引导作用，激发公众举报食品安全网络谣言信息的积极性，净化网络环境，满足公众对食品安全知识与信息的需求，使公众能够科学地看待食品安全问题，有效地预防与应对食品安全问题所带来的危害。

（二）大部分受访网民认为，食品安全网络谣言的数量比较多且相关辟谣信息的充足程度和及时性有待于进一步提高

从调查结果中可以看出，分别有40.41%和21.98%的受访网民认为食品安全网络谣言的数量比较多和很多，且有42.69%的受访网民认为食品安全网络谣言最多的是QQ、微信等社交软件。可能正是因为食品安全网络谣言的数量较多，且多存在于QQ、微信等社交软件之中，传播速度快且难以监管，而政府食品安全监管部门的监管力量相对有限，所以，大部分受访网民表示政府食品安全监管部门针对食品安全网络谣言信息所发布的辟谣信息不是很充足，及时性也不高。食品安全网络谣言容易误导公众对食品安全问题的认知，影响公众的食品消费，对食品市场的健康发展产生负面影响。此外，食品安全网络谣言还会引发公众对食品安全的恐慌心理，产生舆情的爆发，损害政府的公信力，甚至威胁社会和谐稳定。针对食品安全网络谣言，一方面，QQ、微信等社交软件的运营商作为管理主体，需要对相关网络平台中的食品安全网络谣言进行实时监管，以避免谣言信息的广泛传播；另一方面，政府相关部门作为监管主体，在发挥自身监管作用的同时，需要加强与相关网络平台、科研机构的合作，利用相关网络平台的网络数据与技术对食品安全网络谣言进行监控，并联合科研机构的专家发布相关辟谣信息，以提高相关辟谣信息的充足程度和及时性。

（三）大部分受访网民认为，食品安全网络谣言信息所涉及的食品安全问题的致命程度较高、影响范围较大、不可接触程度不高、可识别程度不高且自身在此类问题中的暴露程度不低

调查发现，分别有31.45%和9.03%的受访网民认为食品安全网络谣言信息所涉及的食品安全问题的致命程度较高和致命程度很高，分别有39.37%和13.11%的受访网民表示影响范围较大和影响范围较大。这可能是因为编造食品安全网络谣言主要是为了达到吸引别人的注意或谋取经济利益等目的，而那些危害程度较高且波及范围更广的食品安全问题更有助于谣言编造者达到相关目的。此外，分别有7.51%、29.90%、43.92%的受访网民认为，食品安全网络谣言信息所涉及的食品安全问题的不可接触程度很低、不可接触程度较低、一般，分别有6.67%、30.69%、42.29%的受访网民认为可识别程度很低、可识别程度较低、一般，分别有6.83%、28.46%、39.81%的受访网民表示自身在此类问题中的暴露程度很高、暴露程度较高、一般，正因为如此，相关问题更容易使公众产生对食品安全的恐慌心理，造成较大的社会影响。可见，食品安全网络谣言信息所涉及的食品安全问题的相关特征促使谣言信息更容易受到关注。公众的食品安全知识相对匮乏，在面对食品安全问题时，一般持有"宁可信其有，不可信其无"的心态，因此，在食品安全问题还不能完全杜绝的现实环境中，食品安全网络谣言极易广泛传播。政府相关部门在开展食品安全监管的同时，还需要特别关注具有致命程度高、影响范围大等特征的食品安全问题，当由此类问题所产生的食品安全网络谣言信息出现时，就积极应对，将谣言信息消除在萌芽状态。

（四）大部分受访网民认为，媒体对食品安全网络谣言信息所涉及的食品安全问题的报道数量不是太多且正面报道与负面报道相比数量不是太多

从调查结果来看，对于食品安全网络谣言信息所涉及的食品安全问题，分别有7.99%、25.58%、36.73%的受访网民认为媒体的报道数量很少、比较少、一般。这可能是因为，食品安全网络谣言信息所涉及的食品安全问题危害比较大且波及范围比较广，因此，媒体对此类问题的报道数量不是太多，防止引发公众的食品安全恐慌心理。然而，调查结果也表明，分别有15.99%、36.53%、31.41%的受访网民认为媒体对食品安全网络谣言信息所涉及的食品安全问题的正面报道与负面报道相比数量很少、比较少、一般。对于相关食品安全问题，如果为了吸引眼球而更关注问题的阴暗面，将对公众客观公正地看待食品安全问题产生消极影响。媒体报道是公众获取食品安全信息的主要途径，当食品安全网络谣言信息产生后，相关报道将对公众认识食品安全问题产生重要影响。因此，媒体应针对食品安全网络谣言信息所涉及的食品安全问题积极开展正面报道，并通过议程设置引导公众科学、理性地进行食品安全问题探讨，以消除谣言的不良影响。

（五）内部动力和外部动力间的耦合作用，会加大食品安全网络舆情爆发的概率

内部动力和外部动力的耦合协调度越高，食品安全网络舆情的社会影响力越大。从统计学角度来讲，当事件内多种因素之间发生了耦合效应时，事件的发展就会变得复杂而又难以预料。在《报告》中，当内部动力和外部动力处于低度耦合阶段时，食品安全事件难以形成爆炸式的网络传播效果；当内部动力和外部动力处于中高度耦合阶段时，内部动力和外部动力间强烈的耦合作用会刺激食品安全事件的社会影响力进一步扩大。

（六）在谣言信息传播过程，存在控制谣言信息流动和传播的关键节点，这些节点的点度中心度较高、接近中心度较低、占据较多的结构洞

这些节点通常是谣言传播网络中的"意见领袖"。因此，对于谣言传播的干预，可以通过改变节点的中心度、议程设置等手段，来改变网络节点对信息的接触率、谣言信息的传播率。在舆情的监控过程中，应善于挖掘谣言传播网络中的"意见领袖"，重点关注和引导，同时应充分利用网络大V的影响力传播辟谣信息，通过网络大V与微博用户之间的互动，

如转发、评论、回复等,消解谣言。此外,也可以通过提高网络大V在食品安全方面的知识素养和责任意识,对于那些恶意诱导公众的"网络推手""水军"等予以法律制裁等手段,控制谣言的传播,避免非理性的集群行为产生。

(七)针对食品安全网络谣言的监管和控制提出的策略

进一步加强政府相关部门对食品安全网络谣言的监管力度,并综合运用媒体、网络意见领袖、网民的力量,以弥补政府监管力量的相对不足。重视网络文化建设,加强食品安全知识宣传与培训,进一步提高网民的综合素质,以减少网民采取非理性的从众行为的可能性。进一步加大对网络谣言推手的惩罚力度,提高其传播食品安全网络谣言的成本,降低其传播食品安全网络谣言的收益。进一步加强对谣言传播相关法律法规的宣传,引导网民对传播食品安全网络谣言所产生风险的正确认识。

上　　篇

食品安全网络舆情发展现状

第一章

2016年食品安全网络舆情行业研究[*]

本章基于食品行业的划分,选取肉制品、油制品、乳制品、白酒、饮料等食品安全事件发生频率较高的食品行业,对2016年相关食品行业网络舆情的发展状况进行研究。

一 肉制品行业网络舆情

(一)肉制品网络舆情的发展现状

2016年,肉制品行业的主要食品安全舆情事件如下:

1. 假肉

(1)猪肉+添加剂做成"牛肉干"

2016年4月1日,据《钱江晚报》报道,52岁的苍南人老朱和妻子在苍南办了一个加工点,专门生产大块的牛肉干,卖给福建客商。事实上,这些牛肉干是用猪肉加工而成的假货。为了让味道更像牛肉,在加工过程中,还添加了牛肉精、牛肉纯粉等添加剂。[①]

(2)廉价鸡胸肉加上调色调味料变成夜宵摊上的里脊串

2016年5月12日,据中华江西网报道,贵溪一对夫妇在村里办加工厂,低价购进鸡胸肉后,为使鸡胸肉看上去鲜嫩,并有里脊肉的口感,给鸡胸肉"加料",利用红曲粉、咖喱粉等多种调色调味料给鸡胸肉"整容",并切片成"里脊肉串",用保鲜膜包装出售或使用印刷有"里脊肉串"等字样的包装袋包装后出售。查实多数"里脊肉"销往夜宵摊、零

---

[*] 如无特别的说明,本章的有关案例、数据,均来源于网络上的新闻报道。
[①] 《猪肉+添加剂做成"牛肉" 老板被判15年》,中国新闻网,2016-04-01,http://www.chinanews.com/sh/2016/04-01/7820026.shtml。

售店甚至还有学校。①

（3）豆粉肉粉混合制假"肉松"

2016年11月7日，据《北京青年报》报道，市面上销售的绝大多数肉松类产品配料为"猪肉味豆粉松"，这种豆粉松"原料跟猪肉无关，是豌豆粉加猪肉香精混合而成"。加入了少许肉粉的豆粉松，"假扮"肉松做内馅儿，几乎已是烘焙行业内公开的秘密。厂商为了降低成本，使用的并非真正的肉松。②

（4）伪爱猫人士每日残杀百只猫当兔肉卖

2016年11月29日，据人民网报道，成都百花西路的一处老小区里，伪爱猫人士老黄每日残杀百只猫当兔肉卖。这些屠宰之后放到冻库的猫肉，除了少部分冒充兔肉，大量的猫肉，黄某某都处理给了野味批发店，那些买主都是连头、连脚一起弄，烟熏后，做成野味，当成果子狸卖。③

（5）"问题牛排"

2016年12月6日，据中华新闻网报道，有媒体对金牛角王中西餐厅牛排中掺杂猪肉、含"鸭肉"成分的问题进行曝光，引起了社会的广泛关注及担忧。④

（6）黄焖鸡成分不全为鸡肉

2016年12月16日，据中华新闻网报道，开封市民丁先生通过美团外卖点了一份黄焖鸡米饭，食用过程中，发觉嘴里有东西嚼不动，吐出一看，竟然带有毛发，还有牙齿，像极了"老鼠头"。气愤之下，丁先生表示恶心至极，他把自己的遭遇发到了朋友圈，经媒体报道后，引发网络关注。河南省产品质量监督检验院做出说明，称此前检验结果仅表明样品中含有鸡肉成分，并不能说明全部成分为鸡肉。⑤

---

① 《廉价鸡胸肉加上调色调味料　摇身一变成夜宵摊上里脊串》，中国新闻网，2016 - 05 - 12，http：//www.chinanews.com/cj/2016/05 - 12/7868046.shtml。

② 《豆粉肉粉混合制假"肉松"成行业潜规则：降低成本》，中国质量新闻网，2016 - 11 - 07，http：//m.cqn.com.cn/pp/content/2016 - 11/07/content_ 3569446.htm。

③ 《成都"爱猫人"每天杀猫百只　将猫肉当兔肉卖上餐桌》，网易财经，2016 - 11 - 29，http：//money.163.com/16/1129/10/C71J67HT002580S6.html。

④ 《长沙封存"问题牛排"产品并送检》，中国新闻网，2016 - 12 - 06，http：//www.chinanews.com/sh/2016/12 - 06/8084448.shtml。

⑤ 《河南检验机构回应"黄焖鸡事件"：不能说明全为鸡肉》，中国新闻网，2016 - 12 - 16，http：//www.chinanews.com/sh/2016/12 - 16/8096306.shtml。

（7）"黑心"牛肉丸含量最多不超过30%

据《广州日报》报道，深圳市市场和质量监管委罗湖局与罗湖公安分局开展联合行动，一举捣毁了3家无证无照从事肉丸、粿条等肉制品生产加工窝点，查扣加工原料及成品一批。检查时还发现，3家窝点门口堆放了数件冷冻原料肉糜，外包装无任何标志，打开后，散发出恶臭气味。"牛肉丸"中的"牛肉"含量并不高，"最多不超过30%"，或者只添加一些廉价牛油，更多的是添加一些鸡肉、猪肉以及一些食品添加剂，让"牛肉丸"味道更好。①

（8）假牛肉、"仿鲍鱼"

2016年12月30日，据中华新闻网报道，在湖南长沙的汉丽轩自助烤肉店内，用鸭肉冒充"牛肉"。工作人员把鸭胸肉放入绞肉机中，打成条状，再把一些红色酱料掺进去进行搅拌，搅拌均匀后，鸭胸肉摇身变成了"牛肉"。"鲍鱼"是仿鲍鱼，是用鱼肉、猪肉、鸡肉，再添加各种食品添加剂、香精制作而成。②

2. 走私肉

（1）云南墨江警方查获并销毁105吨涉嫌走私冷冻肉制品

2016年1月7日，据中新网记者报道，从云南省普洱市墨江县公安局获悉，该局近日查获一起走私冷冻肉制品案，净重达105吨，目前已全部销毁。③

（2）石家庄海关侦破近年来最大的冻品走私案

2016年1月16日，据中国新闻网报道，石家庄海关于15日透露，该海关缉私部门成功破获一起走私冻品进境案件，一举打掉一个跨省走私冻品团伙，抓获犯罪嫌疑人12名，查扣猪手、羊胃、牛副产品冻品150余吨，价值约900万元人民币，这是该关近年来查获的最大宗冻品走私案。④

---

① 《端了3家"牛肉丸"加工黑点》，中国质量新闻网，2016-12-27，http：//www.cqn.com.cn/pp/content/2016-12/27/content_ 3767302. htm。
② 《假牛肉、"仿鲍鱼""口水肉"：揭烤肉店低价秘密》，中国新闻网，2016-12-30，http：//www.chinanews.com/sh/2016/12-30/8109606. shtml。
③ 《云南墨江警方查获并销毁105吨涉嫌走私冷冻肉制品》，中国新闻网，2016-01-07，http：//www.chinanews.com/sh/2016/01-07/7706558. shtml。
④ 《石家庄海关侦破近年最大冻品走私案 案值约900万元》，中国新闻网，2016-01-16，http：//www.chinanews.com/sh/2016/01-16/7718829. shtml。

（3）云南西双版纳边防查获走私冻牛肉

2016年4月24日，据中华新闻网报道，记者从云南省公安边防总队西双版纳边防支队获悉，该支队近日查获一起走私牛肉案，抓获涉案人员1名，查扣货运车辆1辆，查获涉嫌走私冻牛肉26吨，案值156万元。①

（4）云南警方查获20余吨走私冷冻肉制品

2016年8月6日，李某、陈某在红河州河口县受雇将货运送至砚山县平远镇。李某、陈某对所运货物及收货人均不知情，途经阿三龙收费站时被查获。经对两货运车辆检查，发现两车所运输货物均为走私冷冻鸡脚、鸡翅、牛肚，其中，鸡翅20件、鸡脚377件、鸭脚409件、牛肚571件，总重20余吨，未经检验检疫。②

（5）文锦渡口岸截获三吨非法夹带入境速冻牛肉丸

2016年9月27日，文锦渡检验检疫局工作人员在文锦渡口岸货车入境通道查获3.2吨速冻牛肉丸，货值高达20余万元人民币，这是文锦渡口岸近年来单次截获数量最多的一批非法夹带入境速冻肉制品。③

（6）六公斤重非洲牛鞭非法入境福州

据海峡新闻网报道，2016年12月4日，福州机场检验检疫局工作人员对香港入境航班KA662实施旅客行李查验时，发现了多种违禁物品，其中，不仅有新鲜水果，还有牛肉、牛鞭。④

3. 瘦肉精

（1）五香熏蹄含瘦肉精

2016年1月8日，据中安在线报道，安徽省食品药品监督管理局公布2016年第1次食品安全监督抽检结果，19种食品因抽检发现不合格，其中，宏亮食品有限公司生产的五香熏蹄检出含有瘦肉精。⑤

---

① 《云南西双版纳边防查获走私冻牛肉26吨 案值156万元》，中国新闻网，2016-04-24，http://www.chinanews.com/sh/2016/04-24/7846152.shtml。
② 《云南警方查获20余吨走私冷冻肉制品》，中国新闻网，2016-08-11，http://www.chinanews.com/sh/2016/08-11/7969274.shtml。
③ 《文锦渡口岸截获三吨非法夹带入境速冻牛肉丸》，中国质量新闻网，2016-10-03，http://m.cqn.com.cn/zj/content/2016-10/03/content_3460529.htm。
④ 《六公斤重非洲牛鞭非法入境福州 被截留销毁处理》，福州新闻网，2016-12-08，http://news.fznews.com.cn/shehui/20161208/5848ca28ad588.shtml。
⑤ 《安徽下架19种不合格食品 五香熏蹄含瘦肉精》，中国新闻网，2016-01-08，http://www.chinanews.com/sh/2016/01-08/7707937.shtml。

（2）永辉超市所售羊肉检出瘦肉精

2016年1月21日，据新华网报道，1月20日，郑州市二七区大学路30号永辉超市河南有限公司经营的羊肉、内蒙古科尔沁牛业股份有限公司生产、郑州大润发商业有限公司销售的羊肉检出禁用兽药克伦特罗；四平市同利德食品有限公司生产、沈阳家乐福商业有限公司文化店销售的广式香肠检出不得在其中使用的色素胭脂红。①

（3）天津4批次牛羊肉制品检出瘦肉精

2016年2月29日，据《中国消费者报》报道，天津市市场和质量监督管理委员会公布近期该市餐饮食品抽检结果，共抽检104批次样品，5批次不合格，其中，4批次牛羊肉制品检出瘦肉精。②

（4）"琪津"1批次猪肚样品检出莱克多巴胺

2016年4月6日，据中国质量新闻网报道，在江苏省食品药品监督管理局官网公布2016年第8期省级食品安全监督抽检中，在溧水大润发商业有限公司抽样、标称扬州市神厨食品有限公司生产的"琪津"猪肚检出莱克多巴胺。③

（5）酱牛肉里检出瘦肉精

2016年5月25日，据信网报道，青岛市食品药品监督管理局组织市南、市北、李沧、崂山、城阳、黄岛、高新区局，即墨、胶州、平度、莱西市局开展了第3期餐饮食品监督抽检工作。抽检发现的主要问题有肉制品不合格项目为克伦特罗。④

（6）济南恒隆广场茉莉餐厅熟牛肉被检出哮喘药

2016年7月28日，据舜网报道，在济南恒隆广场茉莉餐厅经营的熟牛肉，以及济南槐荫西城饺子城抽检的煮羊肉，检出的克伦特罗，检验结果分别为2.3微克/千克和5.1微克/千克。克伦特罗还是瘦肉精的主要成

---

① 《食药监总局：永辉超市所售羊肉检出瘦肉精》，中国新闻网，2016 - 01 - 21，http：//www.chinanews.com/business/2016/01 - 21/7726972.shtml。

② 《天津：4批次牛羊肉制品检出瘦肉精》，中国质量新闻网，2016 - 02 - 29，http：//www.cqn.com.cn/ms/content/2016 - 02/29/content_2653624.htm。

③ 《江苏抽检："琪津"1批次猪肚样品检出莱克多巴胺》，中国质量新闻网，2016 - 04 - 06，http：//www.cqn.com.cn/ms/content/2016 - 02/29/content_2653624.htm。

④ 《青岛公布抽检食品结果 酱牛肉里检出瘦肉精》，中国质量新闻网，2016 - 05 - 25，http：//m.cqn.com.cn/ms/content/2016 - 05/25/content_2959851.htm。

分,其可增加蛋白质的合成作用,使动物瘦肉率增加。[1]

(7)"问题猪蹄",检出莱克多巴胺。2016年8月4日,据《华商报》报道,国家食品药品监督管理总局抽检时,查出西安市人人乐超市有限公司高新购物广场销售的标称陕西宴友思股份有限公司生产的两批次宴友思精品猪蹄,检出莱克多巴胺。莱克多巴胺是"瘦肉精"的一种,属于兴奋剂类药物。[2]

(8)青岛抽检羊肉中查出瘦肉精

2016年10月10日,据信网报道,1批次生羊肉中检出克伦特罗,该批次不合格样品来自农贸市场。[3]

(9)"旺无限"八珍猪头肉检出莱克多巴胺

2016年11月16日,据中国质量新闻网报道,辽宁省智胜食品有限公司生产的百年智胜精制哈尔滨红肠中 N - 二甲基亚硝胺超标;保定旺源食品有限公司生产的八珍猪头肉中莱克多巴胺超标。[4]

4. 毒肉

(1)万余斤毒狗肉流入市场

2016年6月29日,据《法制日报》报道,有人专门销售氰化物、琥珀胆碱、呋喃丹等高毒药品,有人专门购买这些药品用于毒狗、毒鸟,有人专门收购被毒死的狗和鸟,最终,1.4 万余斤含有剧毒的狗肉、11 万余只毒鸟流向了安徽、山东、江苏、上海、天津、广东等地。这起被公安部、最高人民检察院 2015 年挂牌督办的"11·11"特大制售有毒有害食品系列案件曾引发广泛关注。[5]

(2)双氧水鸡爪

2016年12月20日,据福州新闻网报道,四川自贡男子朱某龙2013年5月开始在长乐某村一超市旁店面内无证进行肉制品加工和销售。为求

---

[1] 《抽检不合格!济南恒隆广场茉莉餐厅熟牛肉被检出哮喘药》,中国质量新闻网,2016 - 07 - 28, http://www.cqn.com.cn/ms/content/2016 - 07/28/content_ 3209092.htm。
[2] 《问题猪蹄已全部下架 涉事超市被罚7万多》,中国质量新闻网,2016 - 08 - 04, http://www.cqn.com.cn/ms/content/2016 - 08/04/content_ 3241210.htm。
[3] 《青岛食药监抽检生鲜肉1批次羊肉中查出瘦肉精》,中国质量新闻网,2016 - 10 - 11, http://m.cqn.com.cn/pp/content/2016 - 10/11/content_ 3479504.htm。
[4] 《山东抽检:"旺无限"八珍猪头肉检出莱克多巴胺》,中国质量新闻网,2016 - 11 - 18, http://m.cqn.com.cn/pp/content/2016 - 11/18/content_ 3612280.htm。
[5] 《1.4 万余斤毒狗肉 11 万余只毒鸟流向餐桌 22 人获刑》,中国新闻网,2016 - 06 - 29, http://www.chinanews.com/sh/2016/06 - 29/7920989.shtml。

卖相好、易于出售，朱某龙在鸡爪中加入国家明令禁止的、对人体有害的非食品原料过氧化氢溶液（俗称双氧水）进行泡制，使鸡爪变白、变粗。①

（3）湖南16名不法分子生产、销售"毒狗肉"

据新华网报道，湖南湘潭市公安局11月23日通报，湘潭警方近日破获一起生产、销售"毒狗肉"案，16名不法分子被刑拘，其中，收缴毒狗肉共计8510.25千克，收缴毒镖41根，弓弩5把，氰化钠8包，成功破获这起特大生产、销售毒狗肉案。②

5. 孔雀石绿

（1）"新华都"鲫鱼检出孔雀石绿

据中国消费网报道，福建省食品药品监督管理局公布2016年第11期食品安全监督抽检信息，共抽检27类食品合计1334批次，30批次内在质量不合格，不合格食品检出率为2.2%。其中，标示为厦门新华都购物广场有限公司新阳店2016年8月5日购进的活白鲫鱼（淡水），孔雀石绿（隐性）不合格。③

（2）食用鱼检出孔雀石绿

2016年8月27日，据《成都商报》报道，沃尔玛（四川）百货有限公司绵阳跃进路分店的一批次活鳊鱼检出孔雀石绿。孔雀石绿是一种杀真菌剂。为让鳞受损的鱼延长生命，在运输和销售过程中，不法商贩使用孔雀石绿。但是，孔雀石绿具有高毒素、高残留和致癌、致畸、致突变等副作用，过量摄入可致癌。2002年，我国农业部门将其列入《食品动物禁用的兽药及化合物清单》，禁止在食用动物中使用。④

6. 菌落超标

（1）留夫鸭、紫燕等肉制品菌落总数超标

2016年9月20日，据新民网报道，在沪食药监抽检中，留夫鸭不辣

---

① 《男子制作双氧水鸡爪售卖 被判1年6个月罚款1万元》，福州新闻网，2016-12-20，http://news.fznews.com.cn/shehui/20161220/585872ad53bb4.shtml。
② 《湖南16名不法分子生产、销售"毒狗肉"被刑拘》，网易新闻，2016-11-23，http://news.163.com/16/1123/15/C6IK93O7000187V5.html。
③ 《福建：1批次"新华都"鲫鱼检出孔雀石绿》，中国质量新闻网，2016-12-20，http://www.cqn.com.cn/pp/content/2016-12/20/content_3741219.htm。
④ 《四川一沃尔玛食用鱼检出孔雀石绿 过量摄入可致癌》，中国新闻网，2016-08-27，http://www.chinanews.com/life/2016/08-27/7985861.shtml。

鸭脖、紫燕牌藤椒鸡，菌落总数竟远超标准值。①

（2）"宏牛""嫩江驿站"肉干被检出菌落总数超标

2016年10月8日，据中国网报道，贵州宏牛食品有限公司生产的"牛肉干（五香味）"检出菌落总数超标；嫩江驿站食品有限公司生产的"嫩江驿站马肉干（香辣味）"检出菌落总数超标。②

（3）西宁王府井百货所销售多款酱卤肉制品菌落总数以及大肠菌群超标

2016年10月10日，据青海省食品药品监督管理局2016年第2号食品抽检不合格通告显示，有7批次酱卤肉制品销售地为西宁市王府井百货五四大街店，主要问题是菌落总数以及大肠菌群超标，食用后可能会引起消费者肠胃不适。③

（4）万宝城、追筋族等7批次牛板筋不合格

2016年12月5日，吉林省食品药品监督管理局官网公布2016年吉林省级监督抽检不合格产品及产品合格信息（第15期）。延边朴大姐韩式食品厂生产的香辣味牛板筋中检出菌落总数超标；吉林市龙潭区小蜜蜂食品有限公司生产的牛板筋中检出菌落总数超标；梅河口市万宝城小菜加工部生产的牛板筋中检出菌落总数超标；延边韩食府民俗食品有限公司生产的牛板筋中检出菌落总数超标；吉林市龙潭区百草园食品加工厂生产的牛板筋中检出菌落总数超标；吉林市龙潭区蒲公英食品有限公司生产的手撕肥牛板筋中检出菌落总数超标。④

（5）熟肉食品菌落超标

2016年12月8日，中国质量新闻网从上海市普陀区人民政府官网获悉，2016年11月21日至12月20日，上海市普陀区市场监督管理局共收到按照相关食品安全国家标准进行检验的15大类，共475批次抽检的各类食品样品检验报告。抽样品自上海云玉南餐饮店的1批次蚝油牛肉套餐

---

① 《沪食药监抽检：留夫鸭、紫燕等肉制品菌落总数超标》，中国质量新闻网，2016-09-20，http://m.cqn.com.cn/pp/content/2016-09/20/content_3416989.htm。

② 《黑龙江食药监抽检4类别食品 两批次肉干菌落总数超标》，搜狐网，2016-10-08，http://www.sohu.com/a/115620591_119038。

③ 《西宁王府井百货所销售多款酱卤肉制品抽检不合格》，中国新闻网，2016-10-10，http://www.chinanews.com/jk/2016/10-10/8026964.shtml。

④ 《吉林抽查：万宝城、追筋族等7批次牛板筋不合格》，中国质量新闻网，2016-12-07，http://www.cqn.com.cn/pp/content/2016-12/07/content_3685979.htm。

及抽样自上海大智慧餐饮管理有限公司桃浦路分公司的 1 批次夫妻肺片卤肉双拼饭被检出菌落总数项目不合格。①

（6）济南圣都食品高汤肘花被检不合格

2016 年 12 月 8 日，据齐鲁网报道，济南市食品药品监督管理局官网发布《关于国抽济南市不合格产品核查处置情况的公告》，公告显示，济南圣都食品有限公司生产经营的 1 批次"高汤肘花"产品因菌落总数项目不合格，被罚 5 万元。②

（7）汇滨圆精肉里脊肠等菌落超标

2016 年 12 月 12 日，据中国质量新闻网报道，佳木斯市天昕食品有限公司生产的"松花淀粉鸡肉卷"检出菌落总数超标；佳木斯市汇滨圆食品加工厂生产的"精肉里脊肠"检出菌落总数超标；辽宁佰德隆食品有限公司生产的"东坡肘（酱卤肉制品）"检出大肠菌群超标。③

7. 发光猪肉

（1）猪被喂过量含磷饲料

2016 年 1 月 8 日，据搜狐报道，简先生前几天到镇上的农贸市场花了 600 元买了几十斤猪肉，准备做香肠过年。1 月 5 日凌晨，简先生起床喝水，竟发现客厅里冒着蓝光，当时就把简先生吓了一跳，开灯一看，竟是从猪肉桶里发出来的，开灯蓝光就没了。相关部门已经对简先生家的猪肉取样调查，初步怀疑应该是猪在喂养时被过量喂食含磷饲料。④

（2）又现"发光猪肉"

2016 年 1 月 19 日，据四川新闻网报道，达州市达川区天和农贸市场发生一件稀奇事，一名老太询问肉贩猪肉为何出现幽蓝光时，肉贩为表明所售猪肉无任何质量问题，表示愿意拿出 1000 元与老太打赌，猪肉不会发光。

当天下午，老太见肉贩信心十足，又担心自己可能是老眼昏花，随后怯场离去。当天晚上，老太关闭家中所有的灯光和窗帘，还叫来孙女帮忙

---

① 《上海普陀区抽检：7 批次餐饮食品样品菌落总数超标》，中国质量新闻网，2016 – 12 – 28，http：//www.cqn.com.cn/pp/content/2016 – 12/28/content_ 3772166.htm。

② 《济南圣都食品高汤肘花被检不合格 被罚款 5 万》，中国质量新闻网，2016 – 12 – 26，http：//www.cqn.com.cn/pp/content/2016 – 12/26/content_ 3762063.htm。

③ 《黑龙江抽检：汇滨圆精肉里脊肠等 4 批次食品样品上不合格名单》，中国质量新闻网，2016 – 12 – 14，http：//www.cqn.com.cn/pp/content/2016 – 12/14/content_ 3715966.htm。

④ 《猪肉夜里发出蓝光 猪或被喂过量含磷饲料》，搜狐网，2016 – 01 – 08，http：//www.sohu.com/a/53351211_ 115401。

核实猪肉是否会发光，在得到肯定答案后，还让孙女用手机拍下当作证据。①

8. "三无肉"

2016年10月24日，据《北京晨报》记者报道，网上有商家出售产地为美国、巴西、德国的牛排，价格便宜且销量很大。但根据国家质检总局公布的肉类产品检验检疫准入名单，我国仅允许澳大利亚、新西兰等8个国家的牛肉进口，其余国家牛肉均被禁止进口，网上出售的进口牛排大多属"三无产品"。北京市工商局投诉热线工作人员表示，消费者遇此情况可举报。②

2016年11月21日，据《湖北日报》报道，老河口市孟楼镇治安检查站，执法人员拦下一辆大货车，该车载着两吨多冷冻肉。抽检发现，这车"冷冻肉"实为猪皮和猪内脏的混合，且不具备合法手续。"问题冷冻肉"缺乏相关许可和检疫证明，可能混有死猪肉或携带病菌，有的甚至因过期而腐败变质。③

9. "胶水牛排"

2016年年底，据观察者报道，澳洲某电视台曝光了一个食品行业的"内幕"：有很多牛排实际上是用碎肉拼接而成的"胶水牛排"。从澳洲肉类市场流入大量的"重组牛排""胶水牛排"，都是用"次品肉块+肉胶"拼接的，报道引发公众广泛关注。④

10. 其他相关事件

泾阳县云阳镇水冯村内有家黑作坊存放猪肝长满霉点、辽宁省智胜食品有限公司生产的"百年智胜"精制哈尔滨红肠被检出N－二甲基亚硝胺超标、西安真爱服务事业股份有限公司南门分公司生产的脆饼鸡和黄金咖喱牛腩检出金黄色葡萄球菌、合肥市瑶海区束大姐腌腊商行生产的咸鸭腿亚硝酸盐超标、运城市空港度假村购进的青虾中检出3－氨基－2－恶

---

① 《又现"发光猪肉"！老太：水洗刀切都不管用》，凤凰资讯，2016－01－21，http：//news. ifeng. com/a/20160121/47162981_ 0. shtml。
② 《进口"三无肉"网上热卖 缺少检验检疫证明存风险》，中国新闻网，2016－10－24，http：//www. chinanews. com/cj/2016/10－24/8041062. shtml。
③ 《30余吨"问题肉类"被成功拦截》，凤凰资讯，2016－11－21，http：//news. ifeng. com/a/20161121/50289743_ 0. shtml。
④ 《技术型吃货：用"胶水"粘起来的牛排，你敢吃吗?》，《观察者》2016年12月20日，https：//www. guancha. cn/jishuxingchihuo/2016_ 12_ 20_ 385088. shtml。

唑酮、敦化市鑫城韩食食品有限公司生产的牛板筋中检出山梨酸和相同防腐剂在混合使用时自用量占其最大使用量的比例之和超标、滨州市滨城区凤凰城大酒店抽检的酱牛肉检出亚硝酸盐超标、山东工业职业学院第一餐厅抽检的炸鸡肉检出亚硝酸盐和苯甲酸超标、滨州市滨城区逸夫幼儿园食堂抽检的咸菜检出亚硝酸盐超标。

（二）肉制品行业典型网络舆情分析——四川老太买回发光猪肉事件[①]

1. 事件概述

"你卖的猪肉半夜会发光，我不敢要你这儿的猪肉！" 2016 年 1 月 19 日下午，达州市达川区天和农贸市场发生一件稀奇事，一名老太询问肉贩猪肉为何出现幽蓝光时，肉贩为表明所售猪肉无任何质量问题，表示愿意拿出 1000 元与老太打赌猪肉不会发光。当天下午，老太见肉贩信心十足，又担心自己可能是老眼昏花，随后怯场离去。当天晚上，老太关闭家中所有的灯光和窗帘，还叫来孙女帮忙核实猪肉是否会发光，在得到肯定答案后，还让孙女用手机拍下当作证据。

在接到牟姓老太的爆料后，2016 年 1 月 20 日下午，四川新闻网记者来到了达川区四合社区航空家属院，见到了牟老太从天和农贸市场买回来的 10 多斤猪肉。记者注意到，厨房餐桌上摆放的一盆猪肉并没有什么异样，但老人让记者将猪肉移到光线较暗的房间后，记者发现，部分猪肉发出了微弱的蓝光。

2. 各界评论

（1）监管部门的反应[②]

据达州市食品药品投诉举报热线工作人员介绍，市民买回来的猪肉之所以会发光，应该是市场上流通的一些猪肉，在其喂养过程中，食用了一些含磷的添加剂饲料。"因为磷在晚上会发光，所以，猪在食用了含磷的饲料后，猪肉也就发光了。"该工作人员表示，这种情况在国内很多地方都出现过，其实就是猪肉里面含有磷元素。至于市民能不能食用会发光的猪肉，具体得咨询当地畜牧局或动物卫生监督部门。

达川区动物卫生监督所工作人员告诉记者，其实这种猪肉对人体是无

[①]《老太买到发光肉 水洗刀切无用》，腾讯网，2016 – 01 – 21，https://new.qq.com/cm-sn/20160121/20160121008469。

[②]《老太买到发光肉 水洗刀切无用》，腾讯网，2016 – 01 – 21，https://new.qq.com/cm-sn/20160121/20160121008469。

害的，但是，若从市民的健康角度考虑，还是建议市民尽量不要食用，如果实在是想吃的话，须经过高温处理。

（2）网民观点

网民"小摸包"说："作为政府部门，说出这样的话就是对人民的不负责，就是不作为。什么叫'这种猪肉对人体是无害的，但是若从市民的健康角度考虑，还是建议市民尽量不要食用'，是愚民还是当老百姓是白痴？"（2016年1月21日17：17　来自天涯论坛）

网民"我爱中国987654321"说："达州这些奸商置百姓生命于不顾，丧失了人性，达州食品监督局该下课了。"（2016年1月21日16：11　来自今日头条跟帖）

网民"豆芽妹"说："还是不要吃的好，谁也保不准谁会反应不良。"（2016年1月21日08：37　来自万家资讯跟帖）

3. 四川老太买回发光猪肉事件网络舆情关注度发展趋势分析

在百度网站百度指数搜索栏中，输入关键词"会发光的猪肉"，发现该关键词未被收录。将关键词修改为"发光猪肉"，并将时间范围设定为2016年1—3月，搜索结果如图1-1所示。其中，横坐标为时间（单位：月），纵坐标为热度指数（单位：次）。

从图1-1可以看出，从搜索热度看，网民对四川老太买回发光猪肉事件关注呈现一个主要的高峰，即为2016年1月21日，搜索指数为3353次。"发光猪肉"的搜索指数由1月20日的196次上升到3353次，这与当日的关于"四川老太买回发光猪肉"的新闻报道有关，关注群众较多，普及范围较广，使此事件在曝光之初其热度便直线上升。搜索指数在达到高峰后一直保持在一个较低的水平。

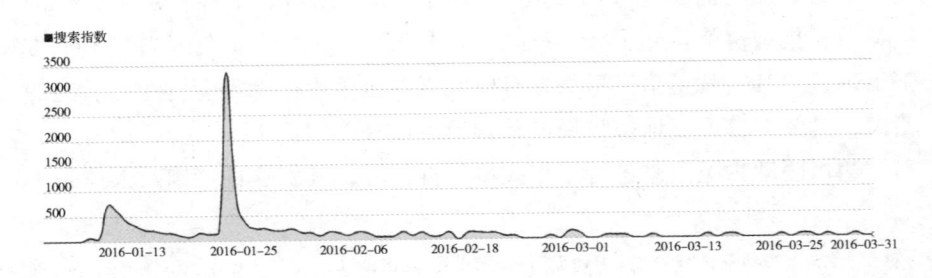

图1-1　2016年四川老太买回发光猪肉事件百度指数

二 油制品行业网络舆情

(一) 油制品行业网络舆情的发展现状

盘点 2016 年,我国食用油行业发生的食品安全网络舆情主要有:

1. 北大荒食用油被查出致癌物超标[①]

据经济之声《天天3·15》报道,从苏丹红到地沟油事件,食品安全越来越受到重视。近日,国家食品药品监督管理总局发布公告,北大荒食用油被查出致癌物超标,苯并(a)芘超标59%。

近一段时间,国家食品药品监督管理总局组织抽检了粮食及粮食制品,食用油、油脂及其制品,水果及其制品3类食品206批次样品,抽样检验项目合格样品202批次,不合格样品4批次。不合格样品中,京东叁佰陆拾度电子商务有限公司销售的标称北大荒营销股份有限公司委托黑龙江省九三农垦金豆有机油脂有限责任公司生产的有机大豆油苯并(a)芘检出值为15.9微克/千克,比标准规定(不超过10微克/千克)高出59%。

记者了解到,这并不是黑龙江省九三农垦金豆有机油脂有限责任公司生产的食用油第一次被查出苯并芘超标。2015年7月20日,国家食品药品监督管理总局发布的第36号通告中称,检测出了11批次粮油食品不合格,该企业生产的"乐买家压榨大豆油"赫然在列。不合格原因也是苯并(a)芘含量为21微克/千克,超过国家相关标准规定(不超过10微克/千克)一倍多。

2. 19 批次不合格食用油占 12 批[②]

此次山东省在食品生产环节对食用油、油脂及其制品,肉制品,饮料,坚果炒货,蜜饯,水果制品,瓶(桶)装饮用水7大类1151批次的食品进行了监督抽检,检出不合格产品19批次,其中,12批次为食用油类产品。

[①]《北大荒食用油被查出致癌物超标》,中国广播网,2016-04-04,http://www.39yst.com/xinwen/393639.shtml。

[②]《19 批次不合格 食用油占 12 批》,中国食品科技网,2016-02-13,http://www.39yst.com/xinwen/373972.shtml。

据悉，抽检发现，食用油存在问题多。通报显示，标称莘县世家合臣香油有限公司生产的纯小磨香油1批次、标称单县好久旺食品有限公司生产的好久旺小磨香油1批次、标称聊城市金水城油脂食品有限公司生产的小磨香油1批次、标称齐河县文礼食用油脂有限公司生产的黑芝麻香油两批次、标称东营誉达食品有限公司生产的葵花籽油1批次、标称青岛品品好粮油有限公司生产的金质玉米胚芽油1批次中均为酸价（KOH）指标不合格；标称山东莘县福誉香食用油脂有限公司生产的小磨香油1批次、标称潍坊市潍城区鲁潍香油厂生产的小磨香油1批次中均为苯并（a）芘不合格；标称山东省恒兴油脂有限公司生产的水洗棉油1批次、标称日照市东港区天农花生专业合作社生产的花生油1批次中均为过氧化值指标不合格；标称山东长谷川油脂有限公司生产的食用动物油脂（食用猪油）中过氧化值指标不合格。

据专家介绍，食用油中的油脂在空气中会被氧气氧化，产生油脂酸败，在这个过程中，其中的酸价和过氧化值会升高，酸价和过氧化值越高，油脂的品质就越低。所以，酸价和过氧化值升高是反映油脂品质下降和油脂陈旧的指标。一般情况下，酸价和过氧化值略有升高不会对人体的健康产生损害，但在发生严重的变质时，所产生的醛、酮、酸会破坏脂溶性维生素，导致肠胃不适、腹泻并损害肝脏。苯并（a）芘则是一种致癌物。

3. 网传岳阳一企业收购地沟油加工食用油警方已介入①

2016年8月10日报道《起底湘粤跨省地沟油村产业链》称，"岳阳汨罗一家名叫湖南越大油脂公司大量收购地沟油，并精加工成食用油"。据媒体报道，"湖南越大油脂公司用潲水油提炼出来的地沟油，冠以食用油的名义送往食品加工企业生产"。记者从屈原管理区宣传部和当地食品药品监督管理局获悉，执法人员在这家公司发现，这些收购的油被装在贴有食用油标签的桶子内，执法人员怀疑这家企业生产的是食用油。据悉，目前，案件还在进一步调查中，该企业生产的油料及工具已被封存。

---

① 《网传岳阳一企业大肆收购地沟油加工食用油　当地警方已介入调查》，新华社，http://www.xinhuanet.com//legal/2016-08/10/c_1119370010.htm。

4. 湖北通报 3 批次食用油苯并（a）芘超标①

据湖北省食品药品监督管理局消息，9 月 1 日，湖北省食品药品监督管理局发布《食品安全监督抽检信息公告》（2016 年第 34 期）。公告显示，3 批次食用油苯并（a）芘超标。3 批次不合格食用油信息如下：标称黄冈市兄弟粮油食品有限责任公司生产的 1 批次辛德棉籽油（散装，生产日期 2016 年 3 月 1 日），苯并（a）芘 25.2 微克/千克。标称湖北天星粮油股份有限公司生产的 1 批次鹿鹤稻米油（5 升/瓶，生产日期 2016 年 3 月 7 日），苯并（a）芘 22.3 微克/千克。标称湖北楚福油脂股份有限公司生产的 1 批次菜籽芯油（750 毫升/瓶压榨、生产日期 2016 年 5 月 15 日）苯并（a）芘 30.2 微克/千克。然而，根据国家标准规定，食用油中苯并（a）芘的限量值为 10 微克/千克。专家表示，避免食用油苯并（a）芘超标的方法是严格规范原料的选用，也即加工此类油脂时，必须规定采用新鲜、品质优良的原料。此外，在加工过程中，要规范加工条件，比如焙炒温度、焙炒时间等。

（二）油制品行业典型网络舆情分析——北大荒食用油致癌物超标

1. 事件概述②

近日，国家食品药品监督管理总局组织抽检粮食及粮食制品，食用油、油脂及其制品，水果及其制品 3 类食品 206 批次样品，抽样检验项目合格样品 202 批次，不合格样品 4 批次。不合格样品中，京东叁佰陆拾度电子商务有限公司销售的标称北大荒营销股份有限公司委托黑龙江省九三农垦金豆有机油脂有限责任公司生产的有机大豆油苯并（a）芘检出值为 15.9 微克/千克，比标准规定（不超过 10 微克/千克）高出 59%。此次事件在各个媒体上不断转载，影响巨大。

2. 各界评论

（1）专家声音③

潘圆：食品安全无小事，这 200 批对于我们这么大的市场来说实际上

---

① 《湖北通报等 3 批次食用油苯并芘超标》，食品伙伴网，http://www.39yst.com/xinwen/440302.shtml。

② 《北大荒食用油被查出致癌物超标 厂家非首次被曝光》，《北京商报》2016 年 3 月 31 日，http://finance.sina.com.cn/roll/2016-03-31/doc-ifxqtiwa5358643.shtml。

③ 《北大荒食用油被查出致癌物超标 食品安全并无小事》，央广网，http://finance.cnr.cn/315/gz/20160402/t20160402_521772631.shtml。

还是非常少的量，但是，这家企业屡屡中标，屡屡被查出有问题，所以，我就很关注对于查出问题的企业是如何进行惩处的。如果查了就是查了，或者只是罚了一点钱就结束了，这实际上对于企业来讲不会产生很大的压力，同时，对于我们解决食品安全的问题也没有太大的作用。

胡钢：如果这家生产者此前被查出过致癌物超标，并且过了一年以后仍旧存在这种情况，我认为，首先，应该考虑追究其刑事责任，查清它是否是故意生产销售有毒有害食品，这是一个非常严重的问题。其次，才是在行政监管上下功夫，例如全部召回已经销售出去的产品。同时，如果已经购买使用的消费者因此而遭受到身体上的损害，企业应该全额支付相关费用。最后，按照我国《食品安全法》的规定，如果企业生产或销售不符合食品安全标准的食品，它应该履行退一赔十的法律责任。

（2）网民声音

网友"杨鸣17"说：为啥首次曝光时候不严肃处理？严惩几个这种企业，肯定有效果。（2016年4月1日16：53　来自新浪微博）

网友"大连钓鱼人"说：这种企业坚决让其破产！法人代表法律制裁！中国的法律怎么总管不住这些恶劣的行径呢？人的问题，还是规章制度的问题？（2016年3月31日09：23　来自新浪微博）

网友"我爱山i河"说：光查出曝光有啥用，为什么不把有问题的全部查封销毁，并罚得他倾家荡产？（2016年3月31日09：57　来自新浪微博）

（3）政府态度①

国家食品药品监督管理总局网站显示，对上述抽检中发现的不合格产品，生产企业所在地的食品药品监督管理部门已责令企业查清产品流向，召回不合格产品，并分析原因进行整改；经营单位（包括第三方平台）所在地的食品药品监督管理部门已要求有关单位立即采取下架等措施，控制风险，并依法予以查处。查处情况于2016年5月31日前报国家食品药品监督管理总局并向社会公布。目前，京东已关闭该产品的销售页面。

3. 北大荒食用油网络舆情关注度发展趋势分析

运用百度指数对2016年北大荒食用油网络舆情关注度发展趋势进行

---

① 《北大荒食用油被查出致癌物超标　厂家非首次被曝光》，《北京商报》2016年3月31日，http://finance.sina.com.cn/roll/2016-03-31/doc-ifxqtiwa5358643.shtml。

分析,具体情况如图1-2所示。

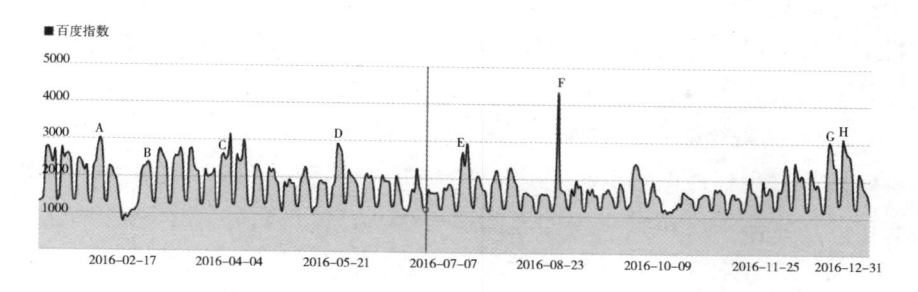

图1-2 2016年北大荒食用油致癌物超标事件百度指数

从图1-2中可以看出,3月31日,北大荒食用油致癌物超标事件爆发后,当日就对北大荒食用油致癌物超标事件的关注度不断升高,关键词"北大荒"被检索2992次。网民对北大荒食用油致癌物超标事件的关注度骤然上升与3月31日报道在各个媒体上大量转载有关。

三 乳制品行业网络舆情

(一)乳制品行业网络舆情发展现状

2016年,乳制品行业的主要食品安全舆情事件如下:

1. 益力多乳酸菌饮料含糖过高堪比可乐①

凭借酸甜的滋味和生动的广告,酸奶和乳酸菌饮料迅速占领了低温乳制品市场,在超市、便利店的开放式冰柜里,总是少不了它们的身影。这些酸奶和乳酸菌饮料经常宣传其中的活性乳酸菌能起到调理肠胃的作用,酸奶和乳酸菌饮料还可以补钙等。事实真的如此吗?《消费者报道》向第三方权威检测机构送检达能、伊利、蒙牛、益力多等11个品牌15款活菌型酸奶、乳酸菌饮料,对其营养价值进行验证。此次测试指标包括蛋白质、脂肪、总糖、钙离子、乳糖、柠檬酸、乳酸菌初起盖与模拟人体胃酸探索乳酸菌存活数等。第三方检测数据显示,乳酸菌在模拟人体胃酸的探

---

① 《益力多乳酸菌饮料含糖过高堪比可乐》,《消费者报道》2016年1月4日,http://www.jjckb.cn/2016-01/04/c_134975119.htm。

索性实验中几乎全部失活,也就是说,通过酸奶和乳酸菌饮料摄入的乳酸菌或许无法"活着"到达肠道。其是否能够起到调理肠胃的作用,是要打上大大的问号的。此外,多款酸奶和乳酸菌饮料中的糖含量较高,也并非补钙的明智选择。

2. 美可高特公司涉嫌编造羊奶粉检验记录[①]

国家食品药品监督管理总局近日发布的针对美可高特(中国)羊乳有限公司食品安全审计主要问题的通告指出,美可高特(中国)羊乳有限公司主要管理技术人员掌握食品安全法律法规及生产许可相关知识不足,甚至涉嫌编造检验记录。国家食品药品监督管理总局在去年12月的审计中发现,美可高特公司部分生产场所、设备设施未持续保持生产许可条件;食品安全管理制度落实不到位;硒、碘、亚油酸、维生素D和三聚氰胺的检验能力不足,不符合GB23790—2010中10.1条款关于检验能力的要求;存在微生物污染风险。而其中最为严重的是,美可高特公司存在生产记录不完整、检验记录不真实的情况。国家食品药品监督管理总局相关人士表示:"天津市食品药品监督管理部门已责令美可高特(中国)羊乳有限公司停产整改,并且国家食品药品监督管理总局要求天津市食品药品监督管理部门对美可高(中国)羊乳有限公司涉嫌编造检验记录情况进一步开展调查,依法处理。"

3. 官方披露冒牌奶粉制作:嫌疑人收购廉价奶粉装入仿制罐中[②]

近日,上海破获1.7万罐假冒名牌奶粉案,涉及雅培及贝因美奶粉。《新京报》记者获悉,犯罪嫌疑人收购市场上正常销售的纸盒装"贝因美"奶粉,装入仿制的"贝因美"罐体之中销售。陈某等以每盒30多元的价格购买市场上正常销售的纸盒装"贝因美"金装爱+婴幼儿配方乳粉(405克),装入其在山东金谷制罐有限公司仿制的"贝因美"铁罐中,生产灌装"贝因美"金装爱+婴幼儿配方乳粉(1000克)1.1万余罐,通过乳粉批发商杜某以每罐140元左右的价格销往河南郑州经销商侯某、石某,以及安徽合肥经销商孙某、张某,销售额160余万元。陈某等还在广东东莞兰奇塑胶公司仿制"雅培"婴幼儿配方乳粉标签,以每罐

---

① 《美可高特公司涉嫌编造羊奶粉检验记录》,《经济参考报》2016年3月4日,http://www.jjckb.cn/2016-03/04/c_135153888.htm。

② 《官方披露冒牌奶粉制作:嫌疑人收购廉价奶粉装入仿制罐中》,新京报网,http://www.bjnews.com.cn/news/2016/04/09/399569.html。

70—80元的价格在市场上购买新西兰产"Vitacare""美仑加""可尼克"婴幼儿配方乳粉和国产"奥佳""和氏""摇篮"等品牌婴幼儿配方乳粉，分别在山东和湖南罐装生产窝点生产冒牌"雅培"金装喜康力婴幼儿配方乳粉（900克）1.16万罐。

4. 广西检验检疫局提醒消费者慎买"越南酸奶"[①]

近日，有关"越南酸奶"事件的新闻被持续热炒，从最初的"走私酸奶"到"国内造假酸奶"，再到"发酵型含乳饮料"，等等。众说纷纭，最终被定义为"未获得输华准入、不能进口的问题酸奶"。记者根据国家质量监督检验检疫总局业务主管部门和相关资讯，详细梳理了事件发展的脉络，这过程中发现这些未经检验检疫的越南酸奶质量安全难以保证，存在一定的安全隐患。同时，酸奶的保质期一般都较短，部分要求2℃—6℃低温贮存，这些通过非正规渠道入境的越南酸奶，普遍无中文标签或标签不规范，贮存条件和生产日期、保质期难以识别，难以判断购买的越南酸奶是否已过期，贮存条件是否符合要求，有些在运输过程中，可能存在冷链断裂，特别是随着天气转暖，更加剧其腐败变质的风险。4月5日，深圳检验检疫局对一批"越南酸奶"实施退运处理，该批货物共28800盒（杯）、重2.88吨，入境申报为发酵型含乳饮料，涉嫌借道含乳饮料将未获准入的"越南酸奶"输入我国。广西检验检疫局随后在市场上购买了越南酸奶样品，经实验室检测，检出了两种防腐剂，其中一种是我国不允许添加的。

5. 天津东疆检验检疫局退运一批进口婴儿奶粉[②]

近日，天津东疆检验检疫局工作人员在对一批进口奶粉的实验室检测结果审核时，发现其铁含量为0.13毫克/100千焦，低于我国相关标准规定0.25毫克/100千焦至0.5毫克/100千焦标准，不符合我国食品安全要求。东疆检验检疫局依法对该批奶粉给予不合格判定，施以退运处理。据了解，该批婴儿奶粉为澳大利亚产，属于较大婴儿配方奶粉，共计9000多罐、重8300多千克。铁元素在人体中具有造血功能，参与血蛋白、细胞色素及各种酶的合成，促进生长；铁还在血液中起运输氧和营养物质的

[①] 《广西检验检疫局提醒消费者慎买"越南酸奶"》，国家质量监督检验检疫总局网，http://www.aqsiq.gov.cn/zjxw/dfzjxw/dfftpxw/201604/t20160412_464221.htm。

[②] 《天津东疆检验检疫局退运一批进口婴儿奶粉》，国家质量监督检验检疫总局网，http://www.aqsiq.gov.cn/zjxw/dfzjxw/dfftpxw/201604/t20160421_464772.htm。

作用。婴幼儿缺铁会发生小细胞性贫血、免疫功能下降和新陈代谢紊乱。

6. 国家食品药品监督管理总局通告1批次婴幼儿配方乳粉不合格[①]

新华社北京5月17日电 国家食品药品监督管理总局17日发布消息称,2016年4月,国家食品药品监督管理总局组织抽检婴幼儿配方乳粉229批次,抽样检验项目合格的样品228批次,不符合食品安全国家标准、存在食品安全风险的不合格样品1批次。不符合食品安全国家标准、存在食品安全风险的样品1批次涉及的标称生产企业、产品和不合格指标为:加比力(湖南)食品有限公司生产的金牌小贝婴儿配方奶粉中氯的检出值为8.6毫克/100千焦,食品安全国家标准为12—38毫克/100千焦,比食品安全国家标准值下限低3.4毫克/100千焦。对上述检出不合格样品的生产企业,国家食品药品监督管理总局已在第一时间通知湖南省食品药品监管部门按照《中华人民共和国食品安全法》的规定,责令生产企业及时采取停止销售、召回不合格产品等措施,彻查问题原因,全面整改,并对相关企业依法进行调查处理。

7. 光明被点名复原乳标注不醒目[②]

如果出售的产品为复原乳,企业一定要在产品上予以标注,这是国务院早在2005年就明文规定的,近日国家食品药品监督管理部门对于复原乳标志的检查正在趋紧。湖北省食药监局对7家企业的产品标签标志进行了检查,光明旗下公司及武汉惠尔康扬子江乳业两家企业因存在问题而被点名。

8. 美力源召回问题羊奶粉 菌落总数不符合国家标准[③]

羊奶粉"事故"不断,由于一批次羊奶粉存在菌落总数不符合国家标准问题,陕西美力源乳业正在全国范围内实施召回。陕西省食品药品监督管理局网站日前发布的消息称,该省咸阳市武功县食品药品监督管理局在食品安全抽检中发现,陕西美力源乳业有限公司3月7日生产的批号为"20160307"的美力源金装经典婴儿配方羊乳粉(规格为900克/听),经

---

① 《食药监总局通告1批次婴幼儿配方乳粉不合格》,新华网,http://www.xinhuanet.com//food/2016-05/18/c_1118883645.htm。
② 《光明被点名复原乳标注不醒目》,新华网,http://www.xinhuanet.com//food/2016-05/19/c_1118891495.htm。
③ 《美力源召回问题羊奶粉 菌落总数不符合国家标准》,《北京商报》2016年5月23日,http://www.jjckb.cn/2016-05/23/c_135381154.htm。

上海市质量监督检验技术研究院检验，菌落总数项目不符合《食品安全国家标准婴儿配方食品》（GB10765—2010）标准要求。

9. 监管趋严，进口奶粉生产工厂连续停牌①

想在中国市场进行销售，进口奶粉的生产工厂首先要获得中国国家认证认可监督管理委员会的注册，而就在昨日又有两家进口有机奶粉生产工厂的资质被暂停，分别为法国 NUTRIBIO 工厂和德国 Tpfer GmbH，而这两家工厂也正是有机奶粉品牌法国安吉兰德和德国特福芬的生产商，这也意味着两个品牌的有机奶粉将暂停在华销售资质，在此背后则是国家相关部门对于进口奶粉质量监管的再度升级。据了解，不到半月时间，国家认监委已经对 3 家进口奶粉生产企业实施了资质暂停，除上述两家企业之外，奥地利奶粉生产商 Agrana Strke GmbH 也包含在内，这家生产商也正是有机奶粉品牌泓乐的生产企业。对于资质被暂停的原因，国家认监委方面并未做出解释，然而，就在 5 月 12 日，黑龙江省食品药品监督管理局发布了 2016 年第 16 期食品安全监督抽检情况，在黑榜单中，这 3 个品牌奶粉赫然在列。它们的问题分别为：泓乐奶粉部分产品被检查出维生素 A 指标未达标和检出阪崎肠菌；特福芬的产品被检出二十二碳六烯酸和二十碳四烯酸两项指标不符合标签标示值；原产地法国的安吉兰德有机婴儿配方奶粉中维生素 A 指标未达标。

10. 276 吨过期的新西兰产"恒天然"烘焙用乳制品销往全国各地②

犯罪嫌疑人刘某通过其掌控的上海嘉外国际贸易有限公司，将库存过期的 276 吨新西兰产"恒天然"烘焙用乳制品销往全国各地。目前，有关部门已经查扣涉案产品 109.2 吨，但仍有 166.8 吨过期产品下落不明。经查证，为减少对过期新西兰产烘焙用乳制品的损失，上海嘉外国际贸易公司前负责人刘某，通过南通华源饲料公司走账形式，将库存内过期的 276 吨新西兰产烘焙用乳制品，销售给多家公司以及江苏、河南、青海等下游经销商，以批发和网店等方式售往全国各地。

---

① 《监管趋严 进口奶粉生产工厂连续停牌》，人民网，2016 - 06 - 02，http：//finance. people. com. cn/n1/2016/0602/c1004 - 28405341. html。

② 《奶粉安全事件频发，根源在哪？》，人民网，2016 - 11 - 02，http：//lxjk. people. cn/n1/2016/1102/c404177 - 28828793. html。

11. 澳百年乳企被暂停入华，惠氏雅培等四家被勒令整改①

国家认证认可监督管理局日前再出监管措施，澳大利亚百年婴幼儿配方奶粉生产企业 VIPLUS DAIRY PTY LTD（维爱佳奶业有限公司，以下简称维爱佳乳业）自 2016 年 11 月 4 日暂停在华注册资格，而这也是 2016 年以来澳洲第二家被暂停入华的乳制品企业。中国农业大学教授任发政表示，进口乳制品不合格问题已经多次被警示，在进口中被查出的问题多为菌群与酸度超标，还有标签不合格问题。对比来看，在 2016 年，中国乳制品抽检合格率为 99.75%，婴儿配方奶粉抽检合格率为 99.26%，不合格原因很多，包括菌落总数超标、维生素含量不合格等。总体来说，中国乳业总体的合格率仍然是很高的，但风险依然不容忽视，国内的乳品安全主要关注点在原料和加工安全。同时，近年来，中国进口乳品的比例在加大，进口乳品的安全问题也值得关注。

12. 添加复原乳却不标注，新希望等 6 家企业被点名②

通告也显示，有 10 家企业复原乳标签标志存在问题，占乳制品生产企业总数的 1.5%。其中，添加复原乳或部分添加复原乳而未标注"复原乳"或"××%复原乳"的企业 6 家；"复原乳"标注颜色色差不明显、字体高度不符合规定要求的企业 3 家。另外，查处 1 家企业使用牛乳粉包装袋包装羊乳粉的违规行为。

13. 7 家乳企生产条件不合格　湖南加比力再上黑榜③

新华网北京 12 月 16 日电（李楠）　12 月 15 日，国家食品药品监督管理总局发布通告称，在食品安全生产规范体系检查中，发现陕西雅泰乳业有限公司、宁夏恒大乳业有限公司、加比力食品有限公司、临夏州燎原乳业有限公司、若尔盖高原之宝牦牛乳业有限责任公司、黑龙江力维康优贝乳业有限公司、甘南藏族自治州燎原乳业有限责任公司 7 家乳品企业分别存在生产场所、设备设施未能持续保持生产许可条件，食品安全管理制度落实不到位，部分项目检验能力不足等问题，国家食品药品监督管理总

---

① 《澳百年乳企被暂停入华　惠氏雅培等四家被勒令整改》，《第一财经日报》2016 年 5 月 23 日。

② 《添加复原乳却不标注　新希望等 6 家企业被点名》，《京华时报》2016 年 12 月 5 日，http://www.jjckb.cn/2016-12/05/c_135881804.htm。

③ 《7 家乳企生产条件不合格　湖南加比力再上黑榜》，新华网，2016-12-16，http://www.xinhuanet.com//food/2016-12/16/c_1120129789.htm。

局责令整改。通报显示,湖南加比力食品有限公司的部分生产场所、设备设施未持续保持生产许可条件。如搅拌罐底部的软管线内残余白色粉末,软管与搅拌罐相连不相通;生物素检验设备故障无法使用;缺少微生物检验必备的均质设备;研发室只有一台恒温恒湿培养箱和一台小型干混机,无法满足产品保质期、营养和安全评价等研究。还发现湖南加比力食品有限公司的部分食品安全管理制度落实不到位,如"子怡慧智"系列婴幼儿配方乳粉(生产日期2014年7月22日)、"子怡慧健"系列婴幼儿配方乳粉(生产日期2014年8月11日)的产品名称与对应入库单及调拨单中记录名称不一致;包装罐取样后未重新进行有效密封,剩余包装罐存在受污染隐患;成品库中存放饮水桶,库房仓储区存放饮水用品、沙等。

(二)乳制品行业典型网络舆情分析——央视曝多款海淘奶粉不合格事件①

1. 事件概述

年轻妈妈热衷于海淘洋奶粉,认为这既便宜又安全!但是,央视《消费主张》栏目在京东、天猫等购买了19款热销奶粉,有8个样品的铁、锰、碘、硒实测值不符合我国的食品安全标准,样品的不合格率竟然达到了42.1%,长期食用危害宝宝健康。

海淘奶粉各种各样的外文标志是什么意思?大小不同的配方含量符合中国标准吗?外国宝宝喝的洋奶粉,是否一定适合中国宝宝体质?"消费主张"购买全球十九款畅销的海淘奶粉,委托国内最权威食品检测机构,针对12种矿物质、13种维生素、2种污染物,进行详细检测,邀请国内三大营养专家对检测结果进行深入解读!一场前所未有的大测试,告诉你海淘奶粉不为人知的秘密!

从2016年5月开始,"消费主张"先后通过京东商城、天猫网站、淘宝、麦乐购进口母婴商城以及蜜芽进口母婴限时特卖网站,一共购买了7个国家的19个品牌的1段婴儿配方奶粉。它们是:来自德国的Aptamil爱他美、HiPP Bio喜宝、凯莉泓乐和安娜图拉;来自荷兰的Nutrilon诺优能;来自美国的美赞臣金樽、美赞臣益生元和雅培;来自新西兰的康宝瑞、Zeabica康贝加;来自澳大利亚的aTWO、贝拉米、BLACKMORES澳

---

① 《央视曝19款海淘奶粉40%不合格,长期食用危害宝宝健康》,澎湃新闻,2016-07-30,https://www.thepaper.cn/newsDetail_forward_1506227。

佳宝；来自日本的固力果、明治奶粉；来自韩国的每日、有机宫奶粉。需要说明的是，这些奶粉都是原产国销量领先的优质产品，在中国的海淘网站上也备受中国消费者喜爱。那么，它们的各项指标是否符合中国的国家标准呢？我们将这19种海淘奶粉样品送到了国家食品质量安全监督检验中心进行检测。经过和专家的讨论，我们最终确定了"矿物质""维生素"和"污染物"这三项指标作为检测的内容。为了保证测评的科学和严谨，《消费主张》特意委托中国乳制品工业协会作为第三方进行全程监督。

经过为期10个工作日的试验操作，我们首先得到了19种海淘奶粉的矿物质检测结果，其中，矿物质为钠、钾、铜、镁、铁、锌等12种。结果是，19种国外奶粉，有8个样品的铁、锰、碘、硒实测值不符合我国的食品安全标准，样品的不合格率竟然达到了42.1%。

（1）铁

三款产地为美国的奶粉，铁含量实测值在0.36毫克/100千焦以上，最高值是0.55毫克/100千焦，而我国国家标准规定铁含量在0.1—0.36毫克/100千焦，这三款美国奶粉的含铁量超出了我国食品安全标准的上限。如果我国的婴儿长期食用这三款铁元素含量较高的美国奶粉，会有什么影响？

中国农业大学教授南庆贤说：喝一次、两次不会有问题，因为婴儿喝的东西比较少，如果长期让他超剂量可能会对婴儿有影响。

南庆贤，中国农业大学教授，长年研究乳制品的营养和加工，多次参与中国婴幼儿配方奶粉的标准制定工作。他告诉记者，美国婴儿配方奶粉标准对铁元素的含量只限定了下限，没有规定上限，因此，这三款奶粉是符合美国标准的。但是，中国人和美国人的体质特点是不同的，所以，根据相关数据，中国的奶粉标准特地对铁元素的含量规定了上限，而这三款美国奶粉就超过了中国标准的上限。

中国农业大学教授南庆贤说：铁超标，出现铁过量的中毒，消化道出血，肠道出血。

（2）碘

在检测中，我们注意到一款产地为日本的婴幼儿配方奶粉，经检测，它的碘含量实测值为每100千焦1.6微克，低于我国每100千焦2.5—14.0微克的含量标准。值得一提的是，日本并没有对奶粉中的碘含量进行规定。为什么日本对碘元素的含量不做规定呢?

北京大学公共卫生学院教授李可基说:日本是沿海地区,海产品吃得多,碘不缺乏。

李可基,北京大学公共卫生学院教授,也是多次参与中国婴儿配方奶粉的著名食品营养专家。他告诉记者,中国标准除参考国际标准之外,还重点考虑了中国母乳的特点,以及如何让婴幼儿奶粉补充母乳中缺失的营养成分。李可基说:有些成分母乳当中含量比较低,考虑婴儿在生长过程中容易缺乏,设计的量又不一样。李可基说,不同国家的婴幼儿奶粉配方标准不同,其中一个重要的原因就是各国的母乳分析研究的数据有差异。比如,日本四边临海,海产丰富。日本的妈妈们经常吃海产品,她的身体以及母乳中一般不会缺碘,日本的婴幼儿也不太会缺碘,因此,日本的奶粉就没有对碘含量做出规定。但中国的情况就不一样了,虽然日本这款奶粉所检测出来的碘含量只有 1.6 微克,似乎只是略微低于中国标准 2.5 微克的下限。但奶粉中的碘含量,对中国宝宝来说,可太重要了。北京市营养学会理事长王军波说:生命早期如果缺碘,有可能影响到新生儿的生长发育。最严重的可能会出现克汀病、呆小症,影响神经系统的发育,也影响身体的发育。王军波也是多次参与中国婴幼儿配方奶粉标准制定的营养学专家。他告诉记者,目前,我国现行的婴儿配方食品安全标准是于 2010 年 3 月 26 日发布,2011 年 4 月 1 日正式实施的 GB 10765 文件。这一标准经过了四次修订,修订的原则是等同采用 CAC 的标准,CAC 就是国际食品法典委员会,我们根据它最新修订的婴幼儿配方奶粉的国际标准,基本上等同采用它的,然后结合中国的实际情况。

(3)硒

在检测中,我们还发现,这两款日本奶粉的硒含量分别是每 100 千焦 0.24 微克和 0.4 微克,这两款韩国奶粉的硒含量是每 100 千焦 0.24 微克和 0.3 微克,而我国的标准是每 100 千焦 0.48—1.9 微克,显然,四款奶粉都没有达到中国的标准。我国为什么要对硒元素做出这样的要求呢?

南庆贤说:中国特别是东北地区缺硒,土壤缺硒,饲料缺硒,牛奶就缺硒,所以必须要补。硒的缺乏就是克山病,心脏肥大,体力下降,智力受影响。

(4)锰

这两款日本奶粉,在检测中发现,锰的含量为每 100 千焦 0.3 微克和

1.1微克,而我国的标准是每100千焦1.2—24微克。我国对锰含量的要求又是因为什么呢?南庆贤说:锰缺少引起身体代谢出现紊乱,抵抗力也下降。

——维生素含量检测。国家食品质量安全监督检验中心在对送检的这19种海淘奶粉的检测中发现,许多奶粉不仅是矿物质含量达不到中国的国家标准,其维生素含量的检测结果也不乐观,样品检测维生素的不合格率为15.8%。在维生素指标检测中,我们检测了维生素A、D、K、叶酸、生物素等13种营养素。结果显示,有三款日本奶粉的维生素K的含量低于我国标准。我国标准是每100千焦1—6.5微克,而这三款日本奶粉的维生素K实测值分别是每100千焦0.58微克、0.51微克和0.87微克。如果婴儿缺乏维生素K,会有什么后果呢?李可基说:维生素K在母乳中的含量比较低,维生素K缺乏严重的话,婴儿会有出血的状况发生。不过,各国的饮食情况不同,所以,会有不设定限量或者标准比较低的情况。这三款日本奶粉不仅维生素K的实测值均低于中国的婴儿配方食品安全标准,而且生物素也达不到中国标准。我国的婴儿配方食品安全标准规定生物素含量为每100千焦0.4—2.4微克,三款日本奶粉的生物素实测值均低于每100千焦0.15微克。检测人员告诉记者,日本奶粉的配方标注内容要比国产奶粉少一些,例如生物素,日本奶粉在外包装上并没有标注这一项。李可基说:目前国际上关于婴儿严重缺乏生物素的案例还没有出现,因为生物素几乎存在于所有食物当中,所以,有些国家就没有专门设定生物素的含量标准。

——污染物检测。除矿物质和维生素之外,我们对这7个国家的19款奶粉进行了第三轮检测:污染物检测。检测目标是看铅和硝酸盐含量是否超标。经过国家食品质量安全监督检验中心工作人员的仔细检测,发现这19种海淘奶粉的铅和硝酸盐含量均符合中国婴儿配方食品安全标准。

——国产奶粉配方标准比国外奶粉更严格。综合看这次19种海淘奶粉的矿物质、维生素和污染物检测结果,我们可以发现,国产奶粉的配方标准,要比国外奶粉更严格。检测结果不合格的奶粉,多数是因为矿物质或维生素的含量低于我国标准。

2. 各界评论

(1) 专家意见和建议

中国农业大学教授南庆贤说:我们国家对婴儿奶粉的生产、企业的认证是非常严格的。所以，消费者应当打消这个顾虑，我们国家大型的现代化乳品企业，是后起的，所以，它的设备非常先进，质量也很好。现在我们所有大的乳品企业都有自己的研究团队。

北京市营养学会理事长王军波说：如果你非要吃进口奶粉的话，我们国家现在也有很多正规渠道进口的婴儿奶粉。正规渠道进口的婴儿奶粉就是按照中国的国家标准来生产的，配方也是按照这个来设计的，所以，也是没有问题的。王军波说，年轻的妈妈千万不要小看奶粉包装上矿物质和维生素的含量，看上去数值差距似乎不大，但日积月累，将会对宝宝的成长发育产生很大的影响。每个国家都有自己的婴儿配方食品安全标准，但它们在维生素、矿物质等指标的含量上还是有差异的。这就需要消费者在海淘奶粉时，一定要细心谨慎。

专家建议：既然不同国家有不同的配方标准，所以，国内消费者还是尽量选购国产奶粉，毕竟中国的标准是根据中国母婴的体质和营养分析制定出来的，它是最适合中国宝宝体质的，而且我国的婴幼儿奶粉企业，在奶源、设备、生产加工技术、研究团队等方面已经很先进，消费者可以放心。如果您要选择国外品牌奶粉，您可以选择正规渠道原装进口的国外奶粉，因为这样的奶粉是按照中国标准生产的，而且外包装是中文，方便阅读。如果您坚持选择海淘或者国外代购，请您尽量选择配方接近我国标准的国外奶粉。奶粉也是消耗品，建议大家经济上量力而行，尽量选择大品牌。

（2）网民评论

网民"句戈"说：中国和国外有差异，中国东南西北中就没差异？日本不缺碘，中国东南沿海缺碘？这么多不合格，还是反思自己的标准吧，你也不能适应各地差异。（2016年7月30日10：21　来自新浪微博）

网民"小妍妍小妮子"说：因为很多在做代购，很多消费者也坚信国外的绝对好，放心，打碎了她们的梦。（2016年7月31日12：03　来自新浪微博）

网民"Xing－惺悦"说：真心希望你能继续坚持，不要绝望，不要灰心，不能让代购们肆意妄为，明白人会越来越多的。一个即将临产准备坚持母乳喂养的准妈妈。（2016年7月31日17：43　来自新浪微博）

网民"百厌丁丁"说：看了揭秘的微博对国产奶真的信心慢慢回来了，相信国产奶会有春天的，想买盒来试试了，正在说服宝宝爸爸，我们

都在香港住的，买国产奶会不会被喷。（2016年7月31日23：36　来自新浪微博）

网民"小弟弟你吃不吃糖"说：说句实话，海淘奶粉也买不得，那运输环境差的，还有爆罐的代购也在卖，也敢买来给孩子吃？真是典型国外的比较香吧。（2016年8月20日10：39　来自新浪微博）

3. 央视曝光多款海淘奶粉不合格事件关注度发展趋势分析

在百度指数中，通过搜索关键词"海淘奶粉"，得到2016年全年网民和媒体对海淘奶粉关注度的发展趋势，如图1-3所示。其中，横坐标为时间（单位：日），纵坐标为热度指数（单位：次）。

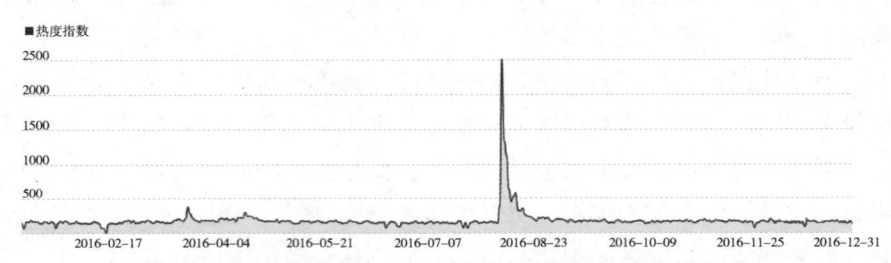

图1-3　2016年央视曝光多款海淘奶粉不合格事件百度指数

从图1-3中可以看出，2016年7月30日附近的小区间即为该事件的发生时间，网民对奶粉的关注度明显提升，虽然事件发生后关注度很快降低，但却有助于消费者对奶粉购买形成理性认识。

四　白酒与饮料行业网络舆情

（一）白酒行业网络舆情

1. 白酒行业网络舆情的发展现状

盘点2016年，我国白酒行业发生的食品安全舆情事件如下：

（1）酒精度与标称不符事件①

2016年1月6日，吉林省食品药品监督管理局近日公布了一批不合

---

① 《吉林抽检发现部分白酒产品酒精度与标称不符》，新华网，2016-01-07，http://www.chinanews.com/life/2016/01-07/7705454.shtml。

格食品抽检信息，在该局抽检的 15 类食品 392 批次样品中，发现不合格样品 7 批次。其中，部分白酒抽检样品的酒精度与标称酒精度不符。

在检出的不合格白酒样品中，内蒙古闷倒驴酒业有限公司生产的闷倒驴酒标准度数应为 45 度（正负不超过 1 度），实际酒精度达 49.8 度；华晟源酒业有限公司生产的老酒头酒的酒精度标准值应为 40 度（正负不超过 1 度），但实际酒精度仅为 33.6 度；榆树市兴达酒业有限公司生产的绿豆酒和白城市老河道酿酒有限公司生产的老河道酒中酒精度均不达标。

（2）唯品会售假茅台事件①

2016 年 1 月 10 日，中国之声《新闻晚高峰》报道，在唯品会官网的显著位置，依然挂着"100% 正品"的口号，然而，这家以服装、化妆品为主的特卖电商正在"出售假茅台酒"的旋涡里难以自拔。去年底，唯品会推出了周年庆促销活动，市价八九百元的 53 度飞天茅台，唯品会只卖 580 元，但是不少消费者发现，买到的商品是假货。

对于唯品会面临的假货风波，电商评论员鲁振旺认为，唯品会作为一家以服饰为主的电商平台，还没有酒类产品专业的渠道和相关知识，导致出现了明显违背常识的促销活动。鲁振旺表示，这个问题难以理解，因为茅台的出厂价就 800 多元，唯品会上 500 多元一瓶就卖出去，还包括唯品会的佣金、包装费、物流，这是根本不可能的事情。这也说明它的采购人员对整个行业还缺乏了解，让假酒供应商有机可乘。

（3）假酒黑窝事件②

2016 年 1 月 15 日清晨，在北京市食品药品稽查总队的统一部署下，朝阳区食品药品监督管理局联合北京市公安局、十八里店乡政府等部门，组织执法人员对 3 个位于朝阳区十里河村的白酒造假窝点进行取缔。

经调查发现，3 个窝点其实是制造假酒"一条龙"的产业链条，3 个窝点分别承担清洗回收酒瓶、散装白酒灌装、现场加装瓶盖、加贴白酒品牌标签、白酒装箱、对外销售等工作。

朝阳区食品药品监督管理局依法对现场涉案的所有物品进行了异地查封扣押，对 3 个窝点予以取缔。下一步朝阳区食品药品监督管理局将根据

---

① 《唯品会涉嫌售假茅台再道歉　不公布供应商是警方要求》，央广网，2016 – 01 – 10，http：//www.chinanews.com/cj/2016/01 – 10/7709728.shtml。

② 《朝阳食药监局取缔假酒黑窝点》，《京华时报》2016 年 1 月 18 日，http：//www.chinanews.com/life/2016/01 – 18/7720125.shtml。

现场查获的有关证据和涉案人员提供的线索，对此案进行深入调查。

（4）品牌酒勾兑事件①

2016年1月18日，根据假酒窝点的组织者张某的供述，民警分别在该团伙所在的梨村、葫芦堡村的3个窝点，查获牛栏山二锅头、洋河蓝色经典海之蓝等品牌假冒白酒3000余瓶，假冒商标标志1万余个，空酒瓶8万余个，造假工具1台。警方随后在葫芦堡村发现两个收购和清洗废旧酒瓶的窝点。两个院内均堆放了大量废旧酒瓶，院内环境脏乱差。在用废铁焊接起来的大池子中，许多旧瓶子在池子里浸泡着，还没来得及清洗。清洗酒瓶的嫌疑人钱某供述，每天能洗十多箱酒瓶，每包大概能挣近20块钱。

张某供述，他们每天灌装的假酒在70—100箱，大多通过网络联系买家，用物流发往江苏、安徽、河北等省份销售。便宜的酒用散装白酒冒充，中高端的酒用几块钱一瓶的低档白酒与散酒勾兑。张某供称，假冒的二锅头酒每瓶盈利在两三块钱，中高端的假酒每瓶能赚十多块钱。

（5）假五粮液致失明事件②

2016年2月，再过几天就是春节了，亲朋好友聚会，餐桌上难免要喝酒助兴，可是如果喝到假酒，后果会很严重。上海的王先生喝了假五粮液后，一度眼睛失明，警方调查发现，"五粮液"竟然产自我省芜湖山村的一家养猪场。

日前，芜湖警方联合工商部门成功斩断一个特大制假售假网络，抓获25名犯罪嫌疑人，收缴假酒上千件，扣押赃款两千余万元，涉案价值上亿元。

（6）假冒注册商标案③

2016年3月22日，河北省邢台市警方通报，由公安部督办的邢台特大假冒注册商标案告破，捣毁一个涉及河北、河南、山东、四川等多省市的制售假酒网络。

---

① 《制假团伙散装白酒勾兑品牌假酒 每天灌装百箱》，《京华时报》2016年1月24日，http：//www.chinanews.com/sh/2016/01-24/7729741.shtml。

② 《喝假五粮液一度失明 "名酒"产自山村养猪场》，中安在线，2016-02-01，http：//www.chinanews.com/sh/2016/02-01/7742340.shtml。

③ 《河北破获特大假冒注册商标案 涉案金额逾3000万》，中国新闻网，2016-03-22，http：//www.chinanews.com/sh/2016/03-22/7807431.shtml。

通报称，2014年8月，河北清河县警方接到举报称，该县张某销售多种疑似假冒名牌白酒。经初步查证，实举报内容基本属实，张某销售的假冒名牌白酒来自山东冠县郑某某处。郑某某生产的假酒销售范围包括周边多个县市区，2014年下半年，仅冉某某的进货量就达到7000余件，市场价超过100万元。同时，警方发现，冉某某还从河南濮阳大量购进疑似某品牌假酒，于是决定深入调查。

该案共查封造假生产线3条，查获假冒名牌白酒7.2万余件（约45万瓶），涉案金额超过3000万元，抓获犯罪嫌疑人12名，另有3人被移送司法部门。同时，该案的侦破得到公安部、河北省公安厅和邢台市领导的充分肯定。

（7）白酒加色素制造高价"神药"事件①

2016年3月24日电（记者周科），近日山东省济南市历下区人民法院分别对6起涉嫌生产、销售假药的案件公开开庭审理，并当庭宣判。

历下区法院经审理查明，2015年5月，被告人何某海、李某顺、何某明等15人经预谋后，入住济南市某宾馆，购买高度白酒、中草药、老抽酱油、乌鸡白凤丸或者跌打丸等，在宾馆内制造追风药酒、中草药酒、断根药、八宝丸、祖传秘制药丸等"神药"。

随后，他们分别窜至济南市历下区老东门小商品市场、天桥区八里桥早市、市中区七里山、历城区花园路等地，通过发放宣传单、街头贩卖的方式，采取诱骗、恐吓等手段，先后向路人高价售卖。以所宣称的可祛病根、永不复发的"断根药"为例，每粒售价50—1000元不等，所得赃款共计6万余元。经有关部门鉴定，这些均系假药。

（8）白酒违法添加头痛粉②

2016年1月6日，潼南区食品药品监督管理分局、潼南区公安分局在"常春白酒经营部"25个批次的白酒抽样中，有10个批次检测出"对乙酰氨基酚"成分。

经查，自2014年5月以来，"常春白酒经营部"负责人陈某为减轻

---

① 《白酒加色素制造高价"神药" 济南法院宣判6起生产销售假药案》，新华网，2016 - 03 - 24，http：//www.chinanews.com/sh/2016/03 - 24/7810634. shtml。

② 《夫妻俩租民房造假名牌鸡精 发里皖江全线告急。记者4日从安徽省食药监展下线卖包装赚差价》，《重庆晨报》2016年6月22日，http：//www.chinanews.com/cj/2016/06 - 22/7913348. shtml。

顾客饮酒后的头痛症状，违规在白酒中添加了头痛粉（含对乙酰氨基酚成分）。执法人员在陈某的店内发现 3000 多斤掺有头痛粉的白酒，并查处十多箱头痛粉。据民警介绍，陈某每十斤白酒掺入不到一克的头痛粉，经过检测，对健康的影响可以忽略不计。潼南区食品药品监督管理分局吊销了该经营部《食品流通许可证》，依据《中华人民共和国食品安全法》第一百二十三条第一款第六项规定，公安机关对陈某做出行政拘留处罚 7 日的决定，这在全市是首例。

（9）甜蜜素事件[①]

2016 年 6 月中旬以来，强降雨不断肆虐安徽大地，八百局获悉，该省食品药品监督管理部门忠诚履行职责，及时消除市场上的不合格食品，绝不让劣质食品进入灾区，让群众雪上加霜。

近期，安徽省食品药品监督管理局公布了最新一批抽检信息，已责令 10 种不合格食品的生产经营企业，采取下架、召回措施。

酒甜得腻歪肯定有问题。标示为安徽禹王酿酒有限公司生产的禹窖酒（贡藏），在国家监督抽验中，经检验，禹窖酒（贡藏）甜蜜素项目不合格。

甜蜜素是一种食品添加剂，作为糖的代用品。但在酒类中属不得检出项目。食用甜蜜素摄入过量，对人体肝脏和神经系统会造成危害，严重可致癌。

（10）氰化物超标事件[②]

2016 年 8 月 25 日，安徽省食品药品监督管理局日前公布新一期食品安全抽检信息：在抽检的 370 批次样品中，有 9 批次不合格。经检验，3 批次酒类样品不合格，涉及标称国营涡阳县高炉老酒厂生产的纯粮液酒、大烧坊酒，均为氰化物超标。食药监专家表示，氰化物是有毒有害物质，轻度中毒者会出现呕吐、腹泻等症状，重则呼吸困难甚至死亡。白酒中氰化物超标，是生产者直接使用不符合规定的原料加工或是生产工艺去除氰化物不彻底造成。

[①]《安徽严防劣质食品进灾区》，中国新闻网，2016 – 07 – 04，http：//www.chinanews.com/gn/2016/07 – 04/7927036.shtml。

[②]《安徽食药监局：9 批次食品质量不过关》，《安徽日报》2016 年 8 月 25 日，http：//www.chinanews.com/cj/2016/08 – 25/7983918.shtml。

2. 白酒行业典型网络舆情分析：高档酒造假事件

（1）事件概述

①海口警方缴获假冒白酒逾1.5万箱。2016年5月23日，南海网记者从海口警方了解到，日前，海口警方成功侦破一起特大销售假冒白酒案，涉案的2名主要犯罪嫌疑人落网，缴获假冒伪劣"牛栏山陈酿"和"红星二锅头"系列白酒15000多箱，涉案金额300余万元。目前犯罪嫌疑人邬某友、邬某发已被刑事拘留，案件正进一步审理中。①

②高档"五粮液"成本价仅30元。市场上30元一瓶的低档酒，有人把它重新灌装成市价数百元的高档酒出售牟取暴利。经搜查，嫌疑人共3名，分别在6个小房间内制造假酒。此次行动中，共扣押假冒五粮液7箱，洋河梦之蓝89箱、天之蓝38箱、海之蓝62箱、洋河敦煌2箱、珍宝坊8箱，及气压钳、气泵等制假工具，涉案金额近50万元。②

③浙江男子自造假酒行销华东。周某先购买廉价白酒，然后从收废品老板手里把高档白酒的瓶酒盖等包装都买过来。在出租房里通过漏斗灌装的方式将廉价白酒灌装到五粮液、茅台等空酒瓶中。灌装完成后，再在这些酒瓶上贴上防伪标签，并将其装盒、打包，廉价白酒摇身一变成为高档白酒。周某平均每天能做六七箱假酒。2016年7月，警方在周某的出租房里查获并扣押大量制假工具及假酒。截至被抓，周某销售假冒白酒涉案价值200余万元，非法获利100余万元。③

④合谋造假。2016年10月，湖北省襄阳市检察院起诉了一起销售非法制造的注册商标标志案，该案被查获的假冒名酒注册商标标志有7万余个，非法经营数额超过100万元，3名被告人均被法院判处有期徒刑，各并处罚金。该案揭示出的名酒造假黑色利益链令人触目惊心。④

⑤佛山打掉两制假售假团伙。俗话说：无酒不成宴！然而，平日里的推杯换盏、觥筹交错间，那一瓶瓶价格不菲的"好酒"，又有几人能明辨

---

① 《海口警方缴获假冒白酒逾1.5万箱　涉案金额300余万元》，南海网，2016-05-24，http://www.chinanews.com/cj/2016/05-24/7881349.shtml。

② 《活动板房内酒香四溢　原来有人灌"高档白酒"》，《扬子晚报》2016年8月23日，http://www.chinanews.com/sh/2016/08-23/7981114.shtml。

③ 《浙江男子自造假酒行销华东　三年获利上百万终被逮捕》，中国新闻网，2016-09-22，http://www.chinanews.com/sh/2016/09-22/8011691.shtml。

④ 《来钱太快，制假售假根本停不下来》，《检察日报》2016年10月24日，http://www.chinanews.com/sh/2016/10-24/8041642.shtml。

真假？2016年11月15日，佛山警方一举剿灭两个制假售假犯罪团伙，抓获团伙成员19人，捣毁假冒伪劣产品生产窝点11个，假冒名牌洋酒4000多支、调味品300多千克。①

（2）各界评论

①监管部门

朝阳区食品药品监督管理局局长刘立新呼吁：公众发现身边有食品药品违法线索时，可及时拨打北京市食品药品举报热线12331，根据《北京市食品药品违法行为举报奖励办法》，还可以得到相应的举报奖。②

②专家声音

在食品安全标准以及相关法律法规方面，也可以做一些改进。研究人员说："我国食品安全标准和法规的关注点主要集中在安全上，但类似蜂蜜、阿胶造假等问题，产品本身或许不会有多大安全危害，更多的是商业欺诈问题。被发现后很难定位，违法成本比较低。"

研究人员建议，食品标准和法规不仅要关注安全，还应大力关注掺杂使假等问题。同时，加大惩处力度，提高法律威慑力。"只要越过红线，一旦被发现，就应该罚得他们翻不了身，这也是很多国家的做法。"③

中国品牌研究院食品饮料行业研究员朱丹蓬表示，牛栏山陈酿的造假成本和违法成本都较低，而销售渠道广泛，流通速度快，实际造假所得利润可观。另外，牛栏山陈酿的知名度很高，但厂家对于甄别真假酒的方法和渠道的宣传力度并不高，消费者辨识度较差、投诉无门，使造假贩假风险较小。④

③网民评论

网民"解老转儿"说："做生意不能昧良心，一味追逐利益恶果自食。"（2016年1月8日11：50　来自小米Note）

网民"无等等人"说："唯品会卖假酒，被消费者投诉，赔钱还不承

---

① 《佛山打掉两制假售假团伙　缴获假名牌洋酒4000多支》，《羊城晚报》2016年11月25日，http：//www.chinanews.com/sh/2016/11 - 25/8074808.shtml。
② 《朝阳食药监局取缔假酒黑窝点》，《京华时报》2016年1月18日，http：//www.chinanews.com/life/2016/01 - 18/7720125.shtml。
③ 《食品造假现象难以杜绝　假货怎么变成"合格"？》，《光明日报》2016年9月13日，http：//www.chinanews.com/life/2016/09 - 13/8002821.shtml。
④ 《假酒横行　牛栏山称无力打假》，《北京商报》2016年2月3日，http：//www.chinanews.com/business/2016/02 - 03/7745602.shtml。

认卖假。想想，就是消费者没有社会责任，很多买了假货的，都私下解决了，让售假愈玩愈烈。我支持购买假货索赔，让售假者血本无归。"（2016年1月3日17：44　来自 iPhone 6s Plus）

网民"名震江湖"说："在张裕旗舰店，买了一瓶白兰地，昨晚睡前打开喝了一点，夜里眼涨，头痛，喉咙干，今天早上醒来，在厕所吐了两次~~~难道旗舰店也卖假酒？？？"（2016年9月14日07：49　来自 Android 客户端）

网民"我爱可子"说："网上中高端白酒比实体店差距一半多的价格！内有猫腻！大家好多不知道现在很多专业回收中高端酒瓶子，大家想想再早时白酒瓶子不值钱，啤酒瓶子值钱为啥？说明那时的白酒造假量极少！如今假酒横行，大家擦亮眼睛吧！"（2016年6月19日17：07　来自 Android 客户端）

（3）高档酒造假事件关注度发展趋势分析

运用百度指数对2016年高档酒造假网络舆情关注度发展趋势进行分析，使用"高档酒造假""白酒造假"等关键词，都无法获取相关的百度指数信息，随即用"假酒"为关键词进行搜索，获得假酒风波中网民与媒体的关注度发展趋势。

从图1-4中可以看出，网民对假酒事件的关注度相对比较平稳，但是，在2016年12月21日关注度达到了峰值524次，随着时间的推进和事件的发展，网民对此事件的关注度逐渐降低。但是，假酒事件并没有得到妥善的处理，所以，网民对假酒的关注度一直保持在一个比较平稳的状态。

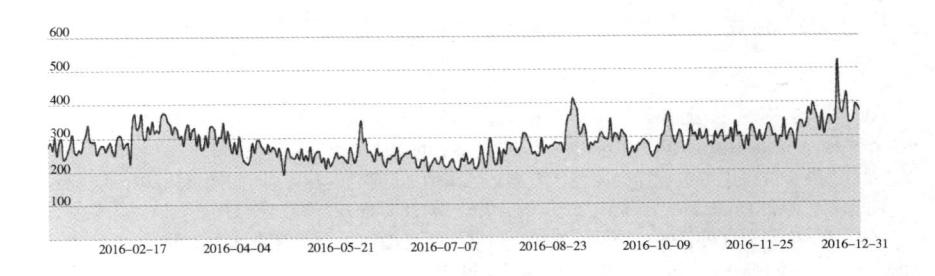

图1-4　2016年假酒事件舆情走势

（二）饮料行业网络舆情

1. 饮料行业网络舆情的发展现状

（1）红茶中惊现蜈蚣[①]

2016年1月5日，据中国台湾联合新闻网报道，有中国台湾网友在"爆料公社"帖文和照片，并写道、"买了红茶吸一口，原本以为是茶叶，结果吐出来后一看，才发现是一只超长的蜈蚣。"

（2）果味饮料用纸巾搅拌会褪色[②]

2016年4月22日，鲨鱼公园儿童大学实验老师用可乐做了一个小实验，将纸巾放入橘色饮料中搅拌，一两分钟后，橙味饮料变成透明"雪碧"，纸巾变成橘色。他还用电子秤称出一两多白糖，并称这些白糖与一瓶饮料中所含的糖分相当。专家表示，人体摄入色素后会增加肝脏的代谢负担，长期饮用会造成食欲不振，厌食挑食，诱发龋齿，导致肥胖，增加糖尿病的患病风险。

（3）学生网上订餐获赠过期饮料[③]

2016年4月27日，东北大学一大四学生通过"饿了么"APP网上订餐，餐馆随餐赠送了一罐过期4个多月的加多宝凉茶。

（4）天津销毁一批违规使用添加剂的进口果汁[④]

2016年6月1日，新华社天津专电（记者孟华）：天津出入境检验检疫局近日对一批来自德国的果汁进行检验检疫时，发现该产品违规使用食品添加剂，不符合我国食品安全国家标准和相关检验检疫要求，检验检疫人员依法对不合格产品进行了销毁处理。

（5）可口可乐涉嫌超范围使用食品添加剂[⑤]

2016年7月28日，据《北京商报》讯（记者阿茹汗），可口可乐又一批进口产品登上了黑名单。近日，国家质量监督检验检疫总局发布了

[①]《台湾网友发文称喝红茶喝到蜈蚣 众人直呼恶心》，中国台湾网，2016-01-05，http://www.chinanews.com/tw/2016/01-05/7702150.shtml。

[②]《果味饮料用纸巾搅拌会褪色 专家：色素增加肝脏负担》，《西安晚报》2016年4月22日，http://www.chinanews.com/jk/2016/04-22/7844288.shtml。

[③]《学生网上订餐获赠过期饮料索赔 快餐店主疑敲诈》，《沈阳晚报》2016年4月27日，http://www.chinanews.com/sh/2016/04-27/7850139.shtml。

[④]《天津销毁一批违规使用添加剂的进口果汁》，新华网，2016-06-01，http://www.chinanews.com/life/2016/06-01/7891199.shtml。

[⑤]《可口可乐9批次产品不合格 涉嫌超范围使用食品添加剂》，《北京商报》2016年7月28日，http://www.chinanews.com/cj/2016/07-28/7954020.shtml。

2016年6月进境不合格食品、化妆品信息，包括可口可乐公司在内的26批次饮料登上不合格名单，不合格主要原因为超范围使用食品添加剂、货证不符等。来自可口可乐公司的9批次进境产品因为质量不合格被点名。这9批次产品全部来自美国，分别是新奇士草莓味苏打水、酷奇樱桃味汽水、新奇士橙味苏打汽水、新奇士葡萄味苏打汽水、酷奇葡萄味汽水、酷奇草莓味汽水、酷奇橙味汽水、A&W奶油味苏打汽水以及A&W树根风味汽水。

（6）网友网上订餐赠送过期两月饮料[1]

2016年8月25日，据《安徽商报》消息，合肥一网友利用某款APP订餐时，商家给她送了一瓶过期的饮料，目前商家已赔礼道歉，并同意给予赔偿。

（7）进口食品安全隐患犹存，可口可乐等登"黑榜"[2]

2016年8月31日，国家质量监督检验检疫总局公告显示，根据近期检验检疫情况，已有189家企业出现不良记录，达到《进口食品不良记录管理实施细则》（以下简称《细则》）规定的列入《进口食品化妆品安全风险预警通告》的条件，其中，进口商66家、境外生产企业61家、境外出口商62家。可口可乐、统一等企业的饮料产品微生物污染、品质不合格、食品添加剂不合格。

（8）饮料中含有锶、偏硅酸、溶解性固体[3]

2016年10月11日，据青海新闻网讯，省食品药品监督管理局在近日的食品监督抽检工作中，共抽检159批次产品，经检验，检出5批次不合格产品。其中，饮料监督抽检不合格产品1批次，为青海高原特色资源开发有限责任公司生产的天然矿泉水，商标为青藏雪岭，规格型号570毫升/瓶，检出锶、偏硅酸、溶解性总固体不合格。

---

[1] 《网上订餐赠送过期两月饮料 商家已赔礼道歉》，中安在线，2016 - 08 - 25，http：//www.chinanews.com/life/2016/08 - 25/7983930.shtml。

[2] 《进口食品安全隐患犹存 可口可乐等登"黑榜"》，《北京晚报》2016年8月31日，http：//www.chinanews.com/life/2016/08 - 31/7989836.shtml。

[3] 《青海省药监检出5批次不合格产品》，青海新闻网，2016 - 10 - 11，http：//www.chinanews.com/cj/2016/10 - 11/802784.shtml。

（9）饮料过期三个月仍继续往外卖①

2016年10月19日，据天津北方网讯，南开区一家烟酒批发店饮料过期三个多月，竟然还对外销售。对此，老板理直气壮地称，饮料一直冷藏保存，过期也没事，他和工人天天喝。

（10）花茶中违法添加二氧化硫②

安徽省食品药品监督管理局抽检中，有11批次食品不合格，涉及茶叶、饮料等。新华社合肥12月21日电（记者鲍晓菁）：记者从安徽省食品药品监督管理局获悉，近日，该省食药部门公布了2016年第48期食品安全监督抽检信息，11批次食品不合格。其中，亳州市恒益保健品有限公司生产的颜小姐美人玫瑰花茶（生产日期/批号：2016/9/3）、亳州市千祥药业有限公司生产的玫瑰花茶（生产日期/批号：2016/8/19），均检出二氧化硫；安徽同创食品有限公司生产的调味番茄酱罐头（生产日期/批号：2016/6/1）检出山梨酸，涡阳县旺角好又多商贸有限责任公司经销的标称安徽张士杰食品有限公司生产的涡阳苔干（生产日期/批号：2016/7/1）、苯甲酸及其钠盐（以苯甲酸计）、甜蜜素（以环己基氨基磺酸计）均超标等。

（11）蜂蜜微生物指标超标事件③

辽宁省食品药品监督管理局对20批次蜂产品抽检了包括铅等重金属、食品添加剂、微生物指标、品质指标等25项指标，检出不合格产品2批次。均为沈阳王氏天兴蜂蜜有限公司沈北分公司生产于2014年11月7日的天兴牌油菜破壁花粉和天兴牌茶花破壁花粉。不合格原因为菌落总数、大肠菌群及霉菌超标。

目前，辽宁省食品药品监督管理局已组织各市食品药品监督管理部门根据《中华人民共和国食品安全法》《食品安全抽样检验管理办法》等法律法规，对涉及不合格产品的生产、经营单位，依法进行了查处。

---

① 《饮料过期仨月还敢往外卖 老板：过期没事，我天天喝》，北方网，2016-10-19，http://www.chinanews.com/sh/2016/10-19/8036473.shtml。

② 《安徽：11批次食品不合格 玫瑰花茶中检出二氧化硫》，新华网，2016-12-21，http://www.chinanews.com/sh/2016/12-21/8100397.shtml。

③ 《天兴蜂蜜两批次产品被检出微生物指标超标》，《沈阳晚报》2016年1月12日，http://www.chinanews.com/life/2016/01-12/7712674.shtml。

2. 饮料行业典型网络舆情分析：澳洲蜂蜜事件

（1）事件概述[①]

最新国际研究称，澳大利亚蜂蜜含有毒生物碱最多，专家建议对进口蜂蜜严加监控；部分蜂蜜造假手段升级，掺假容易鉴别难。

备受中国消费者追捧的澳大利亚蜂蜜近期被一项国际研究推上了风口浪尖。Danaher 博士等在国际学术期刊《食品添加剂和污染物》发表研究论文，称对 59 份澳大利亚蜂蜜进行分析后发现，有 41 份样品都含有吡咯里西啶类生物碱（PA）的有毒物质，澳大利亚蜂蜜可能是全球含有此类毒素最多的蜂蜜。

澳新食品标准局对此回应称，目前没有证据来表明日常食用澳大利亚蜂蜜会造成此类风险。尽管如此，国内学者的对比实验结果显示，进口蜂蜜中的有毒生物碱检出率和含量明显高于国内蜂蜜，每 500 克售价高达 1000—2000 元的麦卢卡蜂蜜和产自新西兰的蜂蜜检出率均很高，"有必要对其进行监督和预警"。

（2）各界评论

①专家评论

——为何会出现[②]

受利益驱使，蜂蜜掺假事件屡遭曝光，制假手段也是多种多样。网售蜂蜜打着"老蜂农""100% 原蜜"等旗号，销量远远超过蜂农生产能力，存在造假可能。

——蜂蜜误区[③]

误区 1　浓缩蜂蜜中营养物质已被破坏？

迎春黑蜂产品经理孟丽峰：不浓缩的蜂蜜很容易发酵，不易保存。浓缩蜂蜜的过程只要温度控制在 60℃ 以下，时间控制在 6—8 个小时以内，对营养物质没有什么影响。检测也表明，原蜜和浓缩蜜所含的营养活性物质没有差别。

[①]《澳洲蜂蜜被曝毒素最高 "土蜂蜜"猫腻多多》，《新京报》2016 年 3 月 1 日，http://www.chinanews.com/sh/2016/03 - 01/7778066. shtml。

[②] 同上。

[③]《澳洲蜂蜜被曝毒素最高 "土蜂蜜"猫腻多多》，《新京报》2016 年 3 月 1 日，http://www.chinanews.com/cj/2016/03 - 01/7778312. shtml。

误区 2　蜂蜜制品就是蜂蜜?

中国蜂产品协会副秘书长孙国峰:蜂蜜膏是蜂蜜制品,不是蜂蜜。购买蜂蜜时可看配料表,如配料里只写"蜂蜜",就代表是纯蜂蜜;配料表里除蜂蜜外,还有糖浆、饴糖、麦芽糖、双歧因子等其他成分,就是蜂蜜制品。

误区 3　蜂蜜结晶是因为掺了糖?

中国蜂产品协会副秘书长孙国峰:蜂蜜中糖类较多,葡萄糖溶解度比较低,一定温度下或条件下容易析出,结晶形态也五花八门。少数蜂蜜如枣花蜜、洋槐蜜不容易结晶,椴树蜜、荆条蜜等容易结晶,所以,并不是说结晶了就代表蜂蜜中掺了糖。

②网友评论

网友"安铁生—精品男人语录"说:"澳大利亚蜂蜜含毒?'PA'是一种存在于超过 600 种植物中天然毒素,因此,它也存在于许多食物中。某些类型的蜂蜜,如来自蓝蓟花的蜂蜜,确实含有较高水平'PA',很有可能会影响健康。对此设定的'安全线'是平均每日每千克体重摄入量不超过 1 微克。而这个标准是建立在人体的耐毒性之上。"(2016 年 1 月 26 日 14:47　来自羊城晚报金羊网)

网友"崂山食药"说:"近来有研究报告称,澳大利亚蜂蜜中的有毒物质吡咯里西啶类生物碱含量较高,澳大利亚和新西兰食品标准局对此回应说,通常情况下食用相关蜂蜜不会导致健康风险,但孕妇和哺乳期妇女还是应当注意。"(2016 年 2 月 15 日 15:11　来自 360 安全浏览器)

网友"鸟飞草长"说:"喜欢吃蜂蜜的朋友一定要看看,买到假蜂蜜危害真的是太大了!!!在养蜂人手里都不一定能买到真蜂蜜,转发支持打假。"(2016 年 11 月 7 日 12:52　来自 360 安全浏览器)

网友"曹日美"说:"真正的蜂蜜是不会过期的,都没有过期之说。超市的蜂蜜全部标有保质期,有效日期都是假的!!!超市的蜂蜜都是果浆化学添加剂调配而成的致癌物!中国人要重视生态环境生态食材!"(2016 年 11 月 9 日 09:38　来自 iPhone 客户端)

网友"石岩金"调侃:"现在百姓消费不是不想消费,但走进商场,仔细查看,担心买到假品、有毒食品。整个市场被假鬼、真鬼分不清了,不是不想消费。比如满架勾兑的假蜂蜜粉、粉条、注水肉等,转基因及掺假粮、面等。年年政府工商组织打假,越打越假,内鬼搅和。企业商家真

假在市自残灭亡。建议品牌企业自我打假。"（2016年11月13日08：59 来自iPhone客户端）

网友"qq7210"说："惊现假蜂蜜，坑害民众，赚黑心钱。"（2016年11月14日09：29 来自华为Ascend手机）

（3）澳洲蜂蜜网络舆情关注度发展趋势研究

运用百度指数对2016年澳洲蜂蜜造假网络舆情关注度发展趋势进行分析，使用"澳洲蜂蜜""澳洲蜂蜜造假"等关键词，都无法获得相关的百度指数信息，所以，用"假蜂蜜"为关键词进行搜索，获得假蜂蜜风波中网民与媒体的关注度发展趋势，其中，横坐标为时间（单位：日），纵坐标为热度指数（单位：次）。如图1-5所示。

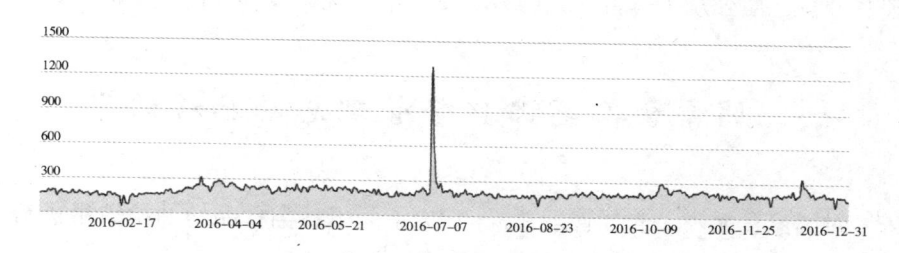

图1-5 2016年澳洲蜂蜜事件百度指数

从图1-5中可以看出，网民对假蜂蜜事件的关注度在6月之前都处于相对比较平缓的状态，随着6月17日央视曝光了蜂蜜造假全过程，揭开假蜂蜜勾兑、掺假内幕，关注度瞬间达到了顶点，随着时间的推移和事件的发展，网民对此事的关注度逐渐降低。虽然此事最终得到了比较妥善的处理，但是，澳洲蜂蜜事件使网民对澳洲蜂蜜存在了"信任危机"，对蜂农乃至蜂蜜行业来说，都是不可挽回的损失。

第二章

基于食品抽检结果的食品安全状况分析[*]

国家食品药品监督管理总局与江苏省食品药品监督管理局每年都定期对各类食品进行抽检,并公布抽检结果。本章通过对食品药品监督管理总局与江苏省食品药品监督管理局2017年关于各类食品的抽检结果进行整理并分析,使公众了解目前我国各类食品的情况以及存在的主要问题。

一 国家食品药品监督管理总局抽检结果

对国家食品药品监督管理总局2017年关于各类食品的抽检结果进行整理,将2017年各类食品监督抽检结果汇总如表2-1所示。

表2-1　　2017年各类食品监督抽检结果汇总

序号	食品种类	样品抽检数量(批次)	不合格样品数量(批次)	样品不合格率(%)
1	粮食加工品	78149	1059	1.36
2	食用油、油脂及其制品	42755	949	2.22
3	调味品	48921	906	1.85
4	肉制品	60745	1243	2.05
5	乳制品	24259	167	0.69
6	饮料	59956	1878	3.13
7	方便食品	12483	437	3.50
8	饼干	9324	131	1.40
9	罐头	7883	117	1.48

---

[*] 本章中的数据来源于国家食品药品监督管理总局网站。

续表

序号	食品种类	样品抽检数量（批次）	不合格样品数量（批次）	样品不合格率（%）
10	冷冻饮品	5069	166	3.27
11	速冻食品	16617	150	0.90
12	薯类和膨化食品	11271	212	1.88
13	糖果制品	14510	173	1.19
14	茶叶及相关制品	21101	159	0.75
15	酒类	46647	1907	4.09
16	蔬菜制品	32434	1706	5.26
17	水果制品	17292	690	3.99
18	炒货食品及坚果制品	15715	542	3.45
19	蛋制品	6282	43	0.68
20	可可及焙烤咖啡产品	944	3	0.32
21	食糖	5897	133	2.26
22	水产制品	16680	465	2.79
23	淀粉及淀粉制品	15320	844	5.51
24	糕点	62798	2000	3.18
25	豆制品	19975	427	2.14
26	蜂产品	7096	148	2.09
27	保健食品	6369	98	1.54
28	特殊膳食食品	2285	49	2.14
29	特殊医学用途配方食品	498	3	0.60
30	婴幼儿配方食品	4886	23	0.47
31	餐饮食品	145845	7118	4.88
32	食品添加剂	5563	29	0.52
33	食用农产品	446824	6267	1.40
34	其他	807	12	1.49

从图2-1中可以看出，在各类食品抽检结果中，不合格率最高的前五名分别是淀粉及淀粉制品、蔬菜制品、餐饮食品、酒类和水果制品；抽检合格率最高的前五名分别是可可及焙烤咖啡产品、婴幼儿配方奶粉、食品添加剂、特殊医学用途配方食品和蛋制品。从图2-2中可以看出，在

抽检过程中，抽检不合格产品出现最多的省份前五名分别是浙江、上海、北京、江苏和福建；不合格产品出现最少的五个省份分别是贵州、重庆、新疆、吉林和山西。为了更加清楚地了解日常生活中经常食用的几种食品不合格的原因，本章又分别对这些产品抽检时出现的问题和出现问题的产品的生产厂家所在的省份进行了整理。

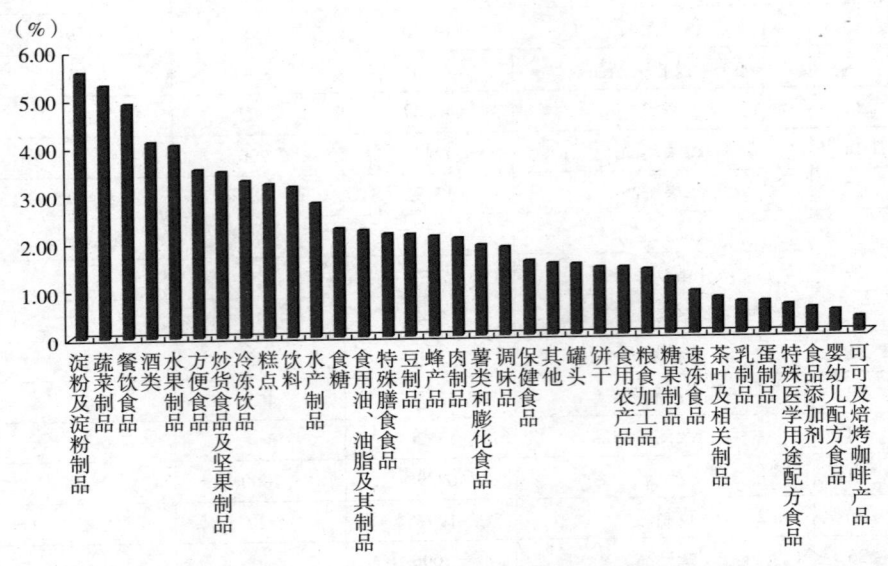

图 2-1　国家食品药品监督管理总局各类食品监督抽检不合格率

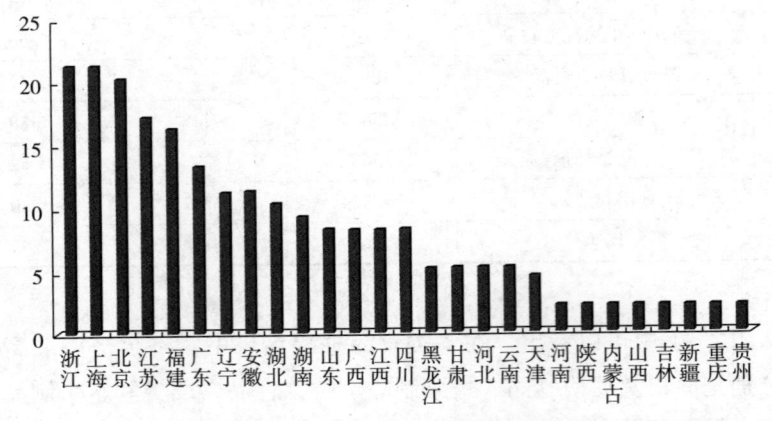

图 2-2　不合格产品生产厂家和经营单位所在省份出现次数

1. 糕点

从图2-3中可以看出，酒类抽检出现问题最多的是过氧化值超标，达到了8次之多，其次是菌落总数超标和大肠菌群超标分别达到了5次和3次。过氧化值主要反映食品中油脂是否氧化变质。过氧化值超标的原因可能是产品用油已经变质，或者产品在储存过程中环境条件控制不当，导致油脂酸败；也可能是原料中的脂肪已经氧化，原料储存不当，未采取有效的抗氧化措施，使终产品油脂氧化。《糕点、面包卫生标准》（GB 7099—2003）规定，糕点中的过氧化值（以脂肪计）应不超过0.25克/100克。随着油脂氧化，过氧化值会逐步升高，虽然一般不会对人体健康产生损害，但严重时会导致肠胃不适、腹泻等症状。菌落总数是指示性微生物指标，并非致病菌指标。主要用来评价食品清洁度，反映食品在生产过程中是否符合卫生要求。菌落总数超标说明个别企业可能未按要求严格控制生产加工过程的卫生条件，或者包装容器清洗消毒不到位；还有可能与产品包装密封不严、储运条件控制不当等有关。《食品安全国家标准糕点、面包》（GB7099—2015）对糕点中的菌落总数规定。5次检测结果均不超过100000CFU/克，且至少3次检测结果不超过10000CFU/克，如果食品的菌落总数严重超标，将会破坏食品的营养成分，加速食品的腐败变

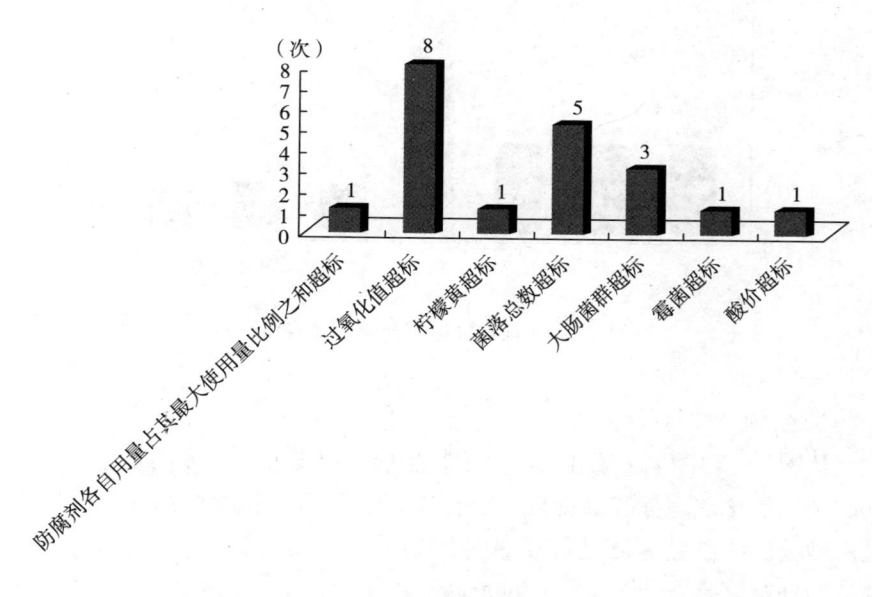

图2-3 糕点抽检不合格情况

质，使食品失去食用价值。大肠菌群是国内外通用的食品污染常用指示菌之一。食品中检出大肠菌群，提示被致病菌（如沙门氏菌、志贺氏菌、致病性大肠杆菌）污染的可能性较大。大肠菌群超标可能由于产品的加工原料、包装材料受污染，或在生产过程中产品受人员、工器具等生产设备、环境的污染，或有灭菌工艺的产品灭菌不彻底而导致。

从图 2-4 中可以看出，抽检不合格糕点最多的省份是浙江省。由于糕点行业的特殊性使糕点成为焙烤食品抽检不合格的重灾区，我国糕点行业经历了快速发展时期，但在快速发展的同时也存在不少问题。目前，我国的糕点企业绝大部分是前店后厂，中央工厂的连锁经营很少，质量不能得到保障；管理层人员素质不高，质量意识淡薄，片面追求眼前利益，不考虑企业长远发展，致使企业内部管理体制不健全，管理制度落实不到位，未形成一整套食品安全科学管理体系，内部管理相对混乱，食品从业人员食品安全意识较差；个体作坊式的生产方式也使糕点的安全质量难以得到保障。

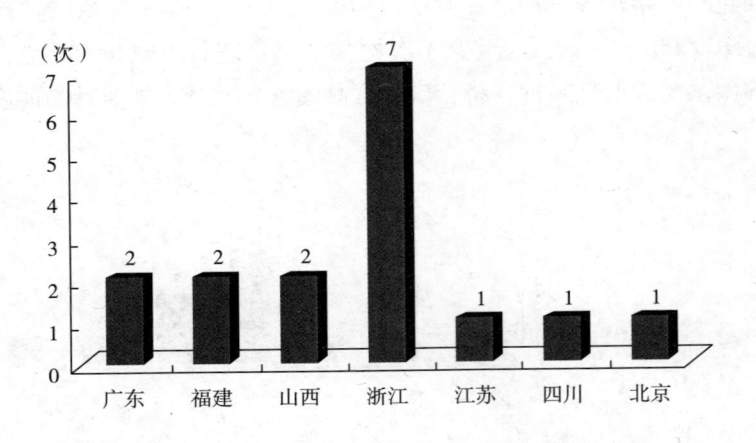

图 2-4 糕点抽检不合格产品省份

2. 食糖

从图 2-5 中可以看出，在食糖制品抽检出现问题最多的是色值超标，其次是二氧化硫超标和蔗糖分低于标准值。色值是食糖的品质指标之一，是白砂糖、绵白糖、冰糖等质量等级划分的主要依据之一，它主要影响糖品的外观，是杂质多少的一种反映，也是生产工艺水平的一种体现。国家标准《白砂糖》（GB317—2006）规定，精制白砂糖的色值要≤25IU；

行业标准《多晶体冰糖》(QB/T1174—2002)规定,黄冰糖的色值要≤270IU。硫黄在制糖工艺中常用作加工助剂,生产过程中生成二氧化硫,起到澄清、漂白作用,如生产工艺控制不好,有可能导致二氧化硫残留量超标。此外,制糖原料和其他助剂可能含硫,也可能造成二氧化硫残留。行业标准《单晶体冰糖》(QB/T1173—2002)规定,单晶体冰糖的二氧化硫残留量要≤20毫克/千克。二氧化硫可被人体吸收进入血液,能破坏酶的活力,影响人体新陈代谢,长期食用二氧化硫超标的食品对肝脏等会造成一定的影响。食糖的质量指标之一,反映了食糖中蔗糖的含量,是食糖质量等级划分的主要依据之一。蔗糖是食糖的主要成分,蔗糖分高低与生产工艺水平密切相关。行业标准《单晶体冰糖》(QB/T1173—2002)规定,合格级单晶体冰糖的蔗糖分要≥99.6%。

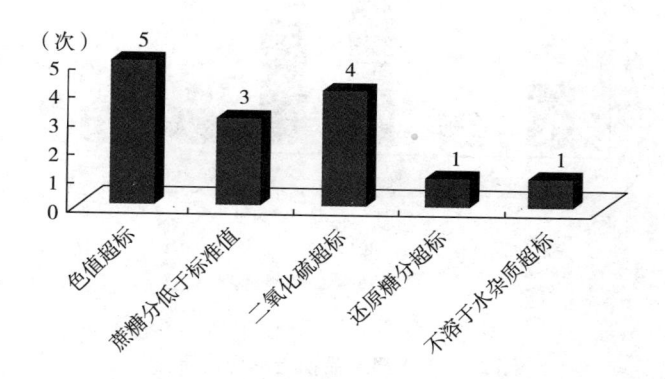

图2-5 食糖抽检不合格情况

食糖抽检不合格产品的主要省份分布如图2-6所示,从图中可以看出,广西、广东、北京和福建4省份检出的问题最多,江西、山东、河北和浙江4省份次之。

3. 水果制品

从图2-7中可以看出,在水果制品抽检不合格出现次数最多的是二氧化硫残留量超标,其次是违规使用乙二胺四乙酸二钠。二氧化硫(以及焦亚硫酸钾、亚硫酸钠等添加剂)对食品有漂白和防腐作用,是食品加工中常用的漂白剂和防腐剂,使用后均会产生二氧化硫的残留。《食品安全国家标准——食品添加剂使用标准》(GB2760—2014)规定,蜜饯凉果类二氧化硫残留量不得超过0.35克/千克。

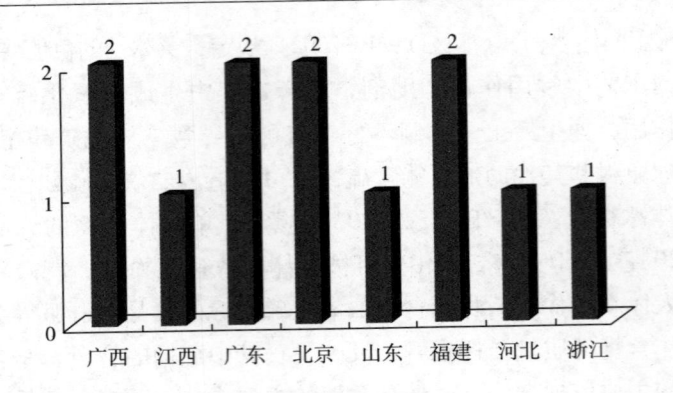

图 2-6 食糖抽检不合格产品省份

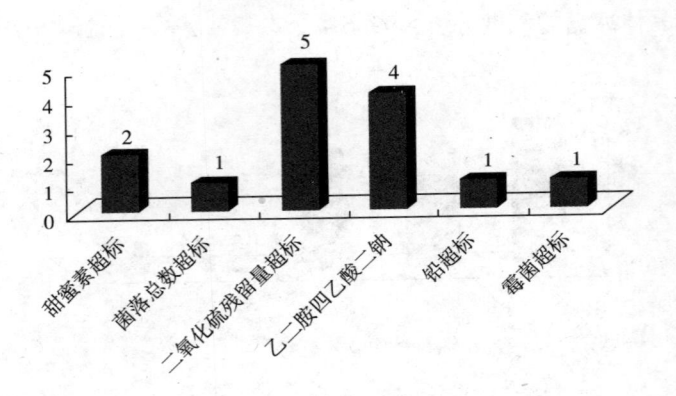

图 2-7 水果制品抽检不合格情况

水果制品二氧化硫残留量超标可能是水果制品在加工过程中为了起到漂白和防腐的作用，超范围或超限量使用亚硫酸盐等漂白剂，从而导致产品中二氧化硫残留量不符合要求。少量的二氧化硫进入身体可能危害不大，但是，如果长期食用二氧化硫残留量超标的食品，可能会对人体健康造成一定的不良影响。

乙二胺四乙酸二钠作为食品添加剂广泛地用作稳定剂、抗氧化剂、防腐剂、螯合剂，防止金属离子引起的变色、变质、变浊及维生素的氧化损失。《食品安全国家标准——食品添加剂使用标准》（GB2760—2014）允许蜜饯凉果中的果脯类（仅限地瓜果脯）使用乙二胺四乙酸二钠（最大使用量为0.25克/千克），其他类别的蜜饯凉果类不得使用。乙二胺四乙酸二钠可对黏膜、上呼吸道、眼睛、皮肤产生刺激作用。长期大量食用乙二胺四乙酸二钠超标食品，可能对人体健康产生一定影响。

从图 2-8 可以看出，水果制品抽检过程中出现问题次数最多的省份是福建省。由于水果及制品对保鲜的要求较高，所以，厂家为了保证水果制品的保鲜和防腐，会添加大量食品添加剂。其次，水果制品的加工工序较为复杂，加工过程中很可能会出现污染等问题，小企业机械化程度低，更容易通过食品添加剂来改善口感和达到防腐的功效。这也在一定程度上反映出我国水果食品行业较为分散的问题。

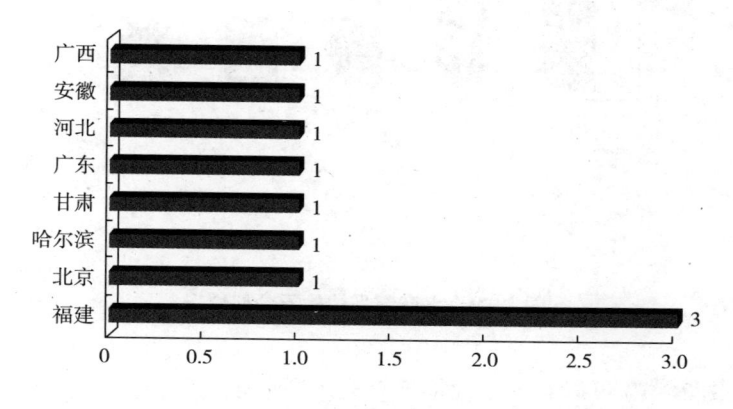

图 2-8　水果抽检不合格产品省份

4. 水产制品

从图 2-9 中可以看出，在水产制品抽检过程中出现问题次数最多的是菌落总数超标，其次是镉超标。菌落总数是指示性微生物指标，并非致病菌指标。主要用来评价食品清洁度，反映食品在生产过程中是否符合卫生要求。菌落总数超标说明个别企业可能未按要求严格控制生产加工过程的卫生条件，或者包装容器清洗消毒不到位；还有可能与产品包装密封不严、储运条件控制不当等有关。镉是水产制品中最常见的污染重金属元素之一，联合国环境规划署（DNFP）和国际职业卫生重金属委员会将镉列入重点研究的环境污染物，世界卫生组织（WHO）则将其作为优先研究的食品污染物。《食品安全国家标准——食品中污染物限量》（GB2762—2012）规定，鲜冻水产动物鱼类镉的限量≤0.1 毫克/千克，干制食品中污染物限量以相应食品原料脱水率或浓缩率折算，脱水率或浓缩率可通过对食品的分析、生产者提供的信息以及其他可获得的数据信息等确定。本次检出不合格产品是按照企业提供的脱水率折算限量值进行判定，折算后镉的限量值为≤0.17毫克/千克。水产制品中镉不合格可能是水产品养殖过程中对环境中镉元素的富集。镉对人体的危害主要是慢性蓄积性，长期大量摄入镉含量超标的食品，可能导致肾和骨骼损伤等。

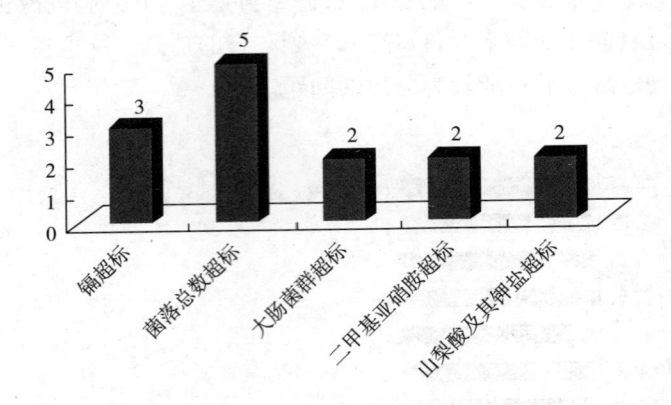

图2-9 水产制品抽检不合格情况

从图2-10可以看出，抽检不合格问题最多的省份是山东省。山东省作为我国的水产大省，水产年产量位居全国前列，在水产制品抽检过程中难免会成为问题多发地。

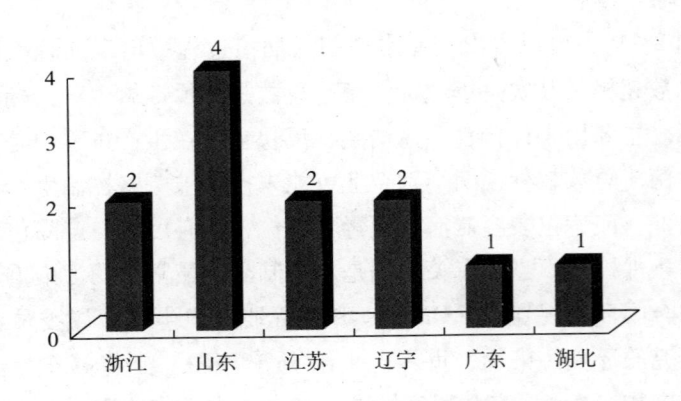

图2-10 水产制品抽检不合格产品省份

5. 蔬菜

从图2-11中可以看出，在蔬菜抽检过程中出现问题次数最多的是防腐剂各自用量占其最大使用量比例之和超标和苯甲酸及其钠盐超标。苯甲酸及其钠盐是食品工业中一种常见的防腐保鲜剂，对霉菌、酵母和细菌有较好的抑制作用。《食品安全国家标准——食品添加剂使用标准》（GB2760—2014）规定，苯甲酸及其钠盐（以苯甲酸计）在腌渍的蔬菜中最大使用量为1.0克/千克。苯甲酸及其钠盐的安全性较高，少量苯甲酸对人体无毒害，可随尿液排出体外，在人体内不会蓄积。若长期过量食入苯甲酸超标的食品，可能会对肝脏功能产生一定的影响。防腐剂是以保持食品原有品质和营养价值为目的的食品添加剂，它能抑制微生物的生长繁殖，防止食品腐败变质，从而延长保质期。《食品安全国家标准——食品添加剂使用标准》（GB2760—2014）不仅规定了我国在食品中允许添加的某一添加剂的种类、使用量或残留量，而且规定了同一功能的防腐剂在混合使用时，各自用量占其最大使用量比例之和不应超过1。

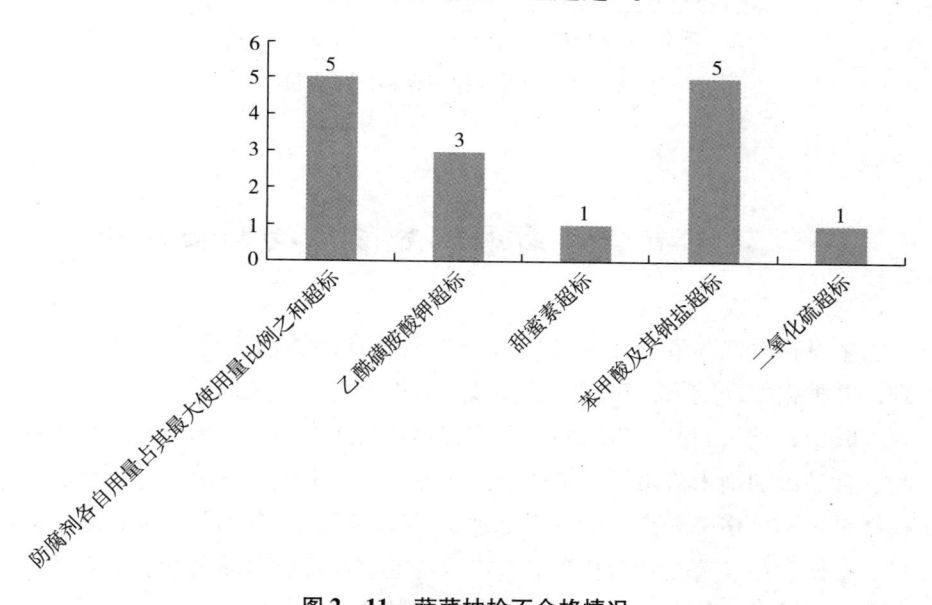

图 2-11 蔬菜抽检不合格情况

从图2-12中可以看出，总共有5个省份在肉类抽检中出现不合格产品。其中，湖南省检出不合格肉类产品最多，云南省次之。蔬菜作为人民日常生活中必不可少的主食之一，随着社会经济的发展和时代的进步，人民越来越关注蔬菜的品质和安全，绿色蔬菜、有机蔬菜等高品质蔬菜受市场欢迎程度日益增加，蔬菜生产由数量向质量转型。随着蔬菜产业结构的调整和优化，区域化布局基本形成，产业化经营进一步发展，流通体系建设进一步加强，主要以保证新鲜蔬菜的全年供应取代淡季蔬菜供不应求的状况。但是，我国的蔬菜行业仍存在很多问题，如蔬菜种植产业现代化水平不高、蔬菜标准化体系不完善等。

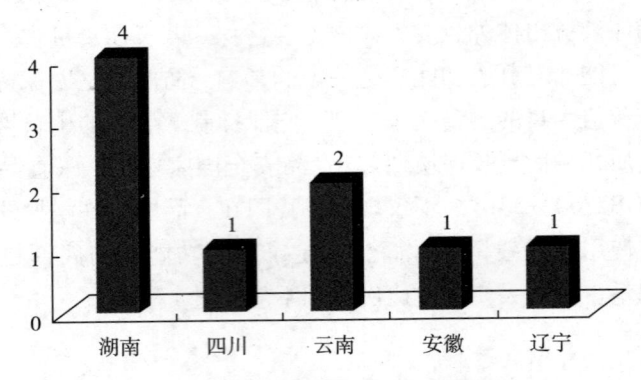

图2-12 蔬菜抽检不合格产品省份

二 江苏省食品药品监督管理局抽检结果

本章再对江苏省食品药品监督管理局对食品类的抽检结果进行了整理，并根据整理结果，对江苏省食品类抽检出现的问题进行了分析。

其中，糖果制品、蛋制品、可可及咖啡焙烤产品、食糖、特殊膳食食品、食品添加剂未检出不合格产品。从图2-13中可以看出，各类食品抽检结果中不合格率最高的前五名分别是蜂产品、炒货食品及坚果制品、饮料、方便食品、薯类和膨化食品。本章还通过江苏省食品药品监督管理局发布的食品抽检信息对抽检不合格率较高的几种食品进行了整理分析，具体情况如下：

1. 酒类

从图2-14中可以看出，酒类抽检出现问题最多的是酒精度不符合标签明示值，达到了17次之多，其次是检出不得使用甜蜜素。酒精度又叫酒度，是指在20℃时，100毫升白酒中含有乙醇（酒精）的毫升数，即体积（容量）的百分数。酒精度是白酒的一个理化指标，含量不达标会影

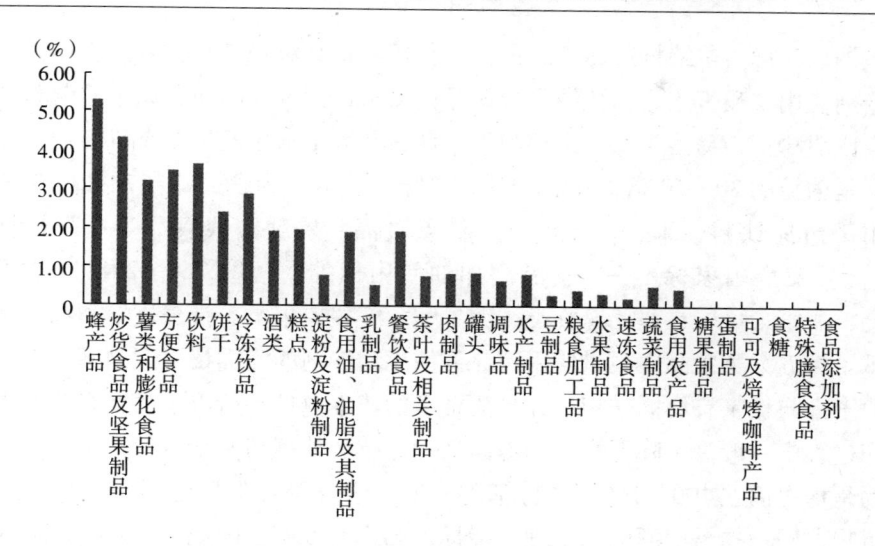

图 2-13　2017 年江苏食品药品监督管理局各类食品监督抽检不合格率

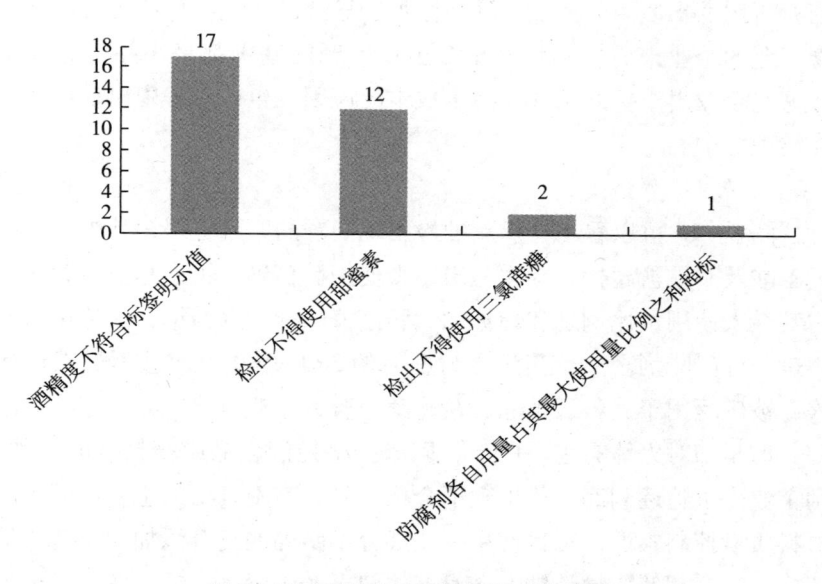

图 2-14　江苏省酒类抽检不合格情况

响白酒的品质。而出现这些问题的企业一般都是中小企业，这些企业在生产时，由于检验能力不足，造成检验结果偏差，或是包装不严密造成酒精挥发，导致酒精度降低以致不合格，或是为降低成本，用低度酒冒充高度酒。抽检出现问题其次的是违法使用甜蜜素。甜蜜素，学名环乙基氨基磺酸钠，又称为浓缩糖或甜素，是一种常用的食品添加剂，在食品中作为甜味剂使用。甜蜜素为白色结晶或结晶性粉末、无臭、味甜，属于非营养型合成甜味剂，易溶于水，水溶液呈中性，几乎不溶于乙醇等有机溶剂，甜度是蔗糖的30—50倍，无后苦味，风味自然，作为食品甜味剂被广泛地用于清凉饮料、果汁、冰淇淋、糕点食品、果脯蜜饯食品当中。根据《食品安全国家标准——食品添加剂使用标准》（GB2760—2011）的规定，甜蜜素可以在酱菜腐乳类、凉果类、蜜饯凉果类、带壳烘焙类和炒制瓜子类五大类食品中限量使用，允许使用甜味剂的酒类仅限配制酒。因为甜蜜素与糖精有协同作用，并且甜蜜素的成本更低，所以，酒类企业在生产过程中一般为了降低成本和提高酒的口感会使用甜蜜素替代糖精。固化物是指白酒在100—105℃条件下将乙醇、水分等挥发性物质蒸干后的残留物，固化物是白酒的一个理化指标，国家标准有上限规定，超标会造成酒体失光、浑浊、沉淀，影响白酒的感官与质量。这一般是因为企业生产白酒时所用的水质差，或加入其他添加物导致的。从抽检所出现的问题和出现问题的企业来看，不难看出，出现问题的基本都是小品牌和中小企业，这些企业由于生产条件和技术成本等原因在生产过程中出现这些问题也在情理之中。

2. 糕点

从图2-15可以看出，糕点抽检出现问题的原因很多，其中最多的是脱氢乙酸及其钠盐超标，其次检出不得使用糖精钠，再次是防腐剂各自用量占其最大使用量比例之和超标和大肠菌群超标。糖精钠，又称可溶性糖精，是一种甜味剂。由于其甜度为蔗糖的300—500倍，且不被人体代谢吸收，被广泛用于饮料、果冻、酱腌菜、蜜饯、糕点、凉果、牙膏、眼药水等，但是却对人体有害，所以，国家严格控制食品中糖精钠的添加量。个别企业为了追逐利润，仍出现不合格产品，其不合格的主要原因为：原辅材料质量控制不严，盲目使用一些成分不明确的复合添加剂，造成糖精钠超标。不合理使用糖精钠，会对人体健康产生不良影响，尤其是少年儿童免疫系统发育尚不成熟，肝脏代谢排毒能力相对较弱，危害更加明显。防腐剂是以保持食品原有品质和营养价值为目的的食品添加剂，它能抑制微生物的生长繁殖，防止食品腐败变质从而延长保质期。《食品安全国家标准——食品添加剂使用标准》（GB2760—2014）不仅规定了我国在食品中允许添加的某一添加剂的种类、使用量或残留量，而且规定了同一功能的防腐剂在混合使用时,各自用量占其最大使用量的比例之和不应超过1。长期过量食用防腐剂超标的食品,会对人体健康造成一定影响。

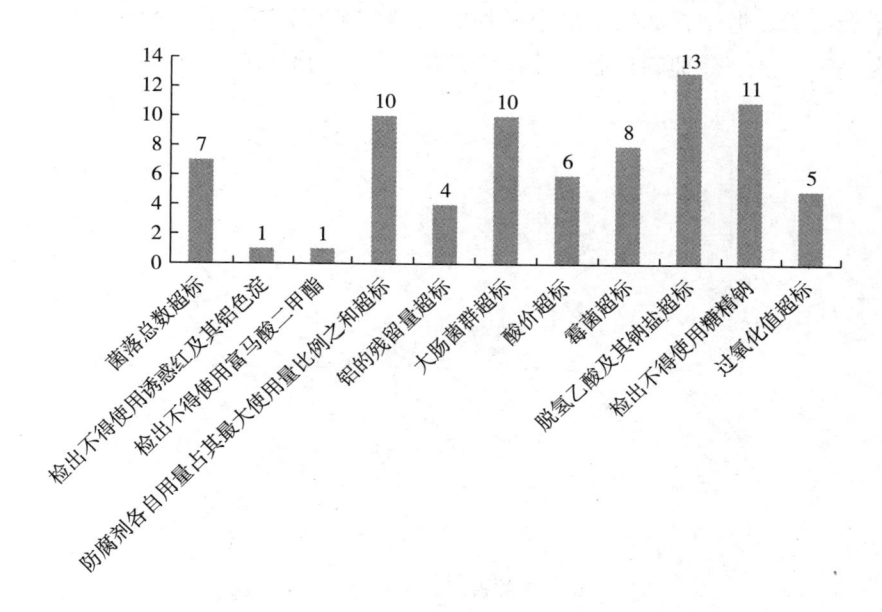

图 2-15　江苏省糕点抽检不合格情况

3. 肉制品

从图 2-16 中可以看出,在江苏省肉制品抽检出现问题最多的是菌落总数超标,达到了 20 次,其次是山梨酸及其钾盐超标。菌落总数是指示性微生物指标,并非致病菌指标,主要用来评价食品清洁度,反映食品在生产过程中是否符合卫生要求。菌落总数超标说明个别企业可能未按要求严格控制生产加工过程的卫生条件,或者包装容器清洗消毒不到位;还有可能与产品包装密封不严、储运条件控制不当等有关。山梨酸及山梨酸钾(以下简称山梨酸及钾盐)是一种良好的食品防腐剂,对酵母、霉菌和许多真菌都具有抑制作用,是高效无毒防腐防霉剂。《食品安全国家标准——食品添加剂使用标准》(GB2760—2014)规定,发酵性豆制品中不得使用山梨酸及其钾盐(以山梨酸计)。山梨酸及其钾盐(以山梨酸计)能有效地抑制霉菌、酵母菌和好氧性细菌的活性,还能防止肉毒杆菌、葡萄球菌、沙门氏菌等有害微生物的生长和繁殖,但对厌氧性芽孢菌与嗜酸乳杆菌等有益微生物几乎无效,其抑止发育的作用比杀菌作用更强,从而达到有效地延长食品的保存时间,并保持原有食品的风味。山梨酸及其钾盐的安全性较高,少量山梨酸对人体无毒害,可随尿液排出体外,在人体不会蓄积。但是,如果食品中添加的山梨酸超标严重,消费者长期服用,在一定程度上会抑制骨骼生长,危害肾、肝脏的健康。

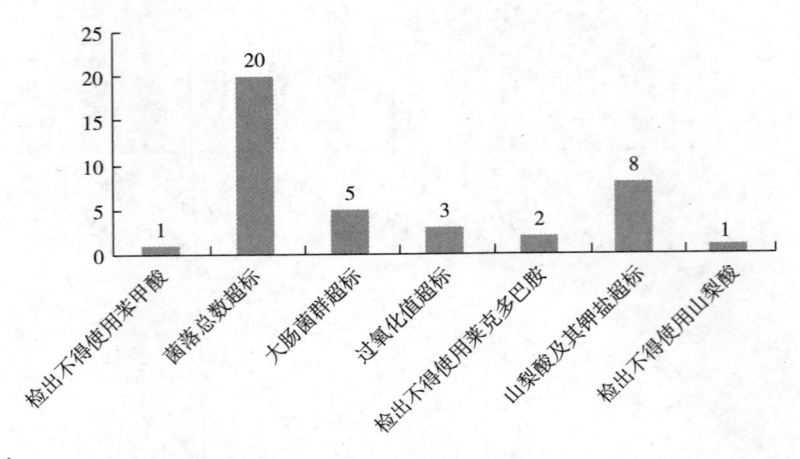

图 2-16　江苏省肉制品抽检不合格情况

4. 饮料

从图 2-17 可以看出,在江苏省在饮料抽检过程中,不合格问题最多的是铜绿假单胞菌超标,达到了 125 次。铜绿假单胞菌是一种条件致病菌,广泛地分布于各种水、空气、正常人的皮肤、呼吸道和肠道等,易在潮湿的环境存活,对消毒剂、紫外线等具有较强的抵抗力,对于抵抗力较弱的人群存在健康风险。铜绿假单胞菌一般常在瓶(桶)装水中出现,导致铜绿假单胞菌超标的原因是水源受到污染;现在的水生产工艺相对简单,简单的冲洗并不能将该菌彻底消除,即使常规的消毒技术,也难以彻底去除铜绿假单胞菌,同时,铜绿假单胞菌在利用水流甚至气溶胶传播时,比其他微生物种类有优势,一旦污染,难以消除;水加工从业人员未经消毒的手直接与矿泉水或容器内壁接触以及包装材料清洗消毒有缺陷等。所以,应加大对水源质量和瓶(桶)装水的测和抽检力度,对达不到生产卫生标准的企业进行整顿,免疫力较低的消费者应尽量少饮用瓶(桶)装水。

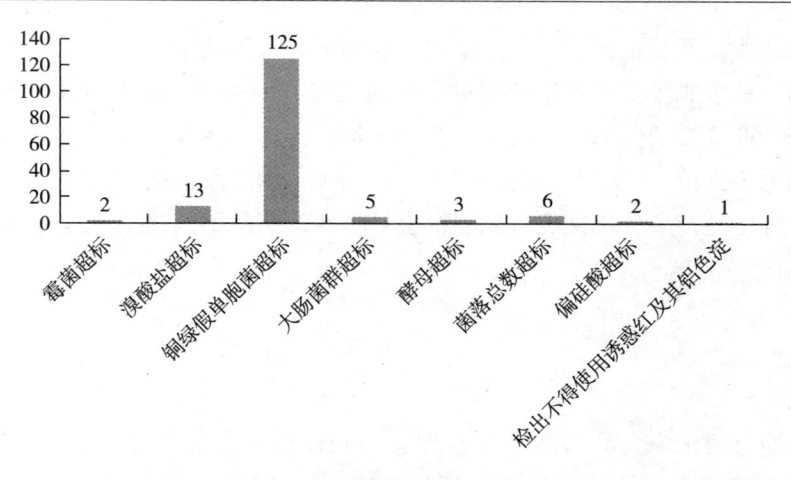

图 2-17 江苏省饮料抽检不合格情况

5. 水产制品

从图 2-18 中可以看出，在江苏省酒类抽检中，不合格问题总共出现在五个方面，其中出现问题较多的是二氧化硫残留量超标和菌落总数超标。菌落总数是指示性微生物指标，并非致病菌指标。大肠菌群是国内外通用的食品污染常用指示菌之一。食品中检出大肠菌群，提示被致病菌（如沙门氏菌、志贺氏菌、致病性大肠杆菌）污染的可能性较大。菌落总数和大肠菌落都是用来反映食品清洁度、评估食品在生产过程中是否达到卫生要求。菌落总数超标严重，不仅会破坏食品的营养成分，加速食品的

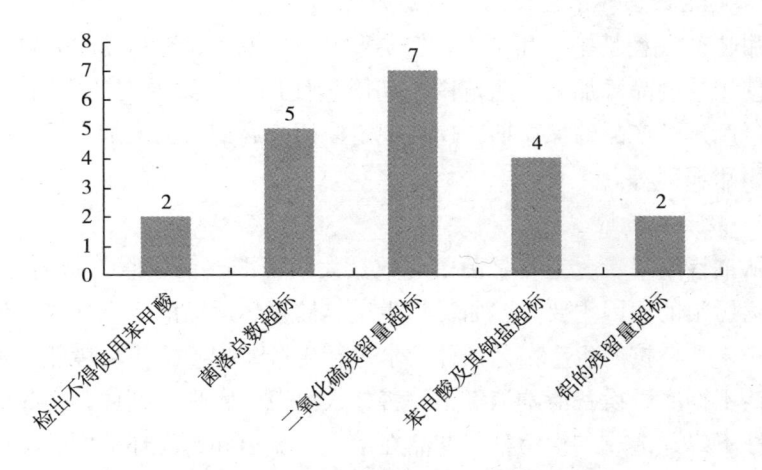

图 2-18 江苏省水产制品抽检不合格情况

腐败变质，而且很容易引起患肠道疾病，危害人体健康。水产制品一般都会因为地域原因，不可避免要进行储藏运输，而水产制品在加工过程中，生产企业未按照要求严格控制生产加工过程的卫生条件，或者包装容器清洗消毒不到位、产品包装密封不严、灭菌工艺的产品灭菌不彻底，以及运输过程中储存条件不达标等原因都会导致水产制品受到污染，菌落超标。

三 总结

通过对国家食品药品监督管理总局和江苏省食品药品监督管理局对2017年各类食品抽检结果的整理和分析，可以发现，江苏省抽检各类食品不合格数量和不合格率都要低于国家食品药品监督管理总局的不合格数量和不合格率，江苏省抽检各类食品不合格数量和平均不合格率分别是24种和1.34%，而国家食品药品监督管理总局抽检各类食品不合格数量和平均不合格率分别是34种和2.19%，说明江苏省食品安全状况整体来说相对较好。同时注意到，在国家食品药品监督管理总局和江苏省食品药品监督管理局的抽检不合格食品种类中，乳制品和食用农产品的不合格率都处于较低水平，说明政府对食品安全的重视，近年来，政府出台了相关政策，加大对食品安全的治理，取得了一定的成效。本章还对各类食品在抽检过程中不合格出现的主要问题进行了整理。

1. 超范围、超限量使用食品添加剂

甜味剂（糖精钠、甜蜜素、安赛蜜）、防腐剂（苯甲酸、山梨酸）为限量使用的食品添加剂。超范围、超限量使用食品添加剂的原因主要有：为了过度延长产品的保质期，违反规定使用防腐剂；为增加产品口感，违规使用甜味剂等。

2. 微生物污染

从抽检结果看，主要是菌落总数、大肠菌群、铜绿假单胞菌等超标。微生物污染的原因主要有：原材料生产、储藏、运输的卫生环境条件把控不严；未严格按照生产工艺条件要求进行生产，加工卫生环境差，生产工具清洁不彻底，设备清洗消毒不完善，人员卫生管理不到位；产品的包装密封性不好，造成二次污染；产品在生产、流通和销售环节中贮藏条件不达标，如未按要求进行冷藏或冷冻处理，造成微生物过度繁殖。

3. 品质指标不合格

品质指标是指谷氨酸钠、呈味核苷酸二钠、酸价等超标。品质指标不合格的原因主要有：生产工艺控制不到位，原材料把关不严，以及储运过程不符合要求等。比如，肉及肉制品在生产过程或储运过程中温度、时间控制不当，肉类制品中的油脂被氧化产生酸败，导致酸价超标；酒类产品包装不严密、计量器具不准，造成酒精度不达标等。

4. 金属等元素污染

金属等元素污染的原因主要有：部分地区水体与土壤等存在重金属污染，通过种植、养殖环节进入食物链条；企业原料把关不严；生产加工过程中生产设备的金属元素迁移到食品中等。

5. 真菌毒素污染

真菌毒素污染主要是指霉菌、酵母、黄曲霉毒素等。真菌毒素污染的原因主要有：食品原料在种植、采收、运输及储存过程中受到霉菌污染产生真菌毒素，或生产加工过程中工艺控制不当而导致在终端产品中产生真菌毒素等。

6. 酸价、酸值、过氧化值超标

酸价、酸值、过氧化值是食用油、油脂及其制品的品质指标。食用油中的油脂在空气中会被氧气氧化，产生油脂酸败。上述三项指标不合格，多因企业在油脂的储存运输过程中，密封不严、接触空气、光线照射以及微生物及酶等作用，导致酸价、酸值升高，超过卫生标准，严重时会产生异味。也有可能是原料中的脂肪已经氧化，未采取有效的抗氧化措施，精炼工序不到位等使终产品油脂氧化超标，以及终产品未严格按要求储运，造成油脂氧化。

中　篇

食品安全网络舆情实证研究

第三章

食品安全网络舆情公众调查报告

本章根据涵盖我国东部、西部、南部、北部以及中部地区的12个省份48个规模不同城市的2640名受访网民的问卷调查数据，深入分析网民对食品安全与食品安全网络舆情的认知与行为、网民对食品安全网络谣言信息的认知与行为、食品安全网络谣言信息与公众恐慌等食品安全网络舆情研究的重点问题。

一 调查说明与受访网民特征

为了分析网民对食品安全与食品安全网络舆情的认知与行为等问题，2016年7—8月，在全国范围内选取安徽、福建、贵州、湖北、江苏、内蒙古、浙江、天津、新疆、山东、吉林、四川12个省份共48个规模不同的城市展开调研。调研人员主要由江南大学的在校大学生组成，根据学生家乡所在城市分配调研地区。在调研开展之前，对调查人员进行了系统的培训。调研区域主要为城市中的住宅小区、大型商场与超市、新华书店等人流聚集区，选择年龄在18岁及以上、知道网络舆情的居民（网民）为调研对象。

本次调研共发放问卷2640份，回收有效问卷2502份，有效率为94.77%。对有效问卷进行分析，得到受访网民的基本特征，具体情况如表3-1所示。

从表3-1中可以看出，在2502名受访网民中，男性多于女性，已婚人数比例大于未婚人数比例；年龄段以18—60岁为主，其中，26—45岁的受访网民比例最大，为40.21%；学历层次较高，其中，大专及以上的受访网民占59.87%，且以企事业单位的普通职工、在校学生以及企业主（私营企业老板、个体工商户等）为主；家庭人口数以3人为主，个人月平均可支配收入在 2000 元及以下的比例最高,为 33.05%,在 4700 元以上的比例最低,为 16.43%。

表 3-1　　　　　　　　　　受访网民基本特征

特征描述	具体特征	频数	有效比例(%)
性别	男	1303	52.08
	女	1199	47.92
年龄	18—25 岁	877	35.05
	26—45 岁	1006	40.21
	46—60 岁	524	20.94
	60 岁以上	95	3.80
家庭人口数	1 人	40	1.60
	2 人	157	6.27
	3 人	1068	42.68
	4 人	726	29.02
	5 人	355	14.19
	5 人以上	156	6.24
学历	初中及以下	324	12.95
	高中或职业高中	680	27.18
	大专	463	18.51
	本科	950	37.97
	研究生及以上	85	3.39
个人月平均可支配收入	2000 元及以下	827	33.05
	2001—3300 元	712	28.46
	3301—4700 元	552	22.06
	4700 元以上	411	16.43
家里是否有 18 周岁以下的未成年人(孩子)	是	1210	48.36
	否	1292	51.64
家里是否有 60 周岁以上的老人	是	1383	55.28
	否	1119	44.72
家里是否有孕妇	是	236	9.43
	否	2266	90.57

续表

特征描述	具体特征	频数	有效比例（%）
家里是否有哺乳期妇女	是	218	8.71
	否	2284	91.29
婚姻状况	已婚	1406	56.20
	未婚	1096	43.80
职业	企事业单位的普通职工	718	28.70
	企事业单位较高层次的技术或管理人员	219	8.75
	企业主（私营企业老板、个体工商户等）	269	10.75
	退休人员	112	4.47
	在校学生	595	23.78
	教师	146	5.84
	农民	142	5.68
	网络媒体工作者	36	1.43
	公务员	119	4.76
	其他	146	5.84
平时上网是否方便	是	2198	87.85
	否	304	12.15

二 网民对食品安全和食品安全网络舆情的认知与行为

网民是食品安全网络舆情的核心参与主体，其对食品安全以及食品安全网络舆情的认知与行为是食品安全监管所重点关注的问题。本调查从"与过去相比（如上年）食品安全的总体状况""对未来食品安全状况的信心""对网络上食品安全信息的关注程度"等方面探讨网民对食品安全与食品安全网络舆情的认知与行为。

（一）与过去相比（如上年）食品安全的总体状况

从图3-1中可以看出，在2502名受访网民中，分别有15.71%、

10.99%的受访网民感觉当前市场上的食品安全的总体情况变差了和有所变差,有34.73%的受访网民表示基本没变,而表示有所好转和大有好转的受访网民分别占29.58%和8.99%。由此可见,受访网民对当前市场上食品安全总体状况的改善比较认可。

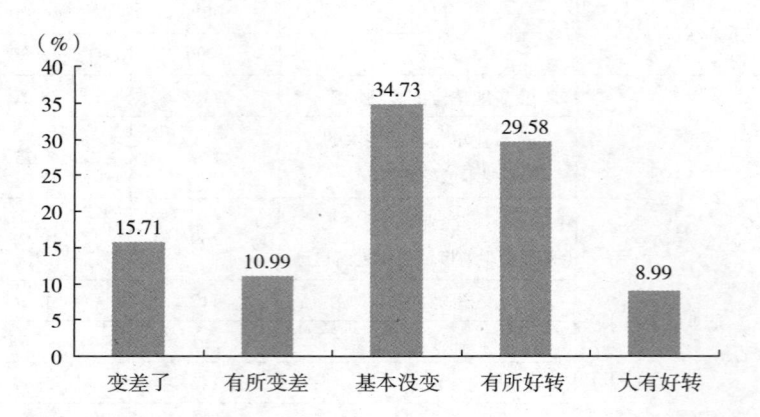

图3-1 受访网民对于与过去相比(如上年)食品安全总体状况的认识

(二)对未来食品安全状况的信心

从图3-2中可以看出,24.70%的受访网民对未来食品安全状况的信心一般,信心较强和信心很强的受访网民分别占26.90%、12.67%,而对未来食品安全信心较弱和信心很弱的分别占23.86%、11.87%。由此可见,受访网民对未来食品安全的信心还是比较乐观的。

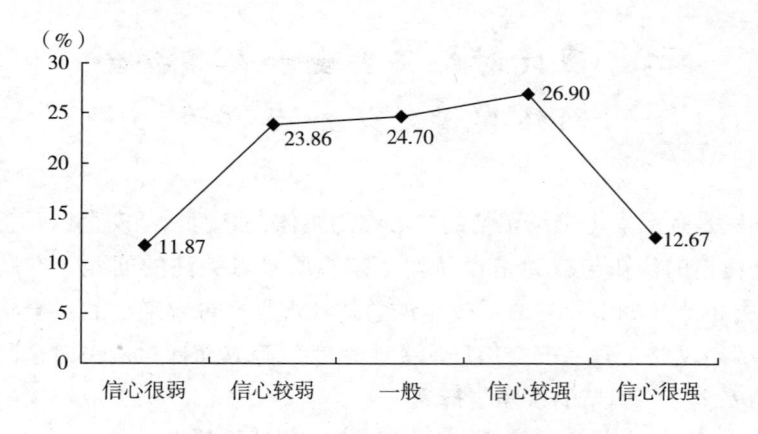

图3-2 受访网民对于未来食品安全状况的信心

（三）对网络上食品安全信息的关注程度

从图3-3中可以看出，分别有13.84%、33.33%的受访网民非常关注和比较关注网络上的食品安全信息，有26.82%的受访网民表示对网络上食品安全信息的关注程度一般，而分别有19.38%、6.63%的受访网民表示不太关注和很不关注。由此可见，受访网民对网络上的食品安全信息的关注度较高。

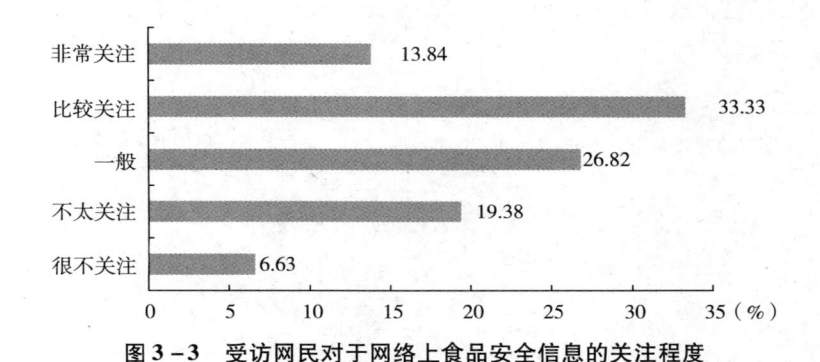

图3-3 受访网民对于网络上食品安全信息的关注程度

（四）对网络上食品安全信息的信任程度

从图3-4中可以看出，当受访网民被问及对网络上食品安全信息的信任程度时，表示很不信任的和不太信任的分别占10.11%和28.02%，表示一般的占32.61%，表示比较信任的占22.62%，表示非常信任的仅占6.64%。由此可见，受访网民对网络上食品安全信息的信任程度不是很高。

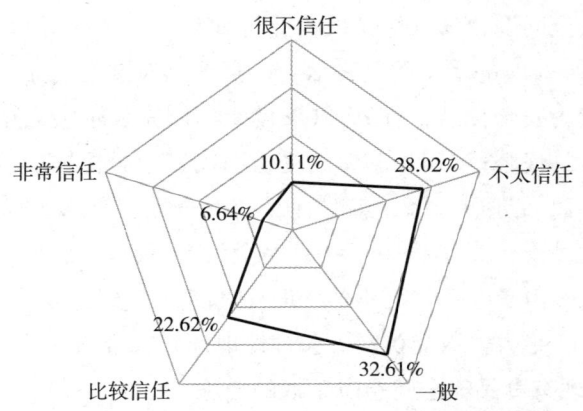

图3-4 受访网民对于网络上食品安全信息的信任程度

(五) 接收食品安全知识的途径

从图 3-5 中可以看出,在 2502 名受访网民中,有 36.13% 的受访网民接受食品安全知识的途径是媒体主动推送,有 25.78% 的受访网民是通过关注或主动阅读各类相关材料获取食品安全知识,分别有 16.39%、13.43% 和 8.27% 的受访网民从食品有关机构的食品安全信息及信息推送、朋友给普及的相关知识和父母言传身教接受食品安全知识。由此可见,媒体主动推送、关注或主动阅读各类相关材料是受访网民接受食品安全知识的主要途径。

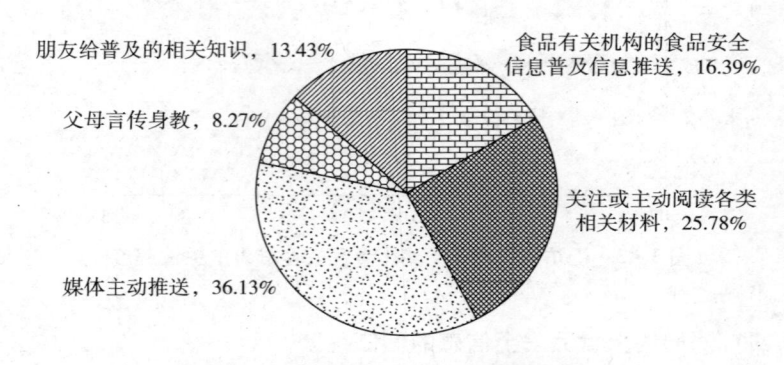

图 3-5 受访网民接受食品安全知识的途径

(六) 从新闻或者其他媒体上获知某类食品具有安全问题时采购此类食品的行为

从图 3-6 中可以看出,针对"如果您从新闻或者其他媒体上获知某类食品具有安全问题,那么您在采购此类食品时,您的行为是什么?"这个问题,有 45.20% 的受访网民表示会认真地比较该类食品,排除非安全食品,选择较为安全食品;有 29.26% 的受访网民表示会完全避免该类食品,用其他食品代替;有 12.39% 的受访网民表示会根据消费习惯,偏向低价或者促销商品进行选择,忽略食品的安全性;有 9.27% 的受访网民表示会认为食品安全是小概率事件,完全没有任何心理负担;有 3.88% 的受访网民表示由于经济状况不佳,即使食品具有安全问题,仍然被迫选择。由此可见,绝大多数受访网民会理性地选择安全的食品。

(七) 发现有食品安全问题时采取的措施

从图 3-7 中可以看出,在发现有食品安全问题时,有 45.40% 的受访网民表示会小范围通知周围人群,告诫不能食用此类食品;分别有 15.55% 和 13.03% 的受访网民表示会匿名举报和实名举报;而有 18.90% 的受访网民表示不知道去哪里举报;还有 7.12% 的受访网民表示超出自己的职责范围,或者由相关部门负责,因此会放任食品安全问题的发生。由此可见,在发现有食品安全问题时,只有较少的受访网民能够进行举报。

选项	比例
由于经济状况不佳,即使食品具有安全问题,仍然被迫选择	3.88
根据消费习惯,偏向低价或者促销商品进行选择,忽略食品的安全性	12.39
认为食品安全是小概率事件,完全没有任何心理负担	9.27
完全避免该类食品,用其他食品代替	29.26
认真地比较该类食品,排除非安全食品,选择较为安全食品	45.20

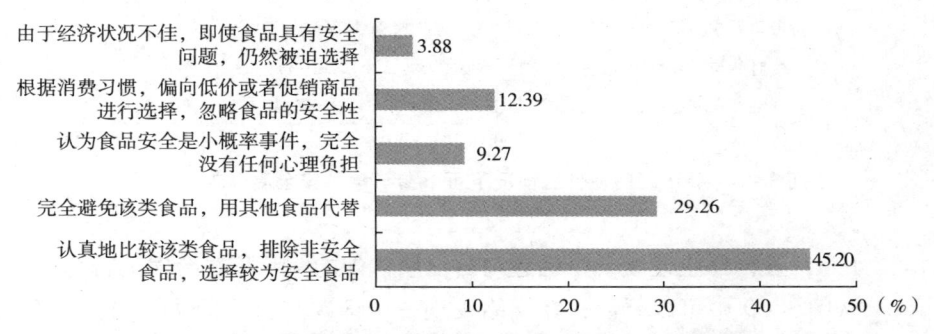

图 3-6 受访网民从新闻或者其他媒体上获知某类食品具有安全问题时采购此类食品的行为

选项	比例
认为超出自己的职责范围,或者由相关部门负责,因此会放任食品安全问题的发生	7.12%
实名举报	13.03%
匿名举报	15.55%
不知道去哪里举报	18.90%
小范围通知周围人群,告诫不能食用此类食品	45.40%

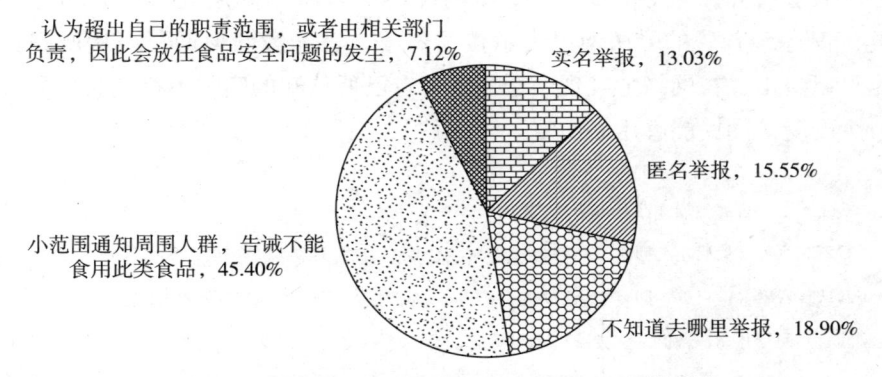

图 3-7 受访网民发现有食品安全问题时采取的措施

(八)在什么情况下可以参与食品安全治理或者举报

从图 3-8 中可以看出,当受访网民被问到"在什么情况下,您可以参与食品安全治理或者举报"时,有 35.45% 的受访网民表示需要在举报后,相关管理单位有积极快速的处理与反馈;有 19.50% 的受访网民表示具有社会主人翁意识,完全自发参与;分别有 17.99% 和 16.71% 的受访网民表示需要对参与人或举报人有经济奖励机制和对参与人或举报人有荣誉称号；有10.35%的受访网民表示可以匿名举报。结果表明，举报后，相关管理单位有积极快速的处理与反馈是促使受访网民参与食品安全治理或者举报的重要推动因素。

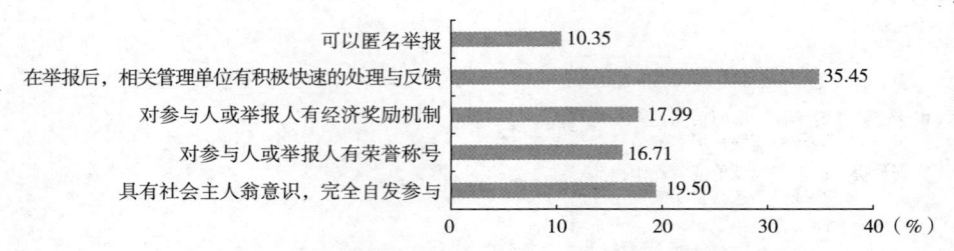

图3-8 受访网民在什么情况下可以参与食品安全治理或者举报

（九）在网络上发现一个话题与自己所认知的实际不符合时的行为

从图3-9中可以看出，在网络发现一个话题与自己所认知的实际不符合时，有34.69%的受访网民会稍微认真看看，但只看不回复；分别有22.98%、11.91%的受访网民会无聊的时候回复几句，调侃一下，漠不关心，看看就算；有24.70%的受访网民会认真看不同之处，然后用心回复；仅有5.72%的受访网民表示接受不了，言辞激烈地回复。从调查数据可以看出，在网络上发现一个话题与自己所认知的实际不符合时，只有较少的受访网民能够用心回复。

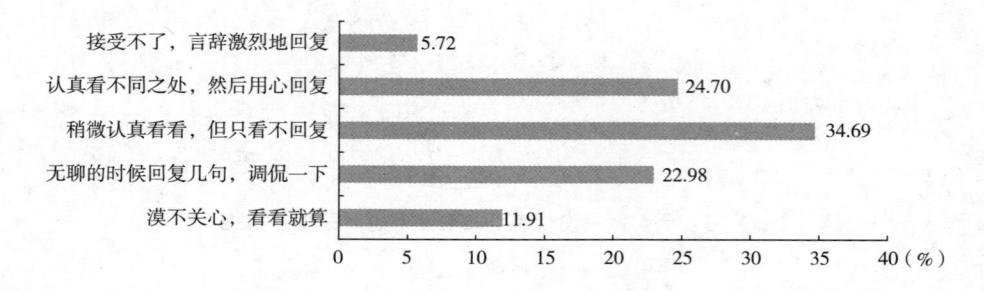

图3-9 受访网民在网络上发现一个话题与自己所认知的实际不符合时的行为

（十）对于网络上一些激烈的争论同时也是自己感兴趣的话题的行为

从图3-10中可以看出，对于网络上一些激烈的争论同时也是自己感兴趣的话题，有34.65%的受访网民表示会稍微认真看看，但只看不回复；分别有27.58%和6.12%的受访网民表示认真看不同之处，然后用心回复，接受不了，言辞激烈地回复；分别有20.34%和11.31%的受访网民表示无聊的时候回复几句，调侃一下，漠不关心，看看就算。由此可见，对于网络上一些激烈的争论同时也是自己感兴趣的话题，能够用心回复的受访网民的数量也不多。

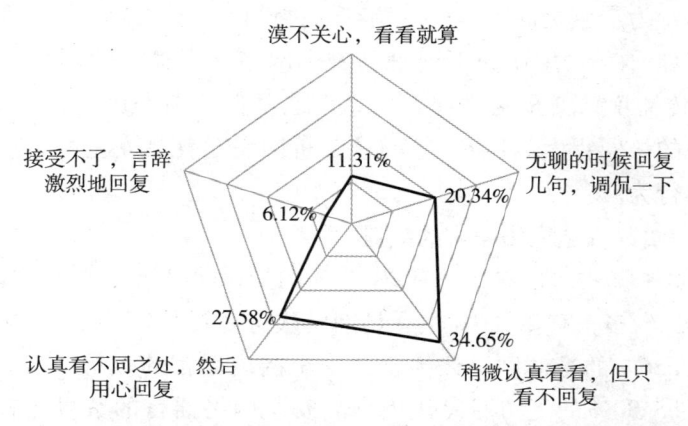

图3-10 受访网民对于网络上一些激烈的争论同时也是自己感兴趣的话题的行为

（十一）在网络注册时填写个人真实信息的必要性

当受访者被问到"您认为，在网络注册时填写个人真实信息是否必要"时，从图3-11中可以看出，分别有30.42%和12.74%的受访网民表示有必要和非常有必要，有26.38%的受访网民表示有一些必要，有13.43%的受访网民表示完全没必要，有17.03%的受访网民表示不知道。由此可见，受访网民认为在网络注册时填写个人真实信息是有必要的。

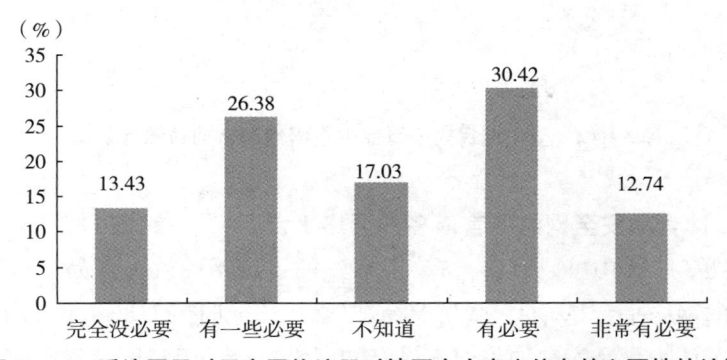

图3-11 受访网民对于在网络注册时填写个人真实信息的必要性的认识

三 网民对食品安全网络谣言信息的认知与行为

在食品安全网络舆情中,食品安全网络谣言信息会对公众的食品安全认知与行为产生负面影响。本调查通过设计"您认为食品安全网络谣言的数量如何?""您认为下列食品安全网络谣言最多的网络平台是?""您对'传播食品安全网络谣言信息可能降低其他网民对自己的信任'这种说法的认同程度如何?"等问题分析网民对食品安全网络谣言信息的认知与行为。

(一)食品安全网络谣言的数量

从图3-12中可以看出,有40.41%的受访网民认为食品安全网络谣言的数量比较多,有21.98%的受访网民认为食品安全网络谣言的数量很多,有20.26%的受访网民认为食品安全网络谣言的数量一般,分别有11.55%和5.80%的受访网民认为食品安全网络谣言的数量比较少和很少。由此可见,受访网民认为食品安全网络谣言的数量比较多。

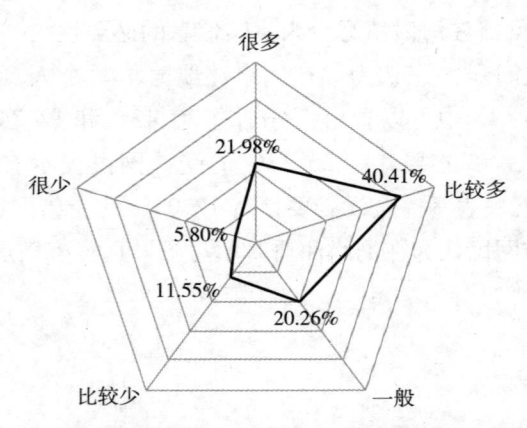

图3-12 受访网民对于食品安全网络谣言的数量的认识

(二)食品安全网络谣言最多的网络平台

从图3-13中可以看出,有42.69%的受访网民认为食品安全网络谣言最多的网络平台是QQ、微信等社交软件,分别有23.86%和21.30%的受访网民认为食品安全网络谣言最多的网络平台是门户网站和微博,分别有 8.55% 和 3.60% 的受访网民认为食品安全网络谣言最多的网络平台是论坛和其他。由此可见，受访网民认为 QQ、微信等社交软件里的食品安全网络谣言最多。

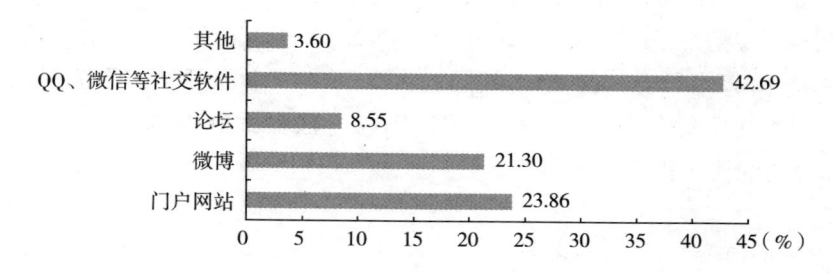

平台	比例(%)
其他	3.60
QQ、微信等社交软件	42.69
论坛	8.55
微博	21.30
门户网站	23.86

图 3-13　受访网民对于食品安全网络谣言最多的网络平台的认识

（三）对"传播食品安全网络谣言信息可能降低其他网民对自己的信任"这种说法的认同程度

从图 3-14 中可以看出，受访网民对于"传播食品安全网络谣言信息可能降低其他网民对自己的信任"这种说法，表示有些认同和绝不认同的分别占 39.13% 和 9.95%，表示一般认同的占 26.10%，表示比较认同和很认同的分别占 14.87% 和 9.95%。由此可见，受访网民对于"传播食品安全网络谣言信息可能降低其他网民对自己的信任"这种说法的认同程度不高。

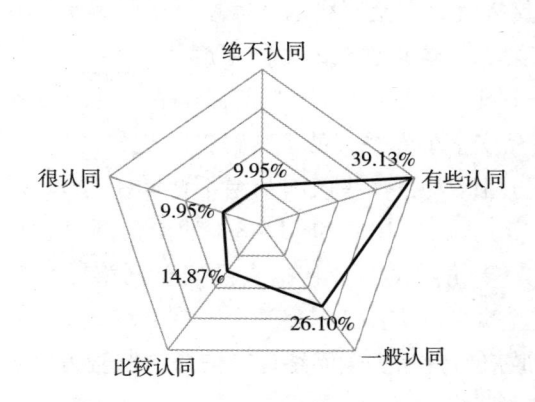

- 绝不认同：9.95%
- 有些认同：39.13%
- 一般认同：26.10%
- 比较认同：14.87%
- 很认同：9.95%

图 3-14　受访网民对"传播食品安全网络谣言信息可能降低其他网民对自己的信任"这种说法的认同程度

(四）对"传播食品安全网络谣言信息可能因触犯法律法规而带来负面影响"这种说法的认同程度

从图 3-15 中可以看出，对于"传播食品安全网络谣言信息可能因触犯法律法规而带来负面影响"这种说法，受访网民表示有些认同的占 35.93%，表示一般认同的占 20.10%，表示比较认同和很认同的分别占 19.94% 和 15.84%，表示绝不认同的占 8.19%。由此可见，受访网民对于"传播食品安全网络谣言信息可能因触犯法律法规而带来负面影响"这种说法的认同程度不是很高。

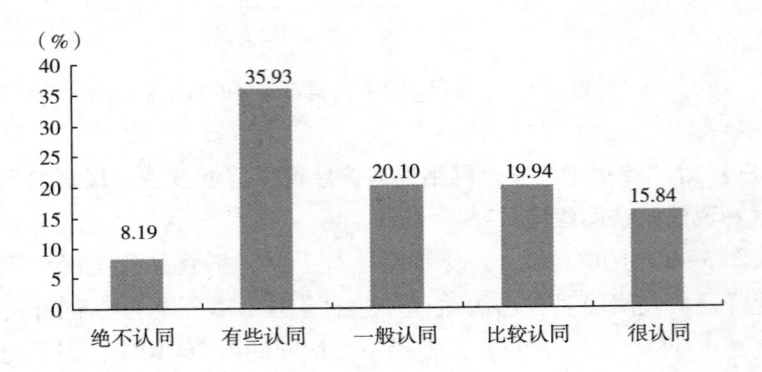

图 3-15 受访网民对"传播食品安全网络谣言信息可能因触犯法律法规而带来负面影响"这种说法的认同程度

（五）对"传播食品安全网络谣言信息可以引起更多人关注食品安全事件并有助于其解决"这种说法的认同程度

从图 3-16 中可以看出，对于"传播食品安全网络谣言信息可以引起更多人关注食品安全事件并有助于其解决"这种说法，分别有 31.37% 和 21.06% 的受访网民表示有些认同和绝不认同，有 15.99% 的受访网民表示一般认同，分别有 20.10% 和 11.48% 的受访网民表示比较认同和很认同。由此可见，受访网民对"传播食品安全网络谣言信息可以引起更多人关注食品安全事件并有助于其解决"这种说法的认同程度不高。

（六）对"政府对食品安全网络谣言信息的监管力度不够"这种说法的认同程度

从图 3-17 中可以看出，对于"政府对食品安全网络谣言信息的监管力度不够"这种说法，29.74% 的受访网民表示一般认同，25.58% 和

9.75%的受访网民表示有些认同和绝不认同,24.30%和10.63%的受访网民表示比较认同和很认同。由此可见,受访网民对"政府对食品安全网络谣言信息的监管力度不够"这种说法的认同程度不是很高。

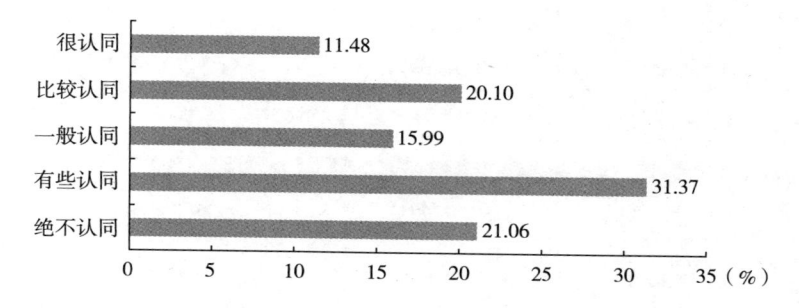

很认同 11.48
比较认同 20.10
一般认同 15.99
有些认同 31.37
绝不认同 21.06

图 3-16 受访网民对"传播食品安全网络谣言信息可以引起更多人关注食品安全事件并有助于其解决"这种说法的认同程度

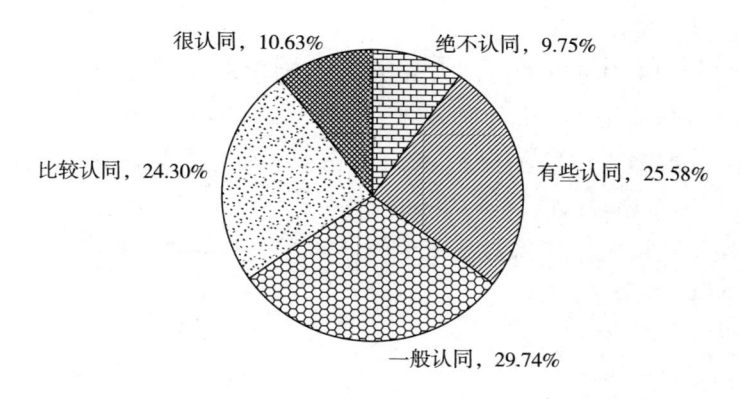

很认同,10.63%
绝不认同,9.75%
比较认同,24.30%
有些认同,25.58%
一般认同,29.74%

图 3-17 受访网民对"政府对食品安全网络谣言信息的监管力度不够"这种说法的认同程度

(七)对"传播食品安全网络谣言信息不会对其他人产生负面影响"这种说法的认同程度

从图 3-18 中可以看出,当受访网民被问到对"传播食品安全网络谣言信息不会对其他人产生负面影响"这种说法的认同程度时,表示绝不认同的占 41.61%,表示有些认同的占 25.98%,表示一般认同的占 20.98%,表示比较认同和很认同的分别占 8.27%和 3.16%。由此可见,受访网民对"传播食品安全网络谣言信息不会对其他人产生负面影响"

这种说法的认同程度较低。

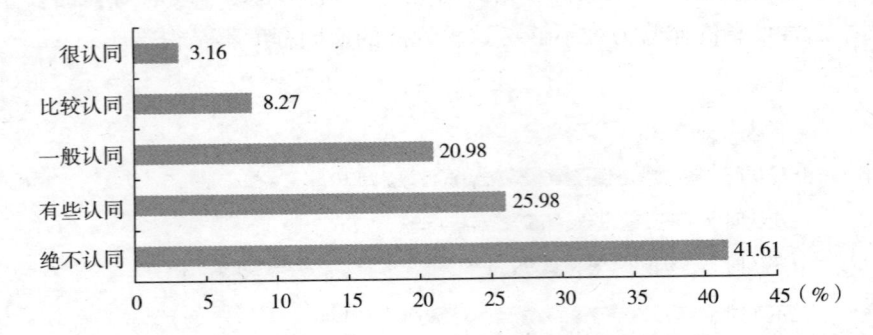

图 3-18　受访网民对"传播食品安全网络谣言信息不会
对其他人产生负面影响"这种说法的认同程度

（八）对"传播食品安全网络谣言信息不会对社会产生负面影响"这种说法的认同程度

从图 3-19 中可以看出，当受访网民被问到对"传播食品安全网络谣言信息不会对社会产生负面影响"这种说法的认同程度时，表示绝不认同的占 44.44%，表示有些认同的占 21.94%，表示一般认同的占 20.98%，表示比较认同和很认同的分别占 9.35% 和 3.29%。由此可见，受访网民不太认同"传播食品安全网络谣言信息不会对社会产生负面影响"这种说法。

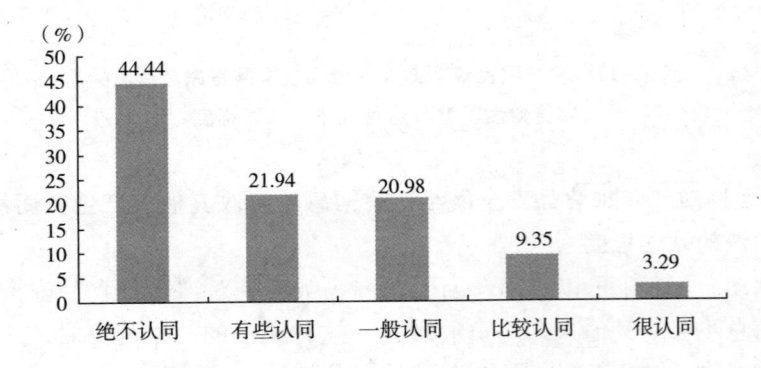

图 3-19　受访网民对"传播食品安全网络谣言信息不会
对社会产生负面影响"这种说法的认同程度

（九）对"由于培训、宣传不到位而导致不了解有关网络信息传播的法律法规"这种说法的认同程度

从图 3-20 中可以看出，当受访网民被问到对"由于培训、宣传不到位而导致不了解有关网络信息传播的法律法规"这种说法的认同程度时，表示有些认同和绝不认同的分别占 36.97% 和 11.07%，表示一般认同的占 24.70%，表示比较认同和很认同的分别占 18.11% 和 9.15%。由此可见，受访网民对"由于培训、宣传不到位而导致不了解有关网络信息传播的法律法规"这种说法的认同程度不是很高。

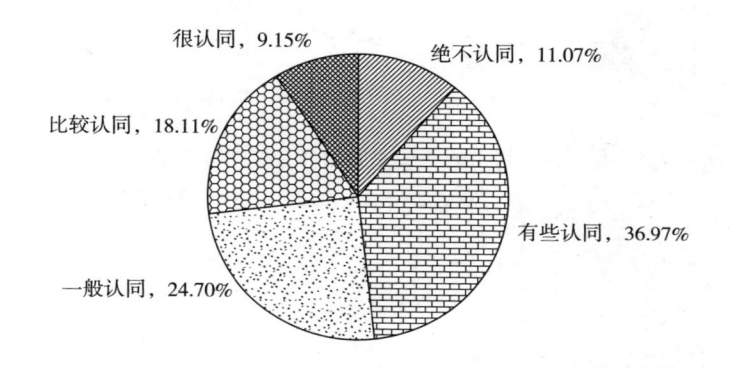

图 3-20 受访网民对"由于培训、宣传不到位而导致不了解有关网络信息传播的法律法规"这种说法的认同程度

（十）对"食品安全网络谣言信息容易激发公众担忧、恐惧、不满、愤怒等情感"这种说法的认同程度

从图 3-21 中可以看出，分别有 33.49% 和 9.37% 的受访网民表示对"食品安全网络谣言信息容易激发公众担忧、恐惧、不满、愤怒等情感"这种说法有些认同和绝不认同；有 22.38% 的受访网民表示一般认同；分别有 20.47% 和 13.99% 的受访者表示比较认同和很认同。由此可见，受访网民对"食品安全网络谣言信息容易激发公众担忧、恐惧、不满、愤怒等情感"这种说法的认同程度不高。

（十一）对"食品安全网络谣言信息细节描述详尽"这种说法的认同程度

从图 3-22 中可以看出，有 36.25% 的受访网民对"食品安全网络谣言信息细节描述详尽"这种说法表示一般认同；分别有 25.26% 和

12.23%的受访网民表示有些认同和绝不认同；分别有20.78%和5.48%的受访网民表示比较认同和很认同。由此可见，受访网民对"食品安全网络谣言信息细节描述详尽"这种说法的认同程度不高。

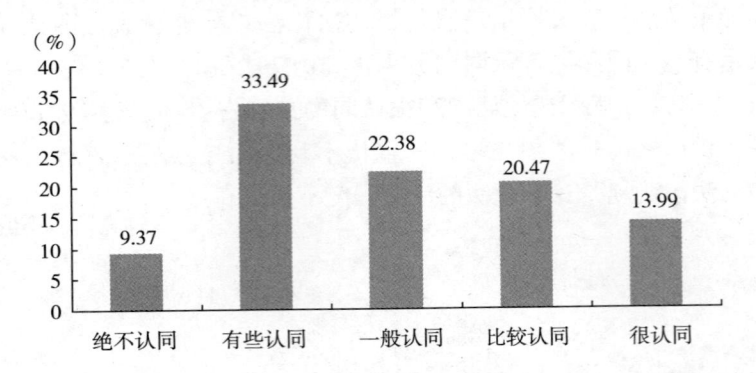

图3-21 受访网民对"食品安全网络谣言信息容易激发公众担忧、恐惧、不满、愤怒等情感"这种说法的认同程度

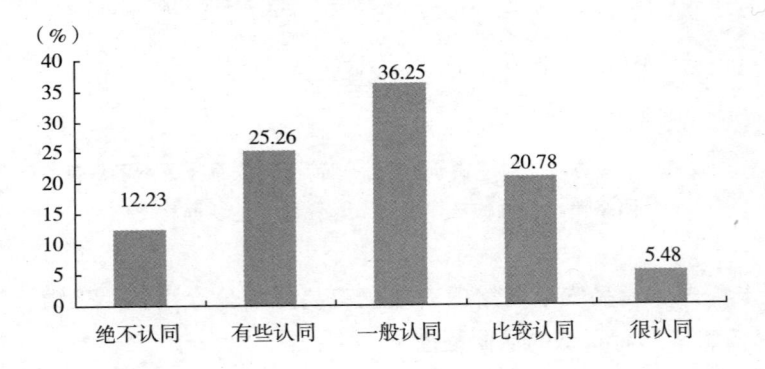

图3-22 受访网民对"食品安全网络谣言信息细节描述详尽"这种说法的认同程度

（十二）对"食品安全网络谣言信息有证据支持"这种说法的认同程度

从图3-23中可以看出，对于"食品安全网络谣言信息有证据支持"这种说法，表示一般认同的受访网民占34.53%；表示有些认同和绝不认同的受访网民分别占24.06%和15.07%；表示比较认同的受访网民占20.02%；而表示很认同的受访网民仅占6.32%。由此可见，受访网民对"食品安全网络谣言信息有证据支持"这种说法的认同度不高。

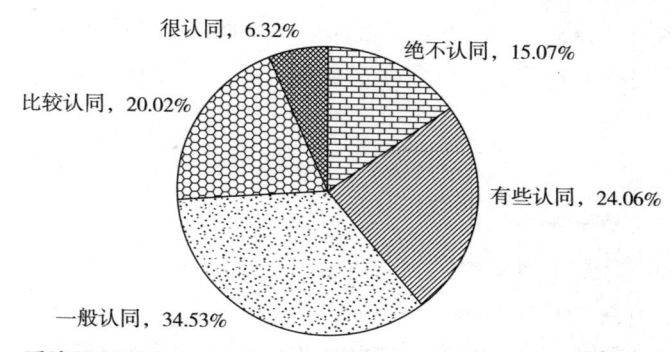

很认同，6.32%
绝不认同，15.07%
比较认同，20.02%
有些认同，24.06%
一般认同，34.53%

图3-23 受访网民对"食品安全网络谣言信息有证据支持"这种说法的认同程度

（十三）食品安全事件所产生的危害的严重程度

从图3-24中可以看出，对于食品安全事件产生的危害的严重程度，分别有35.93%和24.62%的受访网民表示很严重和比较严重，有22.42%的受访网民表示一般，分别有12.19%和4.84%的受访网民表示不太严重和不严重。由此可见，受访网民认为食品安全事件所产生的危害的严重程度较高。

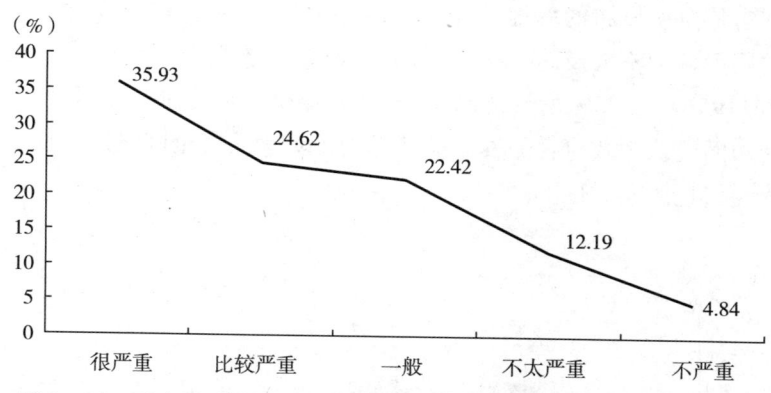

（%）
很严重 35.93
比较严重 24.62
一般 22.42
不太严重 12.19
不严重 4.84

图3-24 受访网民对于食品安全事件所产生的危害的严重程度的认识

（十四）政府食品安全监管部门针对食品安全网络谣言信息所发布的辟谣信息的充足程度

从图3-25中可以看出，认为政府食品安全监管部门针对食品安全网络谣言信息所发布的辟谣信息不太充足和很不充足的受访网民分别占38.33%和15.23%；认为一般的受访网民占30.49%；认为比较充足和很充足的受访网民分别占13.15%和2.80%。由此可见,大部分受访网民认为政府食品安全监管部门针对食品安全网络谣言信息所发布的辟谣信息不是很充足。

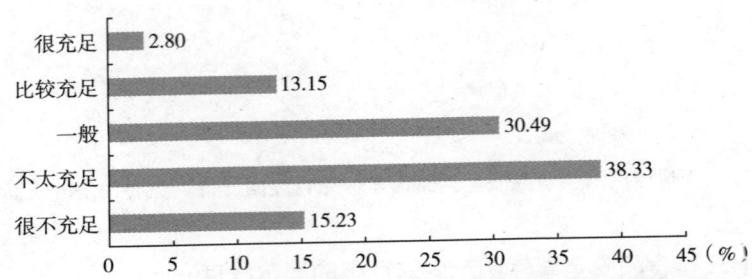

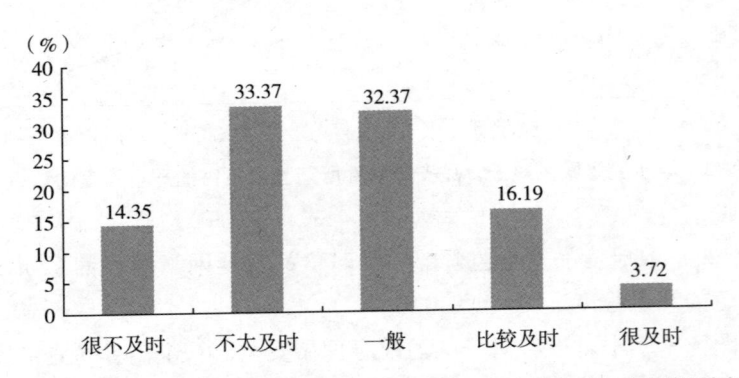

图3-25 受访网民对于政府食品安全监管部门针对食品安全网络谣言信息所发布的辟谣信息的充足程度的认识

（十五）政府食品安全监管部门针对食品安全网络谣言信息所发布的辟谣信息的及时性

从图3-26中可以看出,在问到政府食品安全监管部门针对食品安全网络谣言信息所发布的辟谣信息的及时性时,分别有33.37%和14.35%的受访网民认为不太及时和很不及时;32.37%的受访网民认为一般;分别有16.19%和3.72%的受访网民认为比较及时和很及时。由此可见,大部分受访网民认为政府食品安全监管部门针对食品安全网络谣言信息所发布的辟谣信息的及时性不高。

图3-26 受访网民对于政府食品安全监管部门针对食品安全网络谣言信息所发布的辟谣信息的及时性的认识

(十六) 政府食品安全监管部门针对食品安全网络谣言信息所发布的辟谣信息的可信度

从图 3-27 中可以看出，认为政府食品安全监管部门针对食品安全网络谣言信息所发布的辟谣信息的可信度一般的受访网民占 33.77%；认为可信度较低和可信度很低的分别占 24.18% 和 9.55%；认为可信度较高和可信度很高的分别占 23.98% 和 8.52%。由此可见，大部分受访网民认为政府食品安全监管部门针对食品安全网络谣言信息所发布的辟谣信息的可信度不是太高。

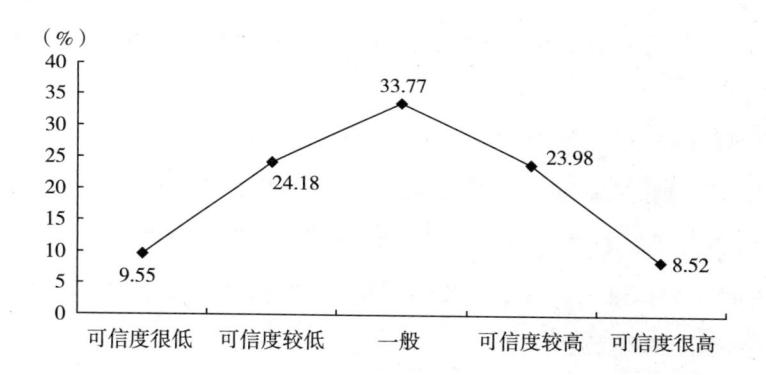

图 3-27 受访网民对于政府食品安全监管部门针对食品安全网络谣言信息所发布的辟谣信息的可信度的认识

（十七）食品安全事件发生后的焦虑程度

从图 3-28 中可以看出，当食品安全事件发生后，35.41% 的受访网民表示焦虑程度一般；分别有 20.46% 和 15.67% 的受访网民表示焦虑程度较高和焦虑程度很高；分别有 20.74% 和 7.72% 的受访网民表示焦虑程度较低和焦虑程度很低。由此可见，食品安全事件发生后大部分受访网民比较焦虑。

（十八）对食品安全知识的熟悉程度

从图 3-29 中可以看出，表示对食品安全知识不太熟悉和很不熟悉的受访网民分别占 30.82% 和 8.07%；表示熟悉程度一般的受访网民占 27.50%；表示比较熟悉和很熟悉的受访网民分别占 26.26% 和 7.35%。由此可见，受访网民对食品安全知识的熟悉程度不是很高。

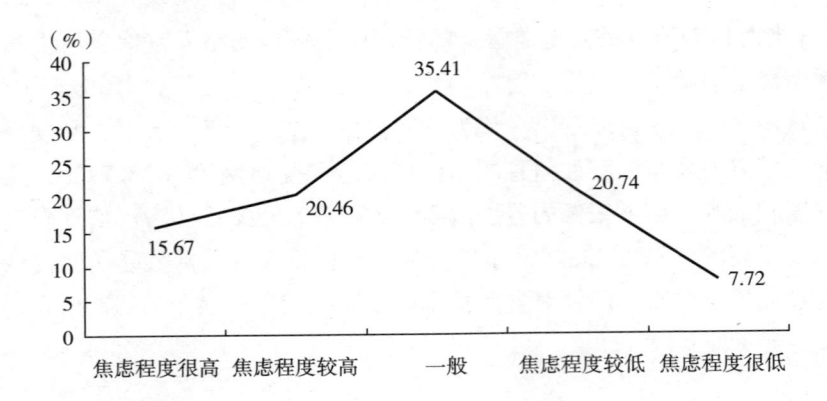

图 3-28 受访网民在食品安全事件发生后的焦虑程度

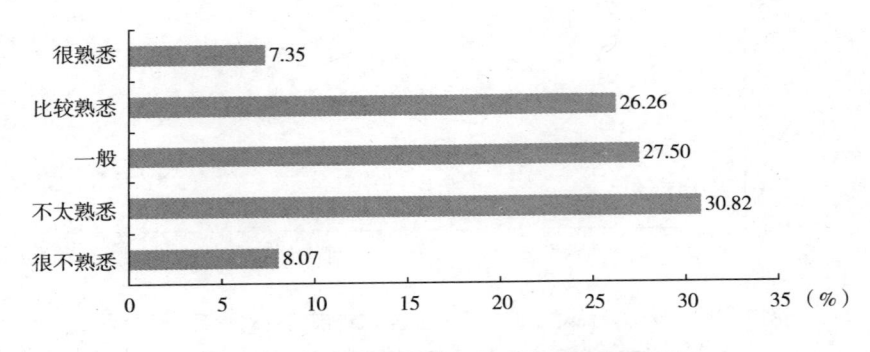

焦虑程度很高 15.67
焦虑程度较高 20.46
一般 35.41
焦虑程度较低 20.74
焦虑程度很低 7.72

图 3-29 受访网民对食品安全知识的熟悉程度

很熟悉 7.35
比较熟悉 26.26
一般 27.50
不太熟悉 30.82
很不熟悉 8.07

（十九）辨别食品安全网络谣言信息的能力

从图 3-30 中可以看出，41.73% 的受访网民表示自己辨别食品安全网络谣言信息的能力一般；分别有 25.42% 和 7.63% 的受访网民表示能力较强和能力很强；分别有 15.07% 和 10.15% 的受访网民表示能力较弱和能力很弱。可见，大部分受访网民认为自己具有一定的辨别食品安全网络谣言信息的能力。

（二十）传播食品安全网络谣言信息的可能性

从图 3-31 可以看出，对于自己传播食品安全网络谣言信息的可能性，分别有 34.41% 和 25.54% 的受访网民表示可能性很小和可能性较小；有 22.86% 的受访网民表示一般；分别有 10.75% 和 6.44% 的受访网民表示可能性较大和可能性很大。由此可见，大部分受访网民认为自己传播食品安全网络谣言信息的可能性不大。

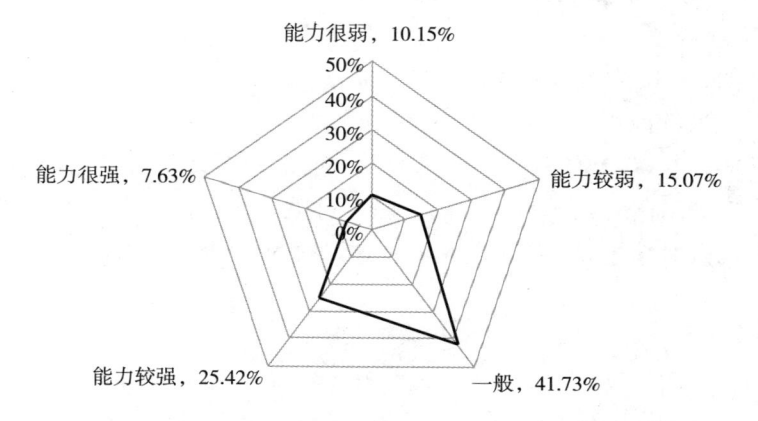

图 3–30　受访网民辨别食品安全网络谣言信息的能力

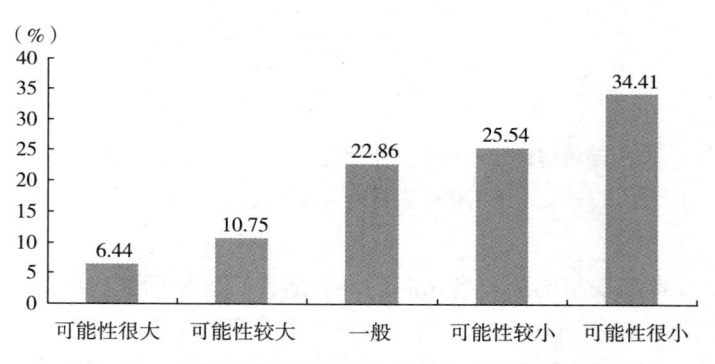

图 3–31　受访网民传播食品安全网络谣言信息的可能性

四　食品安全网络谣言信息与公众恐慌

　　食品安全网络谣言信息会引发公众的食品安全恐慌心理，危害社会和谐稳定。本调查通过设计"您对'食品安全网络谣言信息对其他人的影响更大'这种说法的认同程度如何？""食品安全网络谣言信息所涉及的食品安全问题的致命程度如何？""食品安全网络谣言信息所涉及的食品安全问题的影响范围如何？"等问题探讨食品安全网络谣言信息与公众恐慌之间的关系。

(一) 对"食品安全网络谣言信息对其他人的影响更大"这种说法的认同程度

从图 3-32 中可以看出,对"食品安全网络谣言信息对其他人的影响更大"这种说法,分别有 32.53% 和 7.03% 的受访网民表示有些认同和绝不认同;有 30.18% 的受访网民表示一般;分别有 23.78% 和 6.48% 的受访网民表示比较认同和很认同。由此可见,受访网民对"食品安全网络谣言信息对其他人的影响更大"这种说法的认同程度不高。

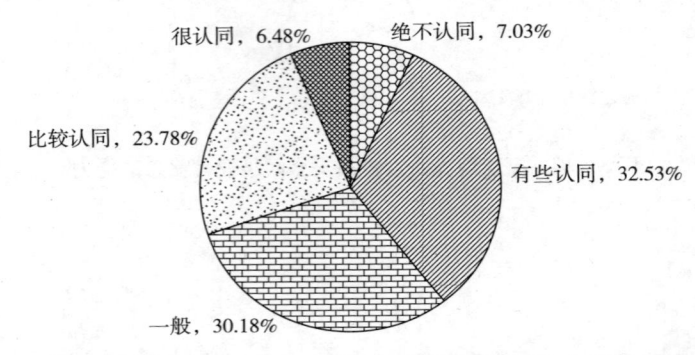

图 3-32 受访网民对"食品安全网络谣言信息对其他人的影响更大"这种说法的认同程度

(二) 食品安全网络谣言信息所涉及的食品安全问题的致命程度

从图 3-33 中可以看出,对于食品安全网络谣言信息所涉及的食品安全问题的致命程度,38.65% 的受访网民表示一般;分别有 31.45% 和 9.03% 的受访网民表示致命程度较高和致命程度很高;有 18.67% 的受访网民表示致命程度较低;仅有 2.20% 的受访网民表示致命程度很低。由此可见,大部分受访网民认为食品安全网络谣言信息所涉及的食品安全问题的致命程度比较高。

(三) 食品安全网络谣言信息所涉及的食品安全问题的影响范围

从图 3-34 中可以看出,对于食品安全网络谣言信息所涉及的食品安全问题的影响范围,认为影响范围较大和影响范围很大的受访网民分别占 39.37% 和 13.11%;认为影响范围一般的受访网民占 30.97%;认为影响范围较小和影响范围很小的受访网民分别占 13.59% 和 2.96%。由此可见,大部分受访网民认为食品安全网络谣言信息所涉及的食品安全问题的影响范围较大。

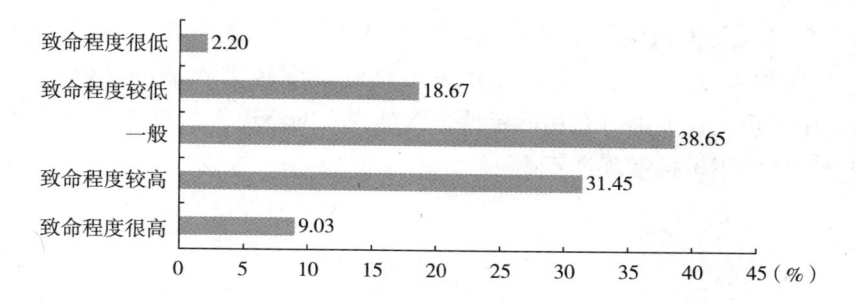

图 3-33 受访网民对于食品安全网络谣言信息所涉及的食品安全问题的致命程度的认识

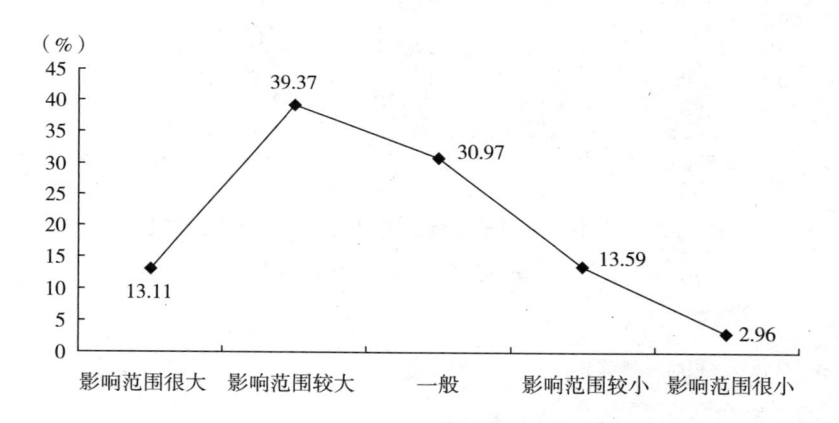

图 3-34 受访网民对于食品安全网络谣言信息所涉及的食品安全问题的影响范围的认识

(四) 在食品安全网络谣言信息所涉及的食品安全问题中的暴露程度

从图 3-35 中可以看出,对于自己在食品安全网络谣言信息所涉及的食品安全问题中的暴露程度,39.81% 的受访网民认为一般;分别有 28.46% 和 6.83% 的受访网民认为暴露程度较高和暴露程度很高;分别有 19.42% 和 5.48% 的受访网民认为分别认为暴露程度较低和暴露程度很低。由此可见,大部分受访网民认为自己在食品安全网络谣言信息所涉及的食品安全问题中的暴露程度不低。

(五) 食品安全网络谣言信息所涉及的食品安全问题的不可接触程度

从图 3-36 中可以看出,对于食品安全网络谣言信息所涉及的食品安全问题的不可接触程度,43.92% 的受访网民表示一般;分别有 29.90%

和7.51%受访网民表示不可接触程度较低和不可接触程度很低；分别有14.19%和4.48%的受访网民表示不可接触程度较高和不可接触程度很高。由此可见，大部分受访网民认为食品安全网络谣言信息所涉及的食品安全问题的不可接触程度不高。

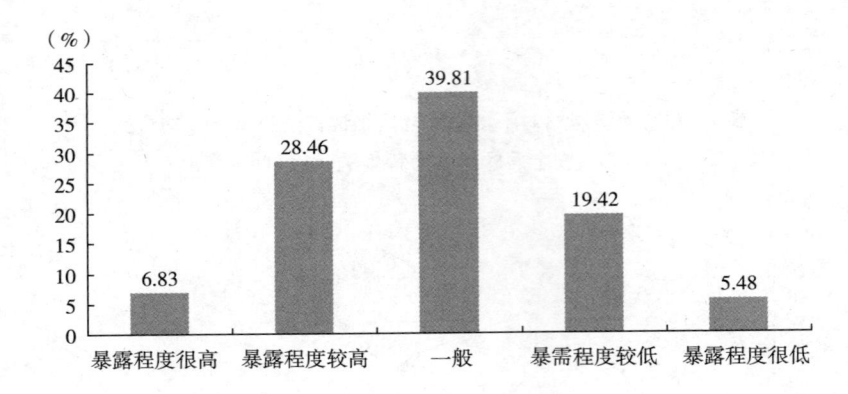

图3-35 受访网民对于在食品安全网络谣言信息所涉及的食品安全问题中的暴露程度的认识

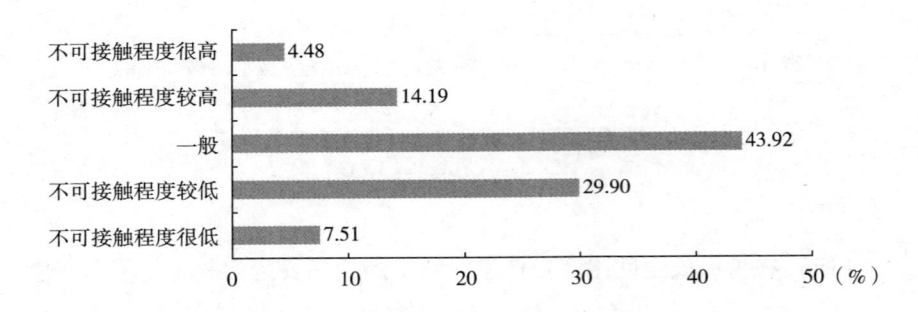

图3-36 受访网民对于食品安全网络谣言信息所涉及的食品安全问题的不可接触程度的认识

（六）食品安全网络谣言信息所涉及的食品安全问题的可识别程度

从图3-37中可以看出，对于食品安全网络谣言信息所涉及的食品安全问题的可识别程度，认为可识别程度一般的受访网民占42.29%；认为可识别程度较低和可识别程度很低的受访网民分别占30.69%和6.67%；认为可识别程度较高和可识别程度很高的受访网民分别占17.63%和

2.72%。由此可见,大部分受访网民认为食品安全网络谣言信息所涉及的食品安全问题的可识别程度不高。

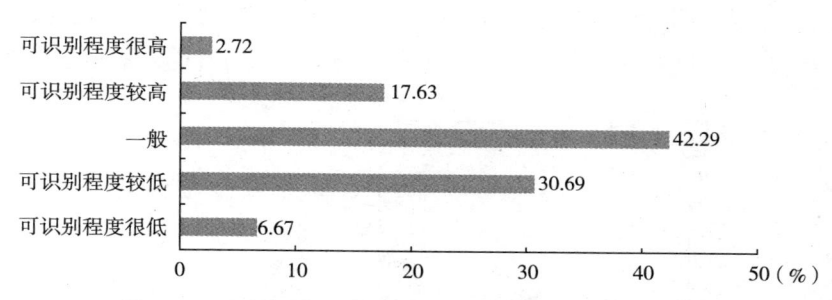

图 3-37 受访网民对于食品安全网络谣言信息所涉及的食品安全问题的可识别程度的认识

（七）食品安全网络谣言信息的清晰程度

从图 3-38 中可以看出,对于食品安全网络谣言信息的清晰程度,36.33%的受访网民认为清晰程度一般；分别有 22.02%和 12.63%的受访网民认为清晰程度较低和清晰程度很低；有 22.38%的受访网民认为清晰程度较高；仅有 6.64%的受访网民认为清晰程度很高。由此可见,大部分受访网民认为食品安全网络谣言信息的清晰程度不太高。

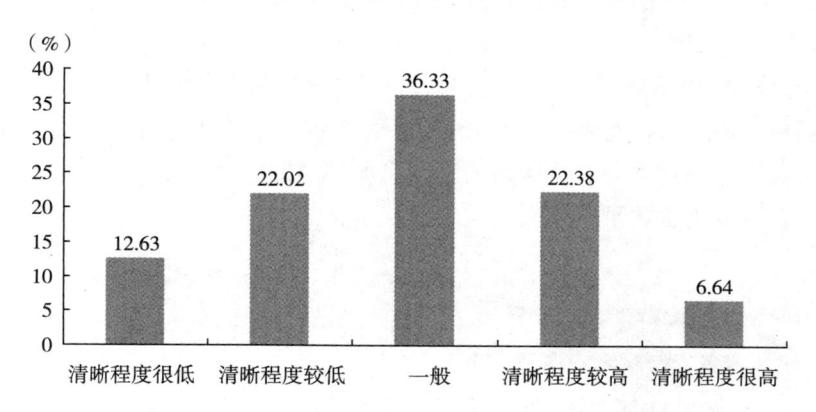

图 3-38 受访网民对于食品安全网络谣言信息的清晰程度的认识

（八）媒体对食品安全网络谣言信息所涉及的食品安全问题的报道数量

从图 3-39 中可以看出,对于媒体对食品安全网络谣言信息所涉及的食品安全问题的报道数量,有 36.73% 的受访网民表示一般;分别有 25.58% 和 7.99% 的受访网民表示比较少和很少;分别有 24.70% 和 5.00% 的受访网民表示比较多和很多。由此可见,大部分受访网民认为媒体对食品安全网络谣言信息所涉及的食品安全问题的报道数量不是太多。

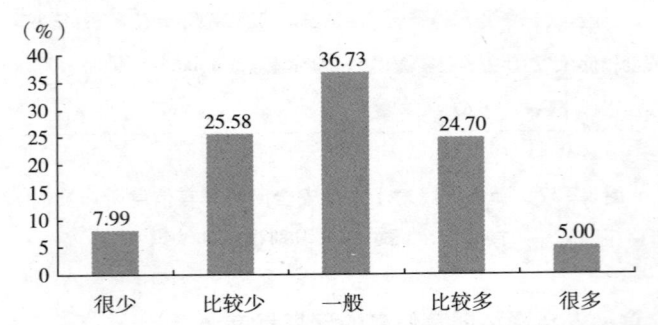

图 3-39 受访网民对于媒体对食品安全网络谣言信息所涉及的食品安全问题的报道数量的认识

(九)媒体对食品安全网络谣言信息所涉及的食品安全问题的正面报道与负面报道相比

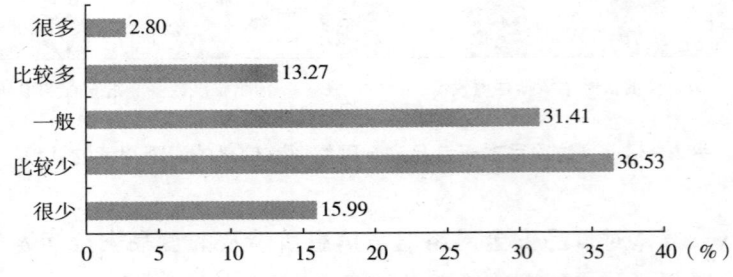

从图 3-40 中可以看出,对于媒体对食品安全网络谣言信息所涉及的食品安全问题的正面报道与负面报道相比数量,认为比较少和很少的受访网民分别占 36.53% 和 15.99%;认为一般的受访网民占 31.41%;认为比较多和很多的受访网民分别占 13.27% 和 2.80%。由此可见,大部分受访网民认为媒体对食品安全网络谣言信息所涉及的食品安全问题的正面报道与负面报道相比数量不是太多。

图 3-40 受访网民对于媒体对食品安全网络谣言信息所涉及的食品安全问题的正面报道与负面报道相比数量的认识

(十) 自己所知道的其他人在面对食品安全网络谣言信息时的恐慌程度

从图3-41中可以看出，对于自己所知道的其他人在面对食品安全网络谣言信息时的恐慌程度，38.49%的受访网民表示一般，分别有34.69%和7.55%的受访网民表示恐慌程度较高和恐慌程度很高，分别有16.03%和3.24%的受访网民表示恐慌程度较低和恐慌程度很低。由此可见，大部分受访网民表示自己所知道的其他人在面对食品安全网络谣言信息时的恐慌程度比较高。

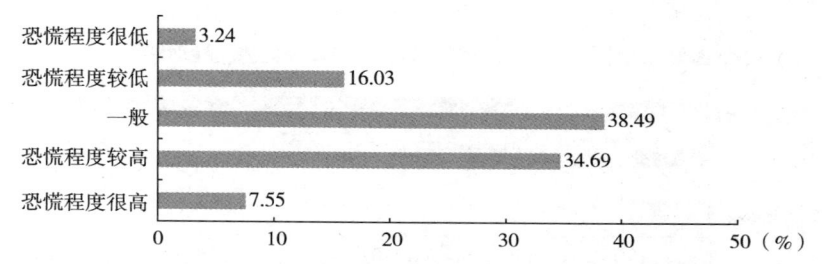

图3-41 受访网民对于自己所知道的其他人在面对食品安全网络谣言信息时的恐慌程度的认识

(十一) 专家针对食品安全网络谣言信息所发布的辟谣信息的及时性

从图3-42中可以看出，对于专家针对食品安全网络谣言信息所发布的辟谣信息的及时性，32.57%的受访网民认为一般，认为不太及时和很不及时的受访网民分别占29.62%和10.95%，认为比较及时的受访网民占21.82%，仅有5.04%的受访网民认为很及时。由此可见，受访网民认为专家针对食品安全网络谣言信息所发布的辟谣信息的及时性不高。

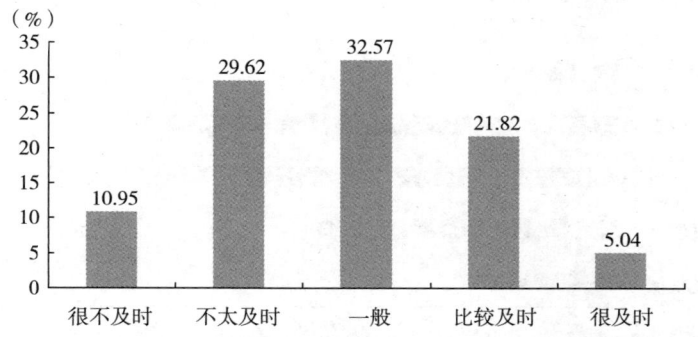

图3-42 受访网民对于专家针对食品安全网络谣言信息所发布的辟谣信息的及时性的认识

(十二) 专家针对食品安全网络谣言信息所发布的辟谣信息的可信度

从图 3-43 中可以看出,对于专家针对食品安全网络谣言信息所发布的辟谣信息的可信度,36.49% 的受访网民认为一般,分别有 31.97% 和 4.36% 的受访网民认为可信度较高和可信度很高,分别有 19.54% 和 7.64% 的受访网民认为可信度较低和可信度很低。由此可见,较多的受访网民认为专家针对食品安全网络谣言信息所发布的辟谣信息的可信度比较高。

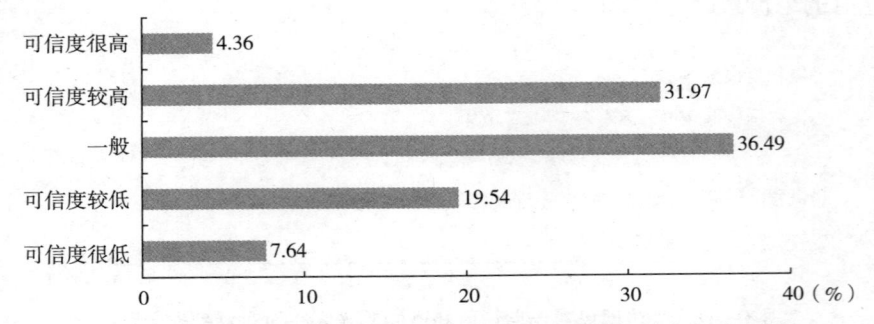

类别	百分比
可信度很高	4.36
可信度较高	31.97
一般	36.49
可信度较低	19.54
可信度很低	7.64

图 3-43 受访网民对于专家针对食品安全网络谣言信息所发布的辟谣信息的可信度的认识

(十三) 自己对政府处理食品安全问题的能力的信任程度

从图 3-44 中可以看出,对于政府处理食品安全问题的能力的信任程度,36.65% 的受访网民表示信任程度一般,分别有 29.46% 和 8.55% 的受访网民表示信任程度较高和信任程度很高,分别有 16.43% 和 8.91% 的受访网民表示信任程度较低和信任程度很低。由此可见,大部分受访网民比较信任政府处理食品安全问题的能力。

类别	百分比
信任程度很高	8.55
信任程度较高	29.46
一般	36.65
信任程度较低	16.43
信任程度很低	8.91

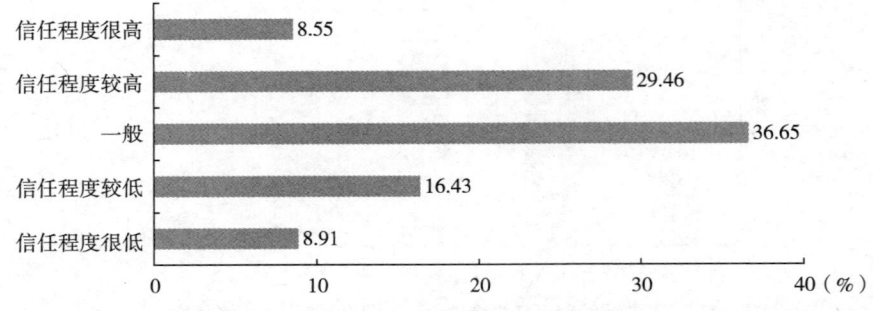

图 3-44 受访网民对于自己对政府处理食品安全问题的能力的信任程度的认识

(十四) 在面对食品安全网络谣言信息时的恐慌程度

从图 3-45 中可以看出,对于在面对食品安全网络谣言信息时的恐慌程度,40.21% 的受访网民表示一般,25.70% 的受访网民表示恐慌程度较低,9.15% 的受访网民表示恐慌程度很低,分别有 16.67% 和 8.27% 的受访网民表示恐慌程度较高和恐慌程度很高。由此可见,大部分受访网民在面对食品安全网络谣言信息时的恐慌程度不是很高。

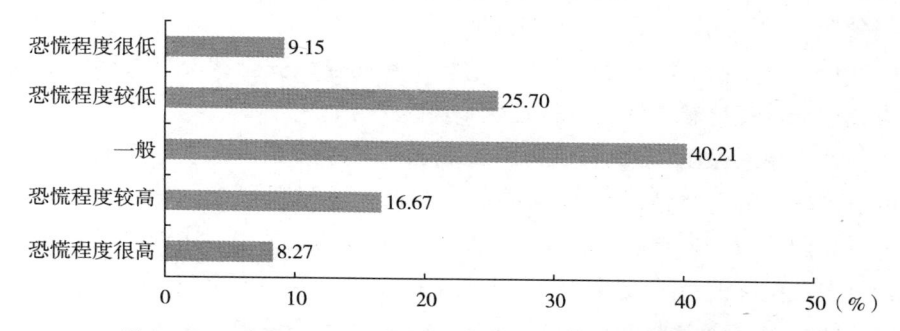

图 3-45 受访网民在面对食品安全网络谣言信息时的恐慌程度

(十五) 因食品安全网络谣言信息而采取恐慌行为 (如抵制、抢购等) 的可能性

从图 3-46 中可以看出,对于因食品安全网络谣言信息而采取恐慌行为 (如抵制、抢购等) 的可能性,31.90% 的受访网民表示一般,分别有 25.18% 和 9.59% 的受访网民表示可能性较大和可能性很大,分别有 22.46% 和 10.87% 的受访网民表示可能性较小和可能性很小。由此可见,大部分受访网民表示因食品安全网络谣言信息而采取恐慌行为 (如抵制、抢购等) 的可能性比较大。

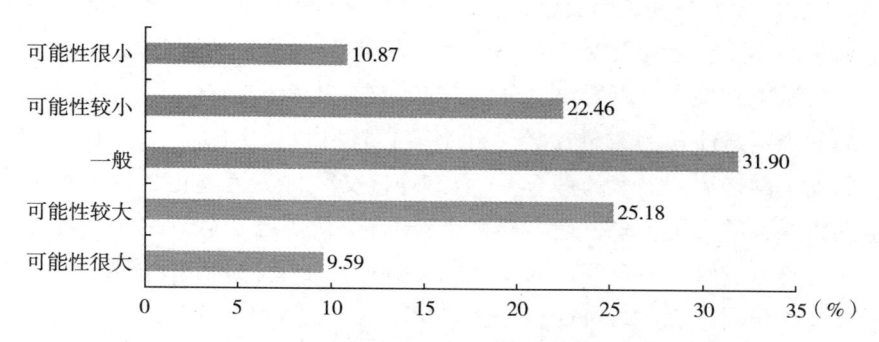

图 3-46 受访网民因食品安全网络谣言信息而采取恐慌行为
(如抵制、抢购等) 的可能性

五 主要结论

通过问卷调查分析网民对食品安全与食品安全网络舆情的认知与行为、网民对食品安全网络谣言信息的认知与行为、食品安全网络谣言信息与公众恐慌等问题,得出如下主要结论。

(一) 大部分受访网民看好当前和未来的食品安全状况且对网络上的食品安全信息比较关注但信任程度不高

调查结果显示,分别有29.58%和8.99%的受访网民认为当前市场上的食品安全的总体情况有所好转和大有好转,分别有26.90%、12.67%的受访网民对未来食品安全状况的信心较强和信心很强。由此可见,我国食品安全状况的持续改善已经获得公众的认可。食品安全问题涉及复杂的专业知识,公众主要通过媒体推送、关注或主动阅读各类相关材料等途径获取食品安全知识,因此,公众对网络上的食品安全信息的关注程度较高。然而,由于网络具有开放性、自由性、隐蔽性等特征,食品安全网络信息夹杂着大量的夸大、虚假甚至谣言信息,使公众对网络上的食品安全信息的信任程度不高。政府相关部门需要对网络上的食品安全网络信息进行监管,通过规范媒体的信息发布行为,发挥网络意见领袖的舆情引导作用,激发公众举报食品安全网络谣言信息的积极性,净化网络环境,满足公众对食品安全知识与信息的需求,使公众能够科学地看待食品安全问题,有效地预防与应对食品安全问题所带来的危害。

(二) 大部分受访网民认为食品安全网络谣言的数量比较多但相关辟谣信息的充足程度和及时性有待于进一步提高

从调查结果中可以看出,分别有40.41%和21.98%的受访网民认为,食品安全网络谣言的数量比较多和很多,且有42.69%的受访网民认为,食品安全网络谣言最多的是QQ、微信等社交软件。可能正是因为食品安全网络谣言的数量较多,且多存在于QQ、微信等社交软件之中,传播速度快且难以监管,而政府食品安全监管部门的监管力量相对有限,所以,大部分受访网民表示政府食品安全监管部门针对食品安全网络谣言信息所发布的辟谣信息不是很充足,及时性也不高。食品安全网络谣言容易误导公众对食品安全问题的认知,影响公众的食品消费,对食品市场的健康发展产生负面影响。

此外，食品安全网络谣言还会引发公众的食品安全恐慌心理，产生舆情的爆发，损害政府的公信力，甚至威胁社会和谐稳定。针对食品安全网络谣言，一方面，QQ、微信等社交软件的运营商作为管理主体，需要对相关网络平台中的食品安全网络谣言进行实时监管，以避免谣言信息的广泛传播；另一方面，政府相关部门作为监管主体，在发挥自身监管作用的同时，需要加强与相关网络平台、科研机构的合作，利用相关网络平台的网络数据与技术对食品安全网络谣言进行监控，并联合科研机构的专家发布相关辟谣信息，以提高相关辟谣信息的充足程度和及时性。

（三）大部分受访网民认为食品安全网络谣言信息所涉及的食品安全问题的致命程度较高、影响范围较大、不可接触程度不高、可识别程度不高且自身在此类问题中的暴露程度不低

调查发现，分别有31.45%和9.03%的受访网民认为，食品安全网络谣言信息所涉及的食品安全问题的致命程度较高和致命程度很高，分别有39.37%和13.11%的受访网民表示影响范围较大和影响范围较大。这可能是因为，编造食品安全网络谣言主要是为了达到吸引别人的注意或谋取经济利益等目的，而那些危害程度较高且波及范围更广的食品安全问题更有助于谣言编造者达到相关目的。

此外，分别有7.51%、29.90%、43.92%的受访网民认为食品安全网络谣言信息所涉及的食品安全问题的不可接触程度很低、不可接触程度较低、一般；分别有6.67%、30.69%、42.29%的受访网民认为可识别程度很低、可识别程度较低、一般；分别有6.83%、28.46%、39.81%的受访网民表示自身在此类问题中的暴露程度很高、暴露程度较高、一般，正因为如此，相关问题更容易使公众产生食品安全恐慌心理，造成较大的社会影响。可见，食品安全网络谣言信息所涉及的食品安全问题的相关特征促使谣言信息更容易受到关注。

公众的食品安全知识相对匮乏，在面对食品安全问题时一般持有"宁可信其有，不可信其无"的心态，因此，在食品安全问题还不能完全杜绝的现实环境中，食品安全网络谣言极易广泛传播。政府相关部门在开展食品安全监管的同时，还需要特别关注具有致命程度高、影响范围大等特征的食品安全问题，当由此类问题所产生的食品安全网络谣言信息出现时，就积极应对，将谣言信息消除在萌芽状态。

（四）大部分受访网民认为媒体对食品安全网络谣言信息所涉及的食品安全问题的报道数量不是太多且正面报道与负面报道相比数量不是太多

从调查结果来看，对于食品安全网络谣言信息所涉及的食品安全问题，分别有7.99%、25.58%、36.73%的受访网民认为媒体的报道数量很少、比较少、一般。这可能是因为，食品安全网络谣言信息所涉及的食品安全问题危害比较大且波及范围比较广，因此，媒体对此类问题的报道数量不是太多，防止引发公众的食品安全恐慌心理。然而，调查结果也表明，分别有15.99%、36.53%、31.41%的受访网民认为，媒体对食品安全网络谣言信息所涉及的食品安全问题的正面报道与负面报道相比数量很少、比较少、一般。对于相关食品安全问题，如果为了吸引眼球而更关注问题的阴暗面，将对公众客观公正地看待食品安全问题产生消极的影响。

媒体报道是公众获取食品安全信息的主要途径，在食品安全网络谣言信息产生后，相关报道将对公众认识食品安全问题产生重要影响。因此，媒体应针对食品安全网络谣言信息所涉及的食品安全问题积极开展正面报道，并通过议程设置引导公众科学、理性地进行食品安全问题探讨，以消除谣言的不良影响。

第四章

网民传播食品安全网络
谣言信息的影响因素

食品安全问题已成为人们关注的重大民生问题,而且始终处于网络舆论的风口浪尖。[①] 随着互联网技术的快速发展,为公众获取食品安全信息提供了便利。然而,公众由于食品安全知识相对匮乏,在面对网络上的食品安全信息时,难以甄别真伪,甚至传播食品安全网络谣言信息。《报告》第三章研究了网民对食品安全网络谣言信息的认知与行为,本章基于第三章的问卷调查数据,深入分析影响网民传播食品安全网络谣言信息的因素,为食品安全网络谣言治理提供理论支撑。

一 文献回顾

食品安全网络舆情中的虚假信息容易对网民的认知产生负面影响,甚至引发食品安全恐慌行为。针对食品安全网络信息的认知与行为,相关学者进行了大量研究。张亮和李霞(2014)以食品安全突发事件"浓缩乳清蛋白粉中检出肉毒杆菌"新浪微博网络舆情为研究案例,对网民评论的时空分布、舆论指向、网民态度及认证情况等方面进行了分析,探讨了食品安全突发事件的网络舆情传播特性。[②] 叶金珠和陈倬(2015)认为,新媒体环境下,食品安全突发事件发展具有明显的蔓延性特点,针对其蔓延与变异性,界定了食品安全突发事件及其演变的内涵;分析了食品安全

[①] 王雯、刘蓉:《食品安全类网络舆情危机治理的公共政策研究——基于公害品视角》,《理论与改革》2014年第3期。

[②] 张亮、李霞:《食品安全突发事件的网络舆情分析》,《食品研究与开发》2014年第18期。

突发事件演变的结构要素及过程。在此基础上，进一步对演变的推动力与路径进行了分析与阐述，揭示了新媒体环境下食品安全突发事件发展与演变过程的基本特征与一般规律。① 夏进进等（2015）基于舆情感知和食品安全舆情相关理论，以南京 474 位居民为案例，探讨政府处置因素对公众对食品安全事件舆情感知的影响，研究发现，政府对食品安全事件处置的互动性、信息公开程度、实效性、真实性对公众舆情感知存在显著性影响。② 汪春香等（2015）运用模糊集理论和决策实验分析方法，研究影响食品安全网络舆情中网民行为因素的影响特征、影响程度并识别关键因素。③ 洪巍和吴林海（2014）通过问卷调查对食品安全网络舆情网民参与行为的影响因素进行实证研究，并利用 Logistic 回归分析的方法对调查数据进行分析。④ 对于网络谣言，张会平等（2017）采用实证研究的方法，综合计划行为理论、风险感知理论、社会资本理论和威慑理论，通过问卷调查对网络谣言识别行为意向的影响因素进行研究。⑤ 本章基于现有的研究文献，研究网民对食品安全网络谣言信息的认知与行为，探寻影响网民传播食品安全网络谣言信息的因素。

二 研究设计

以相关文献的研究成果为基础，结合食品安全网络谣言的特征，设计调研的问题，通过问卷调查研究网民传播食品安全网络谣言信息的影响因素。问卷测题项与选项如表 4-1 所示。

---

① 叶金珠、陈倬：《新媒体下食品安全突发事件演变机制研究》，《电子政务》2015 年第 5 期。
② 夏进进、牛冲、郭萌、董凯欣：《政府处置因素对公众舆情感知的影响研究——以食品安全事件为例》，《现代商业》2015 年第 8 期。
③ 汪春香、徐立青、赵树成：《影响食品安全网络舆情网民行为的主要因素识别研究——基于模糊集理论 DEMATEL 方法》，《情报杂志》2015 年第 3 期。
④ 洪巍、吴林海：《食品安全网络舆情网民参与行为调查》，《华南农业大学学报》（社会科学版）2014 年第 2 期。
⑤ 张会平、郭昕昊、郭宁：《突发事件中网络谣言识别行为意向的影响因素研究》，《现代情报》2017 年第 7 期。

表 4-1　　　　　　　　　　　问卷测量题项与选项

测量题项	选项
X_1：您对"传播食品安全网络谣言信息可能降低其他网民对自己的信任"这种说法的认同程度如何？	绝不认同 = 1；有些认同 = 2；一般 = 3；比较认同 = 4；很认同 = 5
X_2：您对"传播食品安全网络谣言信息可能因触犯法律法规而带来负面影响"这种说法的认同程度如何？	绝不认同 = 1；有些认同 = 2；一般 = 3；比较认同 = 4；很认同 = 5
X_3：您对"政府对食品安全网络谣言信息的监管力度不够"这种说法的认同程度如何？	绝不认同 = 1；有些认同 = 2；一般 = 3；比较认同 = 4；很认同 = 5
X_4：您对"传播食品安全网络谣言信息不会对其他人产生负面影响"这种说法的认同程度如何？	绝不认同 = 1；有些认同 = 2；一般 = 3；比较认同 = 4；很认同 = 5
X_5：您对"传播食品安全网络谣言信息不会对社会产生负面影响"这种说法的认同程度如何？	绝不认同 = 1；有些认同 = 2；一般 = 3；比较认同 = 4；很认同 = 5
X_6：您对"由于培训、宣传不到位而导致不了解有关网络信息传播的法律法规"这种说法的认同程度如何？	绝不认同 = 1；有些认同 = 2；一般 = 3；比较认同 = 4；很认同 = 5
X_7：您对"食品安全网络谣言信息容易激发公众担忧、恐惧、不满、愤怒等情感"这种说法的认同程度如何？	绝不认同 = 1；有些认同 = 2；一般 = 3；比较认同 = 4；很认同 = 5
X_8：您对"食品安全网络谣言信息细节描述详尽"这种说法的认同程度如何？	绝不认同 = 1；有些认同 = 2；一般 = 3；比较认同 = 4；很认同 = 5
X_9：您对"食品安全网络谣言信息有证据支持"这种说法的认同程度如何？	绝不认同 = 1；有些认同 = 2；一般 = 3；比较认同 = 4；很认同 = 5
X_{10}：您认为，食品安全事件所产生的危害的严重程度如何？	很严重 = 1；比较严重 = 2；一般 = 3；不太严重 = 4；不严重 = 5
X_{11}：您认为，政府食品安全监管部门针对食品安全网络谣言信息所发布的辟谣信息的充足程度如何？	很不充足 = 1；不太充足 = 2；一般 = 3；比较充足 = 4；很充足 = 5
X_{12}：您认为，政府食品安全监管部门针对食品安全网络谣言信息所发布的辟谣信息的可信度如何？	可信度很低 = 1；可信度较低 = 2；一般 = 3；可信度较高 = 4；可信度很高 = 5
X_{13}：当食品安全事件发生后，您的焦虑程度如何？	焦虑程度很高 = 1；焦虑程度较高 = 2；一般 = 3；焦虑程度较低 = 4；焦虑程度很低 = 5
X_{14}：您对食品安全知识的熟悉程度如何？	很不熟悉 = 1；不太熟悉 = 2；一般 = 3；比较熟悉 = 4；很熟悉 = 5

续表

测量题项	选项
X_{15}：您传播食品安全网络谣言信息的可能性如何？	可能性很大 = 1；可能性较大 = 2；一般 = 3；可能性较小 = 4；可能性很小 = 5

根据上述测量题项与选项设计调查问卷，并于 2016 年 7—8 月进行问卷调查。调查说明、数据收集以及受访网民特征详见本《报告》第三章有关内容。

三 网民传播食品安全网络谣言信息影响因素回归分析

本章以 X_{15}（您传播食品安全网络谣言信息的可能性如何？）为因变量，以 X_1（信任问题）、X_2（负面影响）、X_3（政府监管力度）、X_4（对他人影响）、X_5（对社会影响）、X_6（宣传力度）、X_7（负面情绪）、X_8（细节描述）、X_9（证据支持）、X_{10}（危害程度）、X_{11}（充足程度）、X_{12}（可信度）、X_{13}（焦虑程度）、X_{14}（熟悉程度）为自变量。其中，因变量测量题项的选项为可能性很大、可能性较大、一般、可能性较小、可能性很小，是多个水平的离散型选择项，因此，选择多项 Logistic 回归模型进行研究。设 Y 为自变量，有 M 个取值水平（本章中 M = 5），其中，以第 m 个水平为参照类别，δ_n 为自变量的选项取 n 水平时的条件概率，则回归模型如下式所示：

$$\ln\left[\frac{\delta_n}{\delta_m}\right] = \ln\left[\frac{p(y=n\mid x)}{p(y=m\mid x)}\right] = \mu_n + \eta_{n1}x_1 + \eta_{n2}x_2 + \cdots + \eta_{nm}x_k$$

$$= \mu_n + \sum_{k=1}^{M} \eta_{nk}x_k$$

式中，x_k 为模型中的自变量，μ_n 为模型中的截距，η_{nk} 为自变量的回归系数向量。

运用 SPSS 19.0 对 2502 个有效样本数据进行分析，以受访者传播食品安全网络谣言信息的可能性 Y = 5（可能性很大）为参考类别，得到模型整体拟合结果，如表4-2所示。

表4-2　　　　　　　　　模型整体拟合结果

模型	拟合信息			
	模型拟合标准	似然比检验		
	简化后的模型两倍对数似然值	χ^2	自由度	显著水平
截距	7341.21	—	—	—
最终	6367.72	973.487	224	0.000

伪 R^2		
Cox 和 Snell	Nagelkerke	McFadden
0.322	0.340	0.132

表4-2的分析结果显示，模型的整体拟合度较好，适合进行多项Logistic回归分析。模型的似然比检验结果如表4-3所示。

表4-3　　　　　　　　模型似然比检验结果

效应	模型拟合标准	似然比检验		
	简化后的模型两倍对数似然值	卡方	自由度	显著性水平
截距	6367.72	0.000	0	—
X_1	6398.44	30.718	16	0.015
X_2	6408.41	40.685	16	0.001
X_3	6420.65	52.931	16	0.000
X_4	6434.85	67.127	16	0.000
X_5	6440.92	73.204	16	0.000
X_6	6379.45	11.726	16	0.763
X_7	6394.02	26.303	16	0.050
X_8	6390.93	23.206	16	0.108
X_9	6395.28	27.562	16	0.036
X_{10}	6430.65	62.930	16	0.000
X_{11}	6395.48	27.755	16	0.034
X_{12}	6425.46	57.739	16	0.000
X_{13}	6437.87	70.147	16	0.000
X_{14}	6408.97	41.251	16	0.001

结果显示，X_3（政府监管力度）、X_4（对他人影响）、X_5（对社会影响）、X_{10}（危害程度）、X_{12}（可信度）和 X_{13}（焦虑程度）在 0.01 的显著性水平下显著，X_1（信任问题）、X_2（负面影响）、X_7（负面情绪）、X_9（证据支持）、X_{11}（充足程度）和 X_{14}（熟悉程度）在 0.05 的显著性水平下显著，而 X_6（宣传力度）和 X_8（细节描述）的显著性水平大于 0.05，表明上述 12 个因素对网民传播食品安全网络谣言信息有显著影响。对上述因素进行参数估计，分析结果如下：

1. 在 Y = 1（可能性很大）的显著性水平下

X_2（负面影响）在 0.05 的显著性水平下显著，回归系数为正，EXP（B）值为 2.563。

X_4（对他人影响）在 0.05 的显著性水平下显著，回归系数为负，EXP（B）值为 0.337。

X_5（对社会影响）在 0.01 的显著性水平下显著，回归系数为负，EXP（B）值为 0.175。

X_7（负面情绪）在 0.01 的显著性水平下显著，回归系数为正，EXP（B）值为 2.956。

X_{13}（焦虑程度）在 0.01 的显著性水平下显著，回归系数为正，EXP（B）值为 3.443。

X_{14}（熟悉程度）在 0.01 的显著性水平下显著，回归系数为正，EXP（B）值为 3.583。

自变量 X_1、X_3、X_9、X_{10}、X_{11}、X_{12} 的显著性水平都大于 0.05。

2. 在 Y = 2（可能性较大）的显著性水平下

X_5（对社会影响）在 0.05 的显著性水平下显著，回归系数为负，EXP（B）值为 0.268。

X_{13}（焦虑程度）在 0.01 的显著性水平下显著，回归系数为正，EXP（B）值为 3.811。

自变量 X_1、X_2、X_3、X_4、X_7、X_9、X_{10}、X_{11}、X_{12}、X_{14} 的显著水平都大于 0.05。

3. 在 Y = 3（可能性一般）的显著性水平下

X_{11}（充足性）在 0.05 的显著性水平下显著，回归系数为正，EXP（B）值为 8.597。

X_{13}（焦虑程度）在 0.05 的显著性水平下显著，回归系数为正，EXP

(B) 值为 2.332。

自变量 X_1、X_2、X_3、X_4、X_5、X_7、X_9、X_{10}、X_{12}、X_{14} 的显著性水平下都大于 0.05。

4. 在 Y=4（可能性较小）的显著性水平下

X_{11}（充足性）在 0.05 的显著性水平下显著，回归系数为正，EXP (B) 值为 12.920。

自变量 X_1、X_2、X_3、X_4、X_5、X_7、X_9、X_{10}、X_{12}、X_{13}、X_{14} 的显著性水平都大于 0.05。

四 研究结论

本章针对网民传播食品安全网络谣言信息的影响因素，通过对调研数据进行多项 Logistic 回归分析，得出如下结论：越是认为"传播食品安全网络谣言信息可能因触犯法律法规而带来负面影响"，其传播食品安全网络谣言信息的可能性越小；越是认为"传播食品安全网络谣言信息不会对其他人产生负面影响"，其传播食品安全网络谣言信息的可能性越大；越是认为"传播食品安全网络谣言信息不会对社会产生负面影响"，其传播食品安全网络谣言信息的可能性越大；越是认为"食品安全网络谣言容易激发公众担忧、恐惧、不满、愤怒等情感"，其传播食品安全网络谣言信息的可能性越小；越是认为"政府食品安全监管部门针对食品安全网络谣言信息所发布的辟谣信息充足"，其传播食品安全网络谣言信息的可能性越小；"当食品安全事件发生后，焦虑程度越低"，其传播食品安全网络谣言信息的可能性越小；"自己对食品安全知识越熟悉"，其传播食品安全网络谣言信息的可能性越小。

基于上述研究成果，提出如下政策建议：一是加强法律法规建设，完善谣言惩治机制，使法律法规深入人心；二是强调谣言的危害性，增强公众对谣言的防范意识；三是加强政府食品安全网络谣言辟谣工作，避免食品安全网络谣言信息的广泛传播；四是加强网络沟通机制，缓解网民的焦虑情绪；五是加强食品安全知识宣传和教育，提高网民对食品安全网络谣言的辨别能力。

第五章

食品安全网络谣言信息对公众恐慌的影响

随着移动互联网技术的快速发展，网络逐步成为公众获取信息的主要途径之一。在信息发布更为便捷的自媒体时代，谣言容易滋生，尤其是与人们息息相关的食品安全谣言，比较容易引起公众恐慌。《报告》第三章研究了食品安全网络谣言与公众恐慌，本章基于第三章的问卷调查数据，深入分析食品安全网络谣言信息对公众恐慌的影响。

一 文献回顾

近年来，我国食品安全状况整体稳定，趋势向好，但食品安全问题仍然存在。同时，互联网技术的快速发展为公众信息交流带来了极大的便利，然而，信息量的增大以及信息源的模糊加大了人们甄别信息的难度，各大网络平台不时发布有关食品安全的网络谣言，误导公众的食品安全认知，甚至引发食品安全恐慌行为。研究食品安全网络谣言信息对公众恐慌的影响，对于引导公众理性判断食品安全信息，缓解公众恐慌具有重要意义。众多学者对食品安全事件与公众恐慌等问题展开了研究。山丽杰等（2012）基于江苏省经济发展程度存在显著差异的苏南、苏中和北部苏北三个地区657名消费者的实际调研数据，研究了影响公众食品添加剂安全风险感知及其恐慌行为的主要因素，并提出了相应的政策建议。[①] 李莎等（2013）研究了食品安全网络舆情下的公众恐慌行为，指出必须从赋予公众食品信息的知情权、监控食品网络舆情的传播和引导公众形成正确态度

[①] 山丽杰、吴林海、钟颖琦、徐玲玲：《添加剂滥用引发的食品安全事件与公众恐慌行为研究》，《华南农业大学学报》（社会科学版）2012年第4期。

三个方面去引导公众的恐慌行为。[①] 孙宝国等（2013）认为，消除公众的食品安全恐慌需要强化食品安全风险评估、加强食品安全科普以及惩恶扬善并举。[②] 基于162则微博谣言，徐速（2014）对微博谣言传播的影响因素进行了研究，他认为，降低虚假信息的暴露程度可以抑制谣言的产生。[③] 郭萌等（2015）对媒体报道频率是否会影响公众舆情感知进行了研究。[④] 刘俐俐（2012）以"塑化剂"事件为例，指出大众媒体在食品安全报道中信息的倾向性可以引导公众舆论，客观、准确、全面的报道有助于消除恐慌。[⑤] 徐占品（2012）对安全恐慌下的谣言传播特点进行了研究，认为大众媒体可以加快谣言传播速度，拓宽谣言传播范围，甚至会扩大谣言传播的负面影响。[⑥] 魏泉（2013）以2011年盐恐慌为例，分析了政府的责任对公众恐慌的影响。[⑦] 上述文献对相关问题进行了研究，在研究思路与研究方法方面具有重要的借鉴意义。本章基于现有的研究文献，研究食品安全网络谣言对公众恐慌的影响，探寻由食品安全网络谣言所引发的公众恐慌行为的应对策略。

二 问卷设计与样本特征

以相关文献的研究结果为基础，结合食品安全网络谣言信息的特征设计调研问题，通过问卷调查研究食品安全网络谣言对公众恐慌的影响。问卷测量题项与选项如表5-1所示。

[①] 李莎、刘雅囡、姜楠：《基于食品安全网络舆情下的公众恐慌行为研究》，《电子商务》2013年第7期。

[②] 孙宝国、王静、孙金沅：《中国食品安全问题与思考》，《中国食品学报》2013年第5期。

[③] 徐速：《微博谣言传播的影响因素研究——基于162则科技微博谣言的实证分析》，硕士学位论文，天津师范大学，2014年。

[④] 郭萌、牛冲、肖雨雨、董凯欣：《媒体态度对公众舆情感知的影响研究——以食品安全事件为例》，《电子商务》2015年第7期。

[⑤] 刘俐俐：《食品安全事件中的电视传播研究——以"塑化剂"事件为例》，硕士学位论文，江西师范大学，2012年。

[⑥] 徐占品：《安全恐慌下的谣言传播特点》，《青年记者》2012年第35期。

[⑦] 魏泉：《谣言与恐慌中的文化网络变迁》，《学术研究》2013年第1期。

表 5-1　　　　　　　　　　　　　问卷测量题项与选项

测量题项	选项
X_1：您对"食品安全网络谣言信息对其他人的影响更大"这种说法的认同程度如何？	绝不认同 = 1；有些认同 = 2；一般 = 3；比较认同 = 4；很认同 = 5
X_2：食品安全网络谣言信息所涉及的食品安全问题的致命程度如何？	致命程度很高 = 1；致命程度较高 = 2；一般 = 3；致命程度较低 = 4；致命程度很低 = 5
X_3：您在食品安全网络谣言信息所涉及的食品安全问题中的暴露程度如何？	暴露程度很高 = 1；暴露程度较高 = 2；一般 = 3；暴露程度较低 = 4；暴露程度很低 = 5
X_4：食品安全网络谣言信息所涉及的食品安全问题的不可接触程度如何？	不可接触程度很高 = 1；不可接触程度较高 = 2；一般 = 3；不可接触程度较低 = 4；不可接触程度很低 = 5
X_5：食品安全网络谣言信息所涉及的食品安全问题的可识别程度如何？	可识别程度很高 = 1；可识别程度较高 = 2；一般 = 3；可识别程度较低 = 4；可识别程度很低 = 5
X_6：媒体对食品安全网络谣言信息所涉及的食品安全问题的报道数量如何？	很少 = 1；比较少 = 2；一般 = 3；比较多 = 4；很多 = 5
X_7：媒体对食品安全网络谣言信息所涉及的食品安全问题的正面报道与负面报道相比数量如何？	很少 = 1；比较少 = 2；一般 = 3；比较多 = 4；很多 = 5
X_8：您所知道的其他人在面对食品安全网络谣言信息时的恐慌程度如何？	恐慌程度很高 = 1；恐慌程度较高 = 2；一般 = 3；恐慌程度较低 = 4；恐慌程度很低 = 5
X_9：您认为，专家针对食品安全网络谣言信息所发布的辟谣信息的及时性如何？	很不及时 = 1；不太及时 = 2；一般 = 3；比较不及时 = 4；很不及时 = 5
X_{10}：您认为专家针对食品安全网络谣言信息所发布的辟谣信息的可信度如何？	可信度很低 = 1；可信度较低 = 2；一般 = 3；可信度较高 = 4；可信度很高 = 5
X_{11}：您对政府处理食品安全问题的能力的信任程度如何？	信任程度很低 = 1；信任程度较低 = 2；一般 = 3；信任程度较高 = 4；信任程度很高 = 5
X_{12}：您因食品安全网络谣言信息而采取恐慌行为（如抵制、抢购等）的可能性如何？	可能性很大 = 1；可能性较大 = 2；一般 = 3；可能性较小 = 4；可能性很小 = 5

根据上述测量题项与选项设计调查问卷,并于 2016 年 7—8 月进行问卷调查。调查说明、数据收集以及受访网民特征详见本《报告》第三章有关内容。

三 公众恐慌的影响因素回归分析

本章以 X_{12}(因食品安全网络谣言信息而采取恐慌行为的可能性)为因变量,以 X_1(对"食品安全网络谣言信息对其他人的影响更大"这种说法的认同程度)、X_2(食品安全网络谣言信息所涉及的食品安全问题的致命程度)、X_3(在食品安全网络谣言信息所涉及的食品安全问题中的暴露程度)、X_4(食品安全网络谣言信息所涉及的食品安全问题的不可接触程度)、X_5(食品安全网络谣言信息所涉及的食品安全问题的可识别程度)、X_6(媒体对食品安全网络谣言信息所涉及的食品安全问题的报道数量)、X_7(媒体对食品安全网络谣言信息所涉及的食品安全问题的正面报道与负面报道相比数量)、X_8(知道的其他人在面对食品安全网络谣言信息时的恐慌程度)、X_9(专家针对食品安全网络谣言信息所发布的辟谣信息的及时性)、X_{10}(专家针对食品安全网络谣言信息所发布的辟谣信息的可信度)、X_{11}(对政府处理食品安全问题的能力的信任程度)为自变量。由于变量 X_{12} 有 5 个离散型的选项,因此,选择多项 Logistic 回归模型进行研究。设 Y 为因变量,有 M 个取值水平(本章中 M = 5),其中以第 m 个水平为参照类别,δ_n 为自变量的选项取 n 水平时的条件概率,则回归模型如下式所示:

$$\ln\left[\frac{\delta_n}{\delta_m}\right] = \ln\left[\frac{p(y=n\mid X)}{p(y=m\mid X)}\right]\mu_n + \eta_{n1}x_1 + \eta_{n2}x_2 + \cdots + \eta_{nm}x_k$$

$$= \mu_n + \sum_{k=1}^{M}\eta_{nk}x_k$$

式中,x_k 为模型中的自变量,μ_n 为模型中的截距,η_{nk} 为自变量的回归系数向量。

运用 SPSS 19.0 对 2502 个有效样本数据进行分析,以第 5 个取值水平为参考类别,得到模型整体拟合结果,如表 5 - 2 所示。

表 5-2　　　　　　　　　　模型整体拟合结果

模型	模型拟合标准	似然比检验		
	负两倍对数似然值	χ^2	自由度	显著水平
仅截距	7135.000	—	—	—
最终	6215.000	919.569	176	0.000

伪 R^2		
Cox 和 Snell	Nagelkerke	McFadden
0.308	0.326	0.128

表 5-2 的分析结果显示，模型的整体拟合结果较好，适合进行多项 Logistic 回归。模型的回归结果如表 5-3 所示。

表 5-3　　　　　　　　　　模型回归分析结果

	模型拟合标准	似然比检验		
	简化后的模型的负两倍对数似然值	χ^2	自由度	显著水平
截距	6215.000	0.000	0	—
X_1	6237.000	21.508	16	0.160
X_2	6282.000	67.186	16	0.000
X_3	6239.000	24.392	16	0.081
X_4	6242.000	27.351	16	0.038
X_5	6264.000	48.564	16	0.000
X_6	6246.000	31.116	16	0.013
X_7	6249.000	33.933	16	0.006
X_8	6395.000	180.314	16	0.000
X_9	6229.000	14.122	16	0.590
X_{10}	6255.000	39.713	16	0.001
X_{11}	6363.000	148.102	16	0.000

从表 5-3 中可以看出，X_2（食品安全网络谣言信息所涉及的食品安全问题的致命程度）、X_4（食品安全网络谣言信息所涉及的食品安全问题

的不可接触程度)、X_5(食品安全网络谣言信息所涉及的食品安全问题的可识别程度)、X_6(媒体对食品安全网络谣言信息所涉及的食品安全问题的报道数量)、X_7(媒体对食品安全网络谣言信息所涉及的食品安全问题的正面报道与负面报道相比数量)、X_8(知道的其他人在面对食品安全网络谣言信息时的恐慌程度)、X_{10}(认为专家针对食品安全网络谣言信息所发布的辟谣信息的可信度)、X_{11}(对政府处理食品安全问题的能力的信任程度)在0.01的显著性水平下显著,而X_1(对"食品安全网络谣言信息对其他人的影响更大"这种说法的认同程度)、X_3(在食品安全网络谣言信息所涉及的食品安全问题中的暴露程度)、X_9(专家针对食品安全网络谣言信息所发布的辟谣信息的及时性)的显著性水平大于0.05,表明上述8个因素对受访网民面对食品安全网络谣言信息时的恐慌程度有显著影响。

四 结果分析

通过对问卷调查数据的多项Logistic回归分析,得出以下分析结果:

(一)在Y=1(可能性很大)的显著性水平下

自变量X_8(知道的其他人在面对食品安全网络谣言信息时的恐慌程度)的参考类别是"恐慌程度很低",$X_8=1$在0.01的显著性水平下显著,回归系数为正,EXP(B)值为9.687,表明知道的其他人在面对食品安全网络谣言信息时的恐慌程度很高的受访网民,其采取恐慌性为的水平在Y=1与Y=5的概率值之比,是知道的其他人在面对食品安全网络谣言信息时的恐慌程度很低的受访网民的9.687倍。

自变量X_{11}(对政府处理食品安全问题的能力的信任程度)的参考类别是"信任程度很高",$X_{11}=1$、$X_{11}=2$、$X_{11}=3$在0.01的显著性水平下显著,回归系数为正,EXP(B)值分别为10.296、5.856和3.307,表明对政府处理食品安全问题的能力的信任程度很低、较低、一般的受访网民,其采取恐慌行为的水平在Y=1与Y=5的概率值之比,分别是认为面对食品安全网络谣言信息时的恐慌程度很低的受访网民的10.296倍、5.856倍和3.307倍。

自变量X_2、X_4、X_5、X_6、X_7、X_{10}的显著性水平都大于0.05。

（二）在 Y = 2（可能性较大）的显著性水平下

自变量 X_2（食品安全网络谣言信息所涉及的食品安全问题的致命程度）的参考类别是"致命程度很低"，$X_2 = 2$ 在 0.01 的显著性水平下显著，回归系数为正，EXP（B）值为 9.079；$X_2 = 3$ 在 0.05 的显著性水平下显著，回归系数为正，EXP（B）值为 5.129。

自变量 X_6（媒体对食品安全网络谣言信息所涉及的食品安全问题的报道数量）的参考类别是"很多"，$X_6 = 2$ 在 0.05 的显著性水平下显著，回归系数为正，EXP（B）值为 2.350。

自变量 X_8（知道的其他人在面对食品安全网络谣言信息时的恐慌程度）的参考类别是"恐慌程度很低"，$X_8 = 1$ 和 $X_8 = 2$ 在 0.01 的显著性水平下显著，回归系数为正，EXP（B）值分别为 4.794 和 3.907。

自变量 X_{11}（对政府处理食品安全问题的能力的信任程度）的参考类别是"信任程度很高"，$X_{11} = 1$、$X_{11} = 2$、$X_{11} = 3$、$X_{11} = 4$ 在 0.01 水平下显著，回归系数为正，EXP（B）值分别为 5.103、6.947、4.952、3.027。

自变量 X_4、X_5、X_7、X_{10} 的显著水平都大于 0.05。

（三）在 Y = 3（一般）的显著性水平下

自变量 X_4（食品安全网络谣言信息所涉及的食品安全问题的不可接触程度）的参考类别是"不可接触程度很高"，$X_4 = 4$ 在 0.05 的显著性水平下显著，回归系数为正，EXP（B）值为 2.546。

自变量 X_8（知道的其他人在面对食品安全网络谣言信息时的恐慌程度）的参考类别是"恐慌程度很低"，$X_8 = 2$ 和 $X_8 = 3$ 在 0.01 的显著性水平下显著，回归系数为正，EXP（B）值为 2.487 和 2.227。

自变量 X_{11}（对政府处理食品安全问题的能力的信任程度）的参考类别是"信任程度很高"，$X_{11} = 1$、$X_{11} = 2$、$X_{11} = 3$、$X_{11} = 4$ 在 0.01 的显著性水平下显著，回归系数为正，EXP（B）值分别为 3.230、4.486、5.506、2.229。

自变量 X_2、X_5、X_6、X_7、X_{10} 的显著水平都大于 0.05。

（四）在 Y = 4（可能性较小）的显著性水平下

自变量 X_{11}（对政府处理食品安全问题的能力的信任程度）的参考类别是"信任程度很高"，$X_{11} = 2$、$X_{11} = 3$、$X_{11} = 4$ 在 0.01 的显著性水平下显著，回归系数为正，EXP（B）值分别为 3.057、2.763、2.155。

自变量 X_2、X_4、X_5、X_6、X_7、X_8、X_{10} 的显著性水平都大于 0.05。

五 研究结论

针对公众恐慌行为的影响因素，通过对调研数据进行多项 Logistic 回归分析，得出如下结论：

（1）自变量 X_2（食品安全网络谣言信息所涉及的食品安全问题的致命程度）、自变量 X_4（食品安全网络谣言信息所涉及的食品安全问题的不可接触程度）、自变量 X_6（媒体对食品安全网络谣言信息所涉及的食品安全问题的报道数量）、自变量 X_8（知道的其他人在面对食品安全网络谣言信息时的恐慌程度）、自变量 X_{11}（对政府处理食品安全问题的能力的信任程度）与公众采取恐慌行为存在正相关关系。

（2）自变量 X_5（食品安全网络谣言信息所涉及的食品安全问题的可识别程度）、自变量 X_7（媒体对食品安全网络谣言信息所涉及的食品安全问题的正面报道与负面报道相比数量）、X_{10}（认为专家针对食品安全网络谣言信息所发布的辟谣信息的可信度）对公众采取恐慌行为的影响方向不确定。

本章通过问卷调查，分析了食品安全网络谣言信息对公众恐慌的影响。研究结果显示，食品安全网络谣言信息所涉及的食品安全问题的致命程度、食品安全网络谣言信息所涉及的食品安全问题的不可接触程度、媒体对食品安全网络谣言信息所涉及的食品安全问题的报道数量、知道的其他人在面对食品安全网络谣言信息时的恐慌程度、对政府处理食品安全问题的能力的信任程度对公众采取恐慌行为产生显著的正向影响。

基于上述研究结果，针对缓解由食品安全网络谣言引起的公众恐慌提出如下政策建议：一是加强媒体对食品安全网络谣言信息所涉及的食品安全问题的报道，并建立专家交流通道，方便公众及时获取准确全面的信息，缓解公众恐慌；二是加强政府相关部门建设，树立政府的公信力；三是加强食品安全知识宣传与培训，不断提高公众的食品安全知识素养。

下 篇

食品安全网络舆情理论研究

第六章

食品安全网络舆情耦合机制研究

民以食为天，食以安为先。食品安全是一个关乎全社会每个消费者利益的问题。① 随着我国经济社会的持续发展，居民收入和生活水平的不断提高，食品安全成为社会公众广泛关注的热点话题。然而，就目前形势而言，我国食品安全问题日益突出，各类食品安全事件频发，在网络放大效应下，引发食品安全网络舆情，严重损害公众对食品安全的信心。在新媒体环境下，食品安全网络舆情具有热度高、传播快、辨识难、易发酵的特征②，它既是公众参与管理食品安全的重要平台，又是对社会稳定造成威胁的风险因素。③ 因此，如何预防和有效降低食品安全网络舆情的负面影响，是一个具有现实性和紧迫性的重要课题。

目前，各类学者对于食品安全网络舆情的诸多方面已经展开研究，并取得了一定的研究成果。食品安全网络舆情是通过互联网表达与传播的因食品安全事件造成的多种意见、情绪、态度等的总和。④ 在食品安全网络舆情中，政府、媒体、网民是重要的参与主体，食品安全事件是客体，互联网则是其传播和发展的载体。⑤ 在此基础上，有学者提出食品安全网络舆情是多个影响因素在风险链条上综合作用的结果。⑥ 这一系列研究成果

---

① 马颖：《食品安全突发事件网络舆情演变的模仿传染行为研究》，《科研管理》2015年第6期。

② 杜晓曦：《食安风险交流需强化专业性、敏感性和常态性》，《中国食品安全报》2016年6月16日A2版。

③ 刘波维、曾润喜：《我国食品安全网络舆情研究现状分析》，《情报杂志》2017年第6期。

④ 洪巍、吴林海：《中国食品安全网络舆情事件特征分析与启示——基于2009—2011年的统计数据》，《食品科技》2013年第8期。

⑤ 洪巍、吴林海：《中国食品安全网络舆情发展报告（2013）》，中国社会科学出版社2013年版。

⑥ 叶金珠、陈倬：《食品安全突发事件及其社会影响——基于耦合协调度模型的研究》，《统计与信息论坛》2017年第12期。

为食品安全网络舆情的预防和引导提供了丰富的理论依据。食品安全网络舆情的演化与传播是一个复杂系统，其社会影响力是各种因素相互作用所产生的结果。

为此，本章基于耦合理论，将食品安全网络舆情中的影响因素分为内部动力和外部动力，构建食品安全网络舆情耦合机制，探讨食品安全网络舆情演变过程中内部动力和外部动力之间的耦合作用。选取2017年"海底捞老鼠门"事件作为实证案例，研究耦合协调度变化趋势以及耦合协调度与社会影响力的关系，以证明内外部动力间的耦合关系对食品安全网络舆情的爆发存在推动作用，并提出具有针对性的管理建议。

一 理论基础

（一）耦合理论

"耦合"一词，源于物理学中的基本概念，是指两个或两个以上的系统或运动形式之间存在紧密配合与相互影响，并通过相互作用从一侧向另一侧传输能量的现象。[①] 概括地说，耦合是指两个或两个以上系统之间相互依赖的一个量度。耦合根据其耦合效应可分为正向耦合和负向耦合，在正向耦合系统中，一方的发展将有利于其他部分和整体的发展，产生正向效应；反之，在负向耦合系统中，两者相互排斥、相互制约，此时将阻碍系统整体的发展进程，产生负向效应。

目前，耦合理论在城市发展、区域经济、产业集群等社会科学领域已经得到广泛应用。在现有的关于耦合机制的研究中，根据耦合度和耦合协调度对系统内各个要素的耦合程度进行度量。其中，耦合度表示系统内要素之间的影响程度。但是，耦合度在某些情况下难以反映系统内要素耦合的总体水平。[②] 因此，《报告》中引入耦合协调度，用于度量系统的各个要素在其发展变化过程中的耦合协调程度。

[①] 梁威、刘满凤：《战略性新兴产业与区域经济耦合协调发展研究：以江西省为例》，《华东经济管理》2016年第5期。

[②] 胡喜生、洪伟：《福州市土地生态系统服务与城市化耦合度分析》，《地理科学》2013年第10期。

(二) 耦合机制探析

食品安全事件是引发网络舆情的基础，政府、媒体、网民是推动网络舆情发展的重要力量，这两个方面均是食品安全网络舆情基本特征的重要组成部分。[①] 基于此，本章引入耦合理论，将食品安全网络舆情演化过程中的推动力划分为内部动力和外部动力，并将其视为两个相互独立却又相互影响的子系统，即彼此之间存在耦合关系。其中，内部动力是一种内生驱动力，随着食品安全事件的爆发而产生，并直接作用于事件内部，本章认为，食品安全事件的内部动力可分为事件作用力和信息作用力；外部动力是一种作用于事件外部的驱动力，对事件发展的方向和影响力大小起到了至关重要的作用，在一定程度上可以改变事件本身的自有属性。本章认为，食品安全事件的外部动力可分为网民推动力、媒体推动力和政府调控力。

食品安全事件具有敏感性、群体性以及不确定性等特征[②]，不仅与人们的日常生活高度相关，同时还会受到经济发展水平、政府政策、法律法规、社会媒体以及食品安全文化与观念等外界因素的影响。当食品安全事件发生时，在内部动力推动下，引起公众的关注，与事件相关的信息被发布、传播，随后外部动力参与到食品安全事件网络舆情系统中。仅存在内部动力时不能使食品安全事件网络舆情产生巨大的社会影响力，仅存在外部动力时也不能使食品安全事件网络舆情产生。食品安全事件之所以可以产生巨大的社会影响力正是由于内部动力和外部动力之间进行交互耦合作用，并产生巨大合力。在内部动力和外部动力的耦合作用下，食品安全事件的影响力将会沿着时间、空间和领域三个维度迅速扩大蔓延，产生涟漪效应，最终导致事件产生巨大的社会影响力。基于此，本章构建食品安全事件网络舆情耦合机制，如图 6-1 所示。

---

① 吴林海、吕煜昕、洪巍、林闽钢：《中国食品安全网络舆情的发展趋势及基本特征》，《华南农业大学学报》（社会科学版）2015 年第 4 期。

② 杜茜：《我国食品安全应急管理多元参与机制研究》，硕士学位论文，浙江财经学院，2012 年。

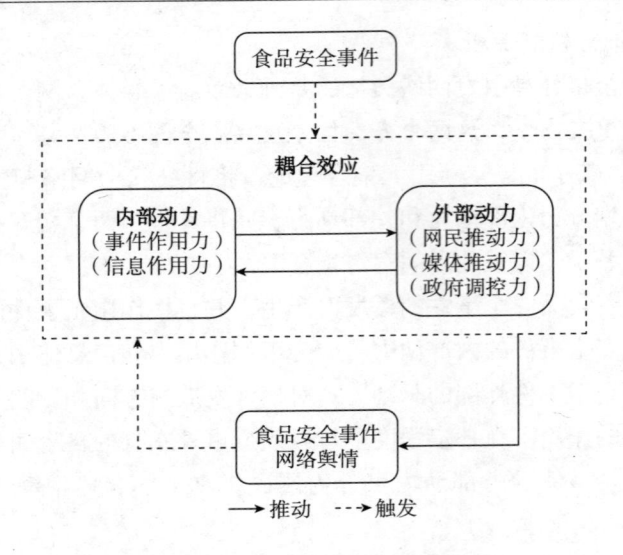

图 6-1 食品安全事件网络舆情耦合机制

二 食品安全事件网络舆情耦合协调度模型

(一) 耦合协调度模型构建

1. 功效函数

在对系统进行综合评价时,通过功效函数法对系统中各指标进行无量纲化处理,利用算数平均数或几何平均法,由各项功效系数求出总功效系数,作为对系统总体的综合评价值。① 基于此,假设 U_i 为食品安全事件网络舆情耦合机制中的序参量,u_{ij} 为第 i 个序参量的第 j 个指标,其影响力值为 x_{ij}。功效函数如式 (6.1)、式 (6.2) 所示。

$$u_{ij} = \begin{cases} (x_{ij} - x_{ij(\min)})/(x_{ij(\max)} - x_{ij(\min)}) \\ (x_{ij(\max)} - x_{ij})/(x_{ij(\max)} - x_{ij(\min)}) \end{cases} \tag{6.1}$$

$$U_i = \sum_{j=1}^{n} \lambda_{ij} \cdot u_{ij}, \sum_{j=1}^{n} \lambda_{ij} = 1 \tag{6.2}$$

---

① 俞立平、潘云涛、武夷山:《科技评价中效用函数合成方法的比较研究》,《科技进步与对策》2010 年第 1 期。

式中，u_{ij} 表示各个指标对系统的影响力，$u_{ij} \in [0, 1]$；U_i 表示系统中各个序参量对系统的总影响力，λ_{ij} 表示各个指标的权重。

2. 耦合度函数

耦合度函数主要用于分析两个子系统之间耦合关系的强弱。本章借鉴物理学中的耦合概念和模型，研究食品安全事件网络舆情机制中内部动力和外部动力之间的耦合关系。耦合度函数如式（6.3）所示。

$$C = \sqrt{U_1 \times U_2} / (U_1 + U_2) \tag{6.3}$$

式中，U_1 表示内部动力，U_2 表示外部动力，C 表示子系统之间的耦合度，$C \in [0, 1]$。当 $C = 0$ 时，说明两子系统之间不存在耦合性；当 $C = 1$ 时，说明两子系统间的耦合性达到最大。

3. 耦合协调度函数

耦合度函数用于判别食品安全事件网络舆情耦合机制中内外部动力之间耦合作用的强弱，但是，不能反映两子系统耦合作用的整体功效。为了提高耦合度的精确性，同时强调内部动力和外部动力中各因素的影响力作用，本章构建耦合协调度函数来度量各因素之间耦合协调的程度，如式（6.4）所示。

$$\begin{cases} D = \sqrt{C \times T} \\ T = \alpha U_1 + \beta U_2 \end{cases} \tag{6.4}$$

式中，D 表示耦合协调度，$D \in [0, 1]$；C 表示耦合度；T 表示内部动力和外部动力之间的综合协同效应，α 和 β 分别表示内部动力和外部动力对事件影响力的权重。参照吴玉鸣（2011）[1]、蒋天颖等（2014）[2] 对耦合协调度的划分标准，本章将耦合协调度划分为四种类型，具体划分标准及含义如表 6-1 所示。

（二）指标体系构建

1. 耦合协调度测量指标体系

基于食品安全事件网络舆情耦合机制与舆情演化的规律和特点，遵循科学性、全面性、层次性以及可操作性等原则，本章在现有网络舆情测量

---

[1] 吴玉鸣：《广西城市化与环境系统的耦合协调测度与互动分析》，《地理科学》2011 年第 12 期。

[2] 蒋天颖、华明浩、许强、王佳：《区域创新与城市化耦合发展机制及其空间分异——以浙江省为例》，《经济地理》2014 年第 6 期。

表 6-1　　　　　　　　　　耦合协调度等级划分

耦合协调度	类型	含义
$0 \leq D \leq 0.4$	低度耦合	事件发展受到内部动力和外部动力的影响，但内部动力和外部动力之间的影响关系较弱
$0.4 < D \leq 0.5$	中度耦合	内部动力和外部动力间相互联系，导致事件发展具有较大影响力
$0.5 < D \leq 0.8$	高度耦合	内部动力和外部动力互为因果，相互推动形成合力，导致事件影响力非常大
$0.8 < D \leq 1$	极度耦合	内部动力和外部动力联系紧密，甚至难以区分彼此，导致事件影响力极大

指标体系的研究基础上，结合相关学者研究成果[1][2]，从内部与外部两个维度构建了食品安全事件网络舆情耦合协调度测量指标体系。该指标体系包含 5 个一级指标与 11 个二级指标，具体的指标含义如表 6-2 所示。其中，政府公信力、政府响应时间和政府监管力度为负向指标，其余指标均为正向指标。

表 6-2　　　　　　　　　　耦合协调度测量指标体系

驱动力	一级指标	二级指标	指标含义
内部动力	事件作用力（+）	事件敏感度	食品安全事件发生后形成网络舆情的可能性
		事件关注度	食品安全事件发生后受到公众的关注程度
	信息作用力（+）	信息失真度	食品安全事件的信息在传播过程中失真的程度
		信息不对称度	公众对食品安全事件所掌握信息的不对称程度
外部动力	网民推动力（+）	微博评论数量	网民关于食品安全事件在新浪微博上的评论数量
		微博转发数量	网民关于食品安全事件在新浪微博上的转发数量
	媒体推动力（+）	新闻报道数量	媒体关于食品安全事件在新浪微博上的报道数量
		新闻曝光力度	媒体关于食品安全事件在新浪微博上的曝光程度
	政府调控力（-）	政府公信力	公众对政府在食品安全事件中履行职责情况的评价
		政府响应时间	政府在食品安全事件中采取措施的及时程度
		政府监管力度	政府对食品安全事件监控与管理水平

---

[1] 张一文、齐佳音、方滨兴、李欲晓：《非常规突发事件及其社会影响分析——基于引致因素耦合协调度模型》，《运筹与管理》2012 年第 2 期。

[2] 齐佳音、刘慧丽、张一文：《突发性公共危机事件网络舆情耦合机制研究》，《情报科学》2017 年第 9 期。

2. 指标权重计算

由于本章构建的耦合协调度测量指标体系包含主观型指标和客观型指标，在计算指标权重时，不仅要考虑各自的重要程度，还要保证指标体系的客观性和真实性。因此，本章采用了主客观结合的赋权方法计算指标体系权重，主观赋权法选择专家评分法，客观赋权法选择熵权法。首先利用专家评分法确定指标体系中各个指标的初始权重，其次用熵权法计算信熵权重，最后采用线性综合法对初始权重进行修正，从而得到指标体系的最终权重，具体计算结果如图6-2所示。

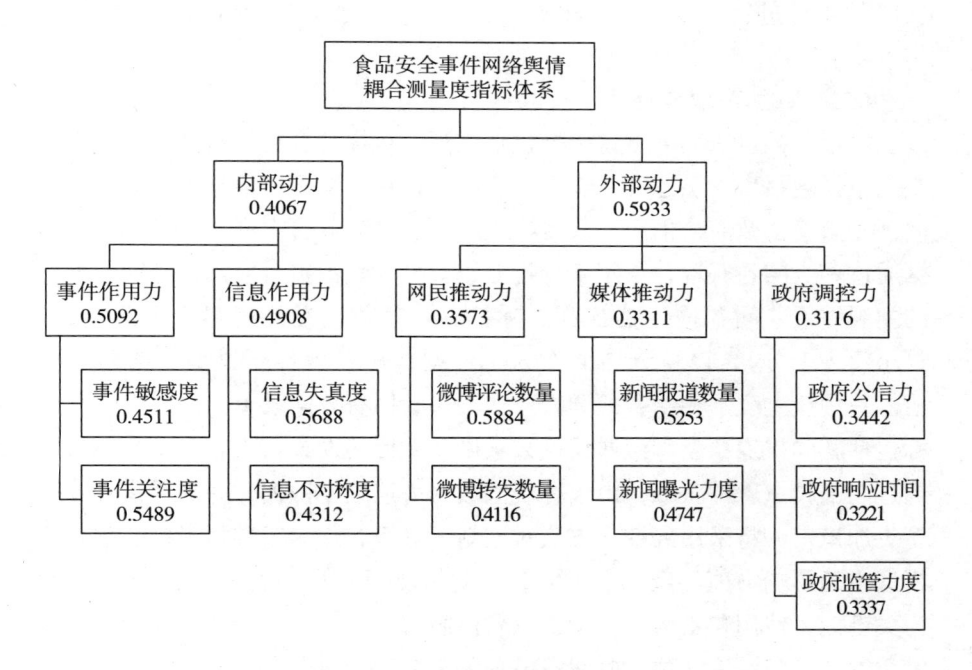

```
                   食品安全事件网络舆情
                   耦合测量度指标体系
          ┌─────────────┴─────────────┐
       内部动力                    外部动力
       0.4067                     0.5933
     ┌────┴────┐           ┌────────┼────────┐
  事件作用力  信息作用力   网民推动力  媒体推动力  政府调控力
   0.5092    0.4908      0.3573    0.3311    0.3116
    │          │           │          │          │
  事件敏感度  信息失真度  微博评论数量 新闻报道数量 政府公信力
   0.4511    0.5688      0.5884    0.5253    0.3442
    │          │           │          │          │
  事件关注度  信息不对称度 微博转发数量 新闻曝光力度 政府响应时间
   0.5489    0.4312      0.4116    0.4747    0.3221
                                              │
                                         政府监管力度
                                           0.3337
```

图6-2　耦合度测量指标体系权重

三　实证分析

（一）舆情事件概述

2017年8月25日《法制晚报》发布了一篇《暗访海底捞：老鼠爬进食品柜，火锅漏勺掏下水道》的调查报道，将一度被视为餐饮业标杆的海底捞火锅店推进舆论的旋涡。据报道，记者通过4个月的暗访曝光了海底捞北京劲松店和太阳宫店的后厨中触目惊心的卫生状况：后厨中多个房间曾出现过老鼠；扫帚和簸箕不仅用来清扫地面、墙壁和下水道，还会用来清理洗碗机和储物柜；洗碗机内散发恶臭仍然继续使用；员工使用顾客用餐后的漏勺清理堵塞下水管道的垃圾杂物，漏勺使用完毕后仍放入装餐具的锅中一起清洗等，存在着严重的食品安全隐患问题。该事件曝光后，引发舆论一片哗然，迅速成为新浪微博、朋友圈以及各大论坛、贴吧等社交平台的热点话题。下面，本章将通过耦合度模型对"海底捞老鼠门"事件进行实证分析，根据耦合协调度变化趋势对舆情演化进行详细解析。

（二）数据获取与处理

本章的耦合协调度测量指标包括主观型指标和客观型指标。其中，主观型指标包括事件敏感度、事件关注度、信息失真度、信息不对称度、新闻曝光力度、政府公信力、政府响应时间和政府监管力度。主观型指标数据通过调查问卷获取，采用李克特五级量表考察消费者对该食品安全事件的主观评价，问题描述越符合实际情况，分值就越高（最大值为5分，最小值为1分），以得分均值作为主观型指标在耦合度模型中的影响力值。采用线上线下相结合的调查方式，共收回有效问卷168份。客观型指标包括新闻报道数量和微博评论数量以及微博转发数量。客观型指标数据通过网络爬虫软件获取，由于客观型数据为连续型数据，为确保耦合度模型更加稳定，将采用离散化方法对其划分等级，作为客观型指标在耦合度模型中的影响力值。数据获取具的体过程如下：以"海底捞老鼠门"作为关键词，使用爬虫软件自动抓取新浪微博网页上相关新闻的评论数、转发数以及热门评论文本，时间段设置为2017年8月25—27日。鉴于数据的有效性，筛选过滤重复信息、广告及链接等无关评论后，经统计得到新闻报道84篇，微博评论43292条，微博转发29305条。

（三）实证结果与分析

1. 耦合协调度测量

由于"海底捞老鼠门"事件舆论周期短但爆发力强，为确保结论的精确性，本章按小时划分时间段，研究耦合协调度。数据范围选取舆论高峰期8月25日11时至8月26日12时，其中，新闻报道数量、微博评论数量和微博转发数量的具体分布情况如图6-3所示。

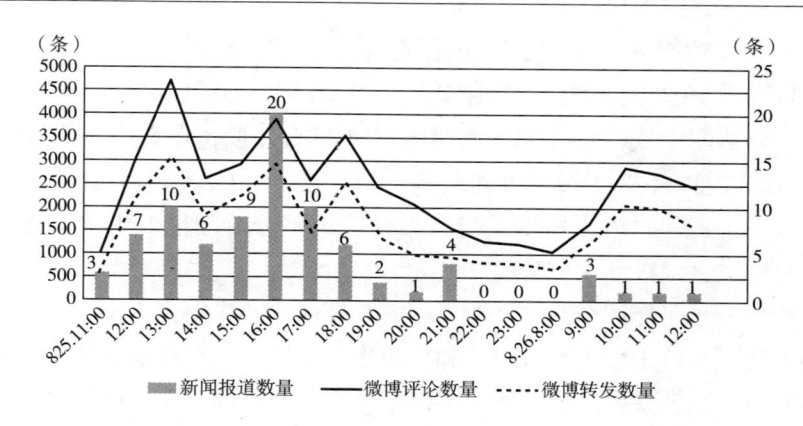

图 6-3 客观型数据分布

基于耦合度模型和耦合度测量指标体系，本章获取了"海底捞老鼠门"事件所有的主观型指标数据和客观型指标数据。根据式（6.1）至式（6.4）计算每小时内的耦合协调度，所选取时间段的耦合协调度趋势与总趋势基本一致，能够代表该事件耦合协调度变化的整体情况，具体计算结果如图 6-4 所示。

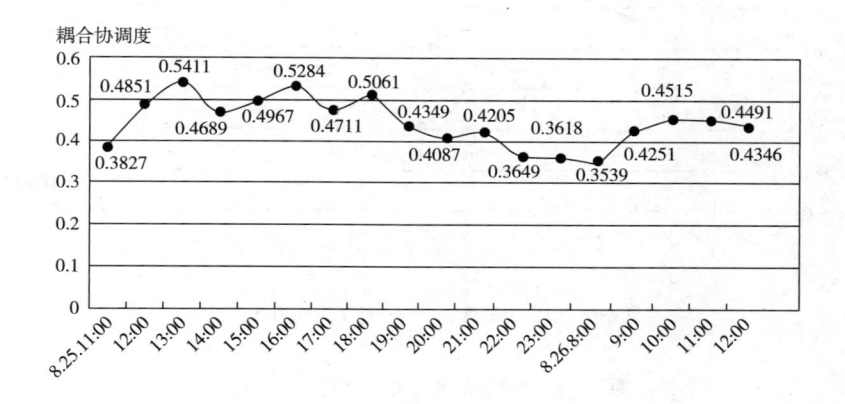

图 6-4 耦合协调度趋势

由图 6-4 可知，"海底捞老鼠门"事件的耦合协调度整体呈波浪式下降趋势。耦合协调度在第一天达到峰值后，下降与上升情况不断交替出现，直到凌晨才趋于平缓；在第二天略有回升后，开始缓慢下降。根据耦合协调度等级划分表可知，在 8 月 25 日 13 时、16 时以及 18 时，耦合协

调度 ∈ (0.5, 0.8]，属于高度耦合阶段；在 8 月 25 日 12 时、14 时、15 时、17 时、19 时、20 时、21 时以及 8 月 26 日 9 时、10 时、11 时和 12 时，耦合协调度 ∈ (0.4, 0.5]，属于中度耦合阶段；在 8 月 25 日 11 时、22 时、23 时以及 8 月 26 日 8 时，耦合协调度 ∈ [0, 0.4]，属于低度耦合阶段。因此，"海底捞老鼠门"事件在大部分时间段处于中度耦合阶段，且并未进入极度耦合阶段。

为进一步研究耦合协调度在食品安全事件中的作用，本章引入了社会影响力概念，鉴于数据的可得性和可操作性，以网民在新浪微博上的评论与转发行为强度来衡量事件所造成的影响力大小，即定义：社会影响力 = 微博评论数量 + 微博转发数量。根据上式计算每小时内的事件影响力，并与对应时间段的耦合协调度进行对比，如图 6-5 所示。可以发现，耦合协调度趋势与社会影响力趋势基本保持一致，说明在食品安全事件中耦合协调度与社会影响力呈正相关关系，即耦合协调度越高，社会影响力就越大，也越容易形成较大规模的网络舆情。

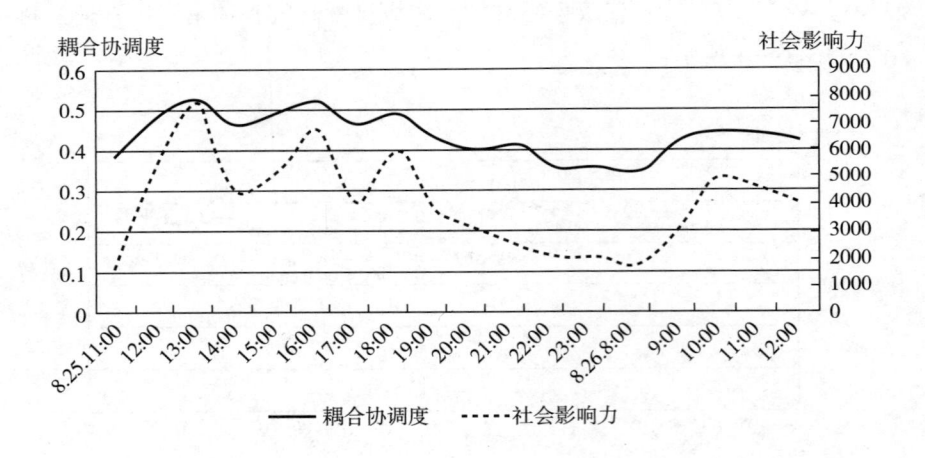

图 6-5　耦合协调度与事件影响力对比

2. 关键时间节点分析

通过上述研究发现，在"海底捞老鼠门"事件中，其耦合协调度的变化主要经历了以下三个关键时间点：

第一个时间点是事件曝光之时。在 8 月 25 日 10 时 55 分，《法制晚报》发布了海底捞劲松店的调查报告。由于该事件涉及食品安全问题，牵动民生,一经曝光便引起了社会公众的关注和讨论,在短时间内形成了规模较大的网络舆情。热门评论文本显示:小部分网民对报道内容的真实性表示怀疑,大部分网民感到失望,并表示不想再去海底捞。该事件不仅打击了消费者对海底捞品牌的信任,甚至对整个餐饮行业造成了不可挽回的负面影响。

第二个时间点是后厨视频曝光之时。在 8 月 25 日 15 时 14 分,《法制晚报》发布了海底捞劲松店的后厨视频。该视频中不仅出现了在橱柜中乱蹿的老鼠,员工的各种行为也与上一篇调查报告中所描述的内容完全相符。随后,各大媒体在新浪微博上也发布了相关新闻报道,再一次将"海底捞老鼠门"事件网络舆情推向了高峰。此时,网民的态度趋于统一,负面情感比重持续上升,在批判海底捞欺骗消费者的同时,要求政府相关部门介入调查。

第三个时间点是海底捞官方微博发布处理通报之时。在 8 月 25 日 17 时 16 分,海底捞官方微博发布了《关于海底捞火锅北京劲松店、太阳宫店事件处理通报》。在该处理通报中,海底捞负责人不仅承认问题属实,还提出了一系列的整改措施,对北京地区的劲松店和太阳宫店进行停业处理并全面彻查卫生状况。这一举措再次引起了网民的热烈讨论,并有效地降低了网络舆情中负面情感的所占比重。

四 结 论

本章基于耦合理论,结合食品安全事件特征,从内部和外部两个维度构建食品安全事件网络舆情耦合机制与耦合协调度测量指标体系,以"海底捞老鼠门"事件作为实证研究对象,通过耦合度模型计算耦合协调度,揭示了食品安全事件网络舆情中内外部动力的耦合协调度与社会影响力存在显著正向关系。根据实证结果与分析,得到以下研究结论:

(1) 内部动力和外部动力间的耦合作用,会加大食品安全网络舆情爆发的概率。

(2) 内部动力和外部动力的耦合协调度越高,食品安全网络舆情的社会影响力越大。

从统计学角度来讲,当事件内多种因素之间发生了耦合效应,事件的发展就会变得复杂而又难以预料。在本章中，当内部动力和外部动力处于低度耦合阶段时，食品安全事件难以形成爆炸式的网络传播效果；当内部动力和外部动力处于中高度耦合阶段时，内部动力和外部动力间强烈的耦合作用会刺激食品安全事件的社会影响力进一步扩大。

上述研究表明，为了达到控制网络舆情规模，降低其社会影响力的目的，必须采取相应措施，降低内部动力和外部动力间的耦合作用程度。基于此，本章从内部和外部两个维度提出具有针对性的对策和建议：

（1）强化食品安全历史案例研究。相关部门应对往年的食品安全事件进行分类统计和数据分析，进一步研究事件内部动力和外部动力的耦合协调度与社会影响力之间的关系，寻找更具普适性的规律。根据不同类型的食品安全事件，建立敏感词库，有助于增强对食品安全事件发展的可预测性。敏感词库中包含具有舆情爆发潜力的词汇，当食品安全事件中出现敏感词时，相关部门应及时采取应对措施。通过建立典型案例库和敏感词库，可以迅速预警并启动相应预案，从根源上避免食品安全网络舆情的爆发。

（2）建立高效通畅的信息渠道。食品安全谣言能够广泛传播的原因在于政府和公众之间的信息不对称以及信息发布渠道的不畅通，公众并不能准确地判断信息的真实性。在食品安全事件发生后，政府应尽力疏通信息渠道，及时公开事件的相关信息及政府措施，尽可能通过附加图片、视频、链接等方式增加可读性，便于公众更容易接受和理解，从信息本身和信息接受者两端切断虚假信息的传播扩散。

（3）加强网民媒介素养教育。媒介素养是指公众面对媒介各种信息的选择能力、理解能力、质疑能力以及思辨的反应能力。作为一名理智的网民，在享受新媒体技术带来便利的同时，也应承担相应的社会责任，在面对谣言信息时，应当根据自己的信息和知识储备，对其可信度进行思考和辨别，而不是盲目地跟随所谓的"意见领袖"，防止情绪偏见的干扰与影响。提高网民对网络信息的理性辨别能力和媒介认知力，能使网络谣言失去生存空间，从源头上遏制谣言的产生和传播。

（4）提升媒体的舆论引导能力。由于公众对食品安全专业知识的认知错误或不足，在信息传播过程中极容易产生从众效应。而媒体作为网民的第一信息来源和风向标，更应加强对信息的甄别和判断能力，做到不造谣、不传谣。当食品安全事件发生时，媒体应通过专家来分辨信息的真伪,保持客观态度并在第一时间澄清事实,给予公众正确的信息指导,而不是跟风发表未经确认的信息来误导公众,使其产生恐慌心理,进而做出不理智行为。

(5) 加大政府的舆情监管力度。实时监测网络舆情动态,是增强政府舆情应对能力的关键。在食品安全事件发生后,政府相关部门应密切关注事件进展,在第一时间公布权威信息。一方面,提升动态监测和反应能力,在各类网络平台建立新闻发言制度;另一方面,对涉事食品企业进行调查取证,使公众及时了解事件真相,严格按照法律法规采取相应措施。

综上所述,由于食品安全与社会公众的生命安全息息相关,食品安全网络舆情一旦发生,如果没有及时采取应对措施,所造成的危害与损失是难以弥补的。降低食品安全事件中的耦合协调度可以有效控制网络舆情规模,避免次生事件的发生。"海底捞老鼠门"事件作为众多食品安全事件的一个缩影,可以为该类食品安全事件的引导和管理提供有效指导,将耦合协调度引入食品安全事件网络舆情研究中,可以作为预防和监控网络舆情的标准和手段。通过监测食品安全事件的耦合协调度趋势,在最短时间内降低该事件对社会所产生的影响,达到预防和引导食品安全网络舆情的目的。

第七章

基于个体情感特征的群体极化现象研究

在网络舆情事件产生的初期,群体中会对事件形成一定的观点倾向,随着时间的推移,最初的观点倾向会通过群体中个体之间的相互作用而得到强化,其中一致性的观点倾向会向更极端的方向发展。[1][2] 互联网的发展以及虚拟社区的出现,促进了这种观点极端化的发展,因为网络中的个体更倾向于与自身观点相近的个体进行交流,而不愿意与那些和自身立场相对立或者差别较大的个体交流,并且观点相近的个体之间的交流会更加坚定各自原先的观点。[3][4] 由于互联网的协同过滤能力,网络中的个体一般看到的都是与自己观点相近、具有共同偏好的信息,同时,各类社交网站平台以兴趣、职业等特征划分网民群体,加剧了"物以类聚,人以群分"的社群性社交,使网络中的网民一般接触到的都是与自身观点和立场相近的个体,网络的匿名性也使个体之间的交流更加容易进行,并且有利于观点极化现象的产生。[5] 群体极化本质上是网络舆情发展过程中一种非理性行为,由于我国正处于社会转型期,各种社会矛盾突出,公众具有更强烈的表达意愿和释放情绪的需求,公众一般会通过在网络上对社会热点事件发表自己的观点和意见的方式来发泄情绪,这种非理性的行为往往容易形成极端化的观点,即网络舆情群体极化现象,并且在群体极化现

---

[1] Stoner, Finch J. A., *Comparison of Individual and Group Decisions Involving Risk* [D]. Massachusetts Institute of Technology, 1961.

[2] Isenberg, D. J., "Group Polarization: A Critical Review and Meta-Analysis" [J]. *Journal of Personality and Social Psychology*, 1986, 50 (6): 1141-1151.

[3] [美] 凯斯·莫桑斯坦:《网络共和国:网络社会中的民主问题》,上海人民出版社2003年版。

[4] Sia, C. L., Tan, B. C. Y. and Wei, K. K., "Group Polarization and Computer-Mediated Communication: Effects of Communication Cues, Social Presence, and Anonymity" [J]. *Information Systems Research*, 2002, 13 (1): 70-90.

[5] Sunstein, C. R., "The Law of Group Polarization" [J]. *Journal of Political Philosophy*, 2002, 10 (2): 175-195.

象形成过程中也通常会伴随着网络谣言的产生和发展,群体极化现象不仅严重扰乱了网络秩序,并有可能产生暴力性的集合行为,对社会稳定造成严重的负面影响。本章对群体极化现象进行研究,为食品安全网络舆情引导提供理论支撑。

一 引言

观点动力学作为社会物理学的重要组成部分,通过定义个体的观点状态和确定这些观点转变的基本过程,来研究局部个体之间的观点交互在全局范围内涌现的复杂群体行为。在网络舆情发展的最初阶段,往往会有多种观点并存,但随着时间的推移,最后多种观点会逐渐达成共识,形成统一的观点倾向,这种社会舆论中呈现出的群体极化现象引起了学者的广泛关注。为了研究群体极化现象,学者提出了各种观点演化模型,如 Ising 模型、投票者模型、Galam 多数决定模型、Sznajd 模型、有界信任模型以及基于以上这些模型进行扩展的观点演化模型等,这些观点演化模型在对现实社会中的群体行为进行模拟时大致包括观点区间(两元观点、多元离散观点和连续观点区间)、网络结构(规则网络、随机网络、小世界网络、无标度网络和加权网络等)和观点更新规则(个体观点的更新都会受到周围其他个体的决策的影响)等方面。这些观点演化模型研究都是对社会系统的简化,并赋予了个体不同的特征,研究个体特征对社会网络舆情发展的影响,如考虑个体的观点接受度、个体之间的关系度、个体的自信度、偏执程度以及记忆效应等因素对群体观点演化过程的影响。社会中的个体并不是独立存在的,而是处在社会环境中并受到社会环境影响的,个体对事件的观点不仅会受到自身内在因素的影响,而且会受外界社会环境的影响。随着复杂网络的发展,现实社会中个体之间的交互可以近似地抽象为复杂网络,在对社会舆情演化进行研究时,就可以借助复杂网络研究在不同网络拓扑结构下个体之间观点的交互和群体行为的演化过程。

以往对观点演化模型的研究都是对实际情况的简化,将所有个体设定为同质化或者是划分为几种不同特征的群体,但现实社会中的个体特征以及个体之间的关系要复杂得多,实际生活中,每个人都具有不同的个体特征,并且不同两个个体之间的关系也是不同的,因此,这些模型并不能很好地反映实际社会中群体的观点演化过程。个体观点的演化过程受到很多内在因素和外在因素的影响,个体对事件的观点的变化不仅取决于个体当前的观点和周围其他人的观点,而且与个体自身的情感和周围其他人的情感有关,仅仅通过两个个体交互难以准确地描述群体的观点演化过程。日常生活中,人们在交流时不仅包括信息和态度的传递,而且相互之间也会受到各自情感特征的影响,就像媒体和意见领袖等在传播信息的过程中为了达到自身的目的,往往通过特殊的表达方式不仅让公众了解到相关信息,而且通过对信息的阅读引起公众情感上的共鸣,产生情绪上的变化,进而影响群体行为的演化过程。一些研究也证明了情感在群体极化过程中起到了重要的作用[1],个体的情感特征可以通过个体对事件的态度体现,而个体观点的改变与自身对事件的情感特征有关,一般情况下,个体对事件的态度越明确(个体的观点处于极值状态时,如赞同或反对),越不容易受到周围其他个体的影响而改变自身的观点;相反,个体态度越不明确或处于中立状态时,越容易受到周围其他个体的影响而改变自身的观点。[2]

本章基于上述思想,通过引入个体的情感特征,将个体自身的坚定性与个体对事件的观点值联系起来,并基于传统的有界信任模型中的 Deffuant 模型,构建了加入个体情感特征的观点演化模型,模型中充分考虑了个体的异质性,定性地分析了群体极化现象产生的原因,然后运用仿真模拟的方法,分析初始观点分布、网络结构和意见领袖对群体观点演化过程的影响。

二 基础模型

(一) Deffuant 模型

Deffuant 模型是一种被广泛应用的有界信任观点演化模型,这种模型

---

[1] Deffuant, G., Amblard, F. and Weisbuch, G., "Modelling Group Opinion Shift to Extreme: The Smooth Bounded Confidence Model" [J]. In: 2nd European Social Simulation Association (ESSA) Conference, 2004.

[2] Deffuant, G., Amblard, F., Weisbuch, G. and Faure, T., "How can extremism prevail? A study Based on the Relative Agreement Interaction Model" [J]. *Journal of Artificial Societies and Social Simulation*, 2002, 5 (4): 1.

对之前的二元观点模型进行改进,认为观点是分布在确定区间内的连续的值,在实际生活中,只有观点相近的个体之间才会进行交流,而如果观点立场相差过大,则不会进行交流,各自仍然保持原先的观点,并且观点相近的两个个体之间进行交流会促进双方观点的同化。假设网络中随机两个个体 i 和 j 在 t 时刻的观点分别为 $O_i(t)$ 和 $O_j(t)$,则 t+1 时刻,个体的观点演化规则如下:

当 $|O_i(t) - O_j(t)| \leq d$ 时,

$$O_i(t+1) = O_i(t) + \mu[O_j(t) - O_i(t)]$$
$$O_j(t+1) = O_j(t) + \mu[O_i(t) - O_j(t)] \tag{7.1}$$

当 $|O_i(t) - O_j(t)| > d$ 时,

$$O_i(t+1) = O_i(t)$$
$$O_j(t+1) = O_j(t) \tag{7.2}$$

式中,d 称为观点交互阈值,假定系统中所有个体的观点交互阈值是相同的;μ 称为收敛系数且 $\mu \in (0, 1)$,表示个体对其他个体的观点的接受程度,μ 决定了群体中观点的收敛速度,μ 值越大,个体更新后的观点值越接近于交互的另一个个体的观点值。

一般情况下,μ 取值为 0.5,表示更新后的观点值为相互交流两个个体的观点的平均值。但实际生活中,每个人都具有不同的特征,对其他人的观点接受程度也是不同的,观点接受程度很小和很大的个体通常只占群体的很小一部分,绝大部分个体的观点接受程度都属于中间水平,因此,可以用正态分布近似来表示个体的观点接受程度。基本的 Deffuant 模型描述的是初始观点随时间演化而集聚并最终形成观点簇的过程,观点簇的数量取决于观点交互阈值 ε 和观点区间值 D,并且最终形成的观点簇的数量与观点交互阈值 d 和观点区间值 D 之间的关系近似地满足 D/2d。

(二) RA 模型

RA 模型(Relative Agreement Model)是对有界信任模型的扩展,RA 模型将观点的不确定性引入观点演化过程中,认为个体的观点并不是一个确定的值,而是以这个观点值为中心向两端扩展的一个区间,个体的态度可以用这个观点区间来表示,个体 i 受到个体 j 的影响而产生的观点的改变值与两个个体观点区间的重叠部分的大小有关,两个个体之间的观点区间也会相互影响,并且当两个个体的观点区间不同时,这种相互影响并不是对称的。研究认为,观点区间较小的个体更具影响力,现实生活中,那些自信力较高的个体能更容易说服那些自信力较低的个体,这是因为,自信力较低的个体一般都拥有较大的观点区间,对待事物并没有较明确的观点,很容易受到周围个体的影响而改变自身的观点,自信力较高的个体由于观点很明确,相应的观点区间较小,就不容易受到外界的影响而改变自身观点。[①]

三 基于个体情感特征的观点演化模型构建

根据上面对群体行为演化的研究,可知个体观点的改变往往伴随着情感的变化,而观点值大的个体通常都具有强烈的情感特征和自信力,一般这类个体都坚定自己的态度,不太容易受外界的影响而改变自身的观点。比如社会上发生的一些热点事件,某些个体对事件不感兴趣或者认为事件与自身关系不大,可能就不会对事件表现出明显的态度倾向或者是保持中立态度;而对某些个体而言,认为事件与自身关系密切或者对事件特别感兴趣,则可能会积极对事件发展进行关注,并且发表具有明确态度倾向的评论,这类个体一般都会伴随着强烈的情感特征,对自己所持有的观点具有很强的坚持度,不太容易受到周围环境的影响而改变自身的态度。假设将个体的观点值给定为区间0—1,随着观点值的增加,个体对待事物态度越明显,当观点值为1时,个体具有明确的态度倾向和情感特征;当观点值为0时,个体不具有明显的态度倾向,处于中立态度,并且个体具有较低的情感特征。同样,当个体的观点值区间为 -1—0时,观点值为 -1 表示个体对事件持明确的反对态度,并且具有强烈的情感特征。因此,本章基于传统的有界信任模型构建了加入个体情感特征的观点演化模型如下:

当 $|O_i(t) - O_j(t)| \leq d_i$ 时,
$$O_i(t+1) = O_i(t) + \mu[O_j(t) - O_i(t)] \tag{7.3}$$
当 $|O_i(t) - O_j(t)| \leq d_j$ 时,
$$O_j(t+1) = O_j(t) + \mu[O_i(t) - O_j(t)] \tag{7.4}$$

---

① Deffuant, G., Amblard, F., Weisbuch, G. and Faure, T., "How can Extremism Prevail? A Study Based on the Relative Agreement Interaction Model" [J]. *Journal of Artificial Societies and Social Simulation*, 2002, 5 (4): 1.

当 $|O_i(t) - O_j(t)| > d_i$ 时,
$$O_i(t+1) = O_i(t) \tag{7.5}$$
当 $|O_i(t) - O_j(t)| > d_j$ 时,
$$O_j(t+1) = O_j(t) \tag{7.6}$$

式中,$d_i = F(|O_i|)$,$d_j = F(|O_j|)$,表示个体的观点交互阈值与个体的观点值呈函数关系,运用幂函数来表示观点交互阈值随着观点值的不断变大而不断变小,函数表达式如下:

$$d_i = d_m - |O_i|^x (d_m - d_n) \tag{7.7}$$

从上述表达式可以看出,当观点值 $O_i = 0$ 时,$d_i = d_m$;当观点值 $O_i = 1$ 时,$d_i = d_n$,d_m 和 d_n 表示观点值分别为 0 和 1 时,个体的观点交互阈值。指数 x 表示观点交互阈值随着观点值变化而变化的速率,本章假定处于观点极值的个体具有很小的观点交互阈值,即 d_n 为很小的正数且为定值,d_m 是可变参数。当参数 x 分别为 0.5、1 和 2 三种情况时,观点交互阈值随观点值变化的函数曲线图如图 7-1 所示。

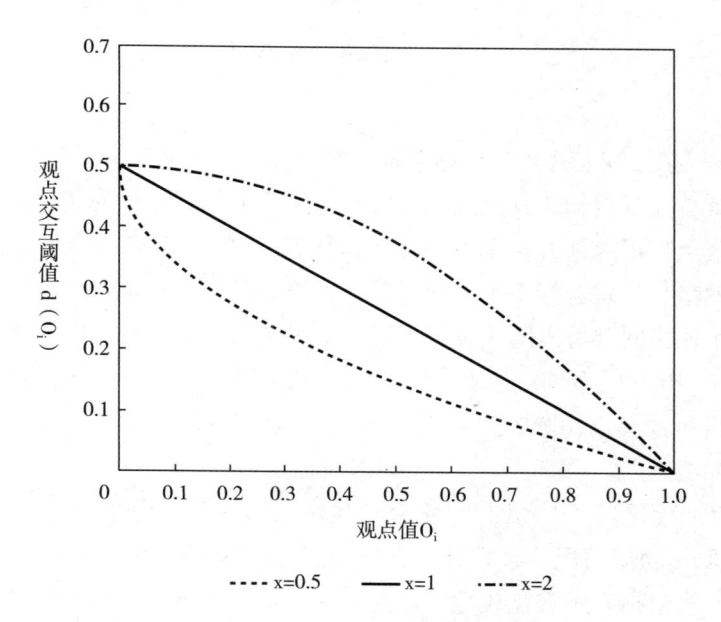

图 7-1 观点交互阈值与观点值的函数曲线

从图 7-1 可以看出,当 x = 0.5 时,随着观点值的不断增加,观点交互阈值的降低速率不断增加;当 x = 1 时,观点交互阈值和观点值呈线性关系变化；当 x = 2 时，随着观点值的不断增加，观点交互阈值的降低速率不断降低。根据图中函数曲线可知，当 $O_i > O_j$ 时，$d_i < d_j$，表示当两个不同观点值的个体进行交互时，个体 j 由于没有较为明确的观点倾向，而具有较大的观点交互阈值，相应地，就更容易受到周围个体的影响，当与个体 i 进行交互时，会受到个体 i 的影响而改变自身的观点，对个体 i 来说，由于个体 i 具有较为明确的观点和较小的观点交互阈值，就可能存在与个体 j 交互时，个体 j 的观点在个体 i 的观点交互阈值之外，个体 i 就不会受到 j 的影响，仍然保持原先的观点。由于观点演化的这种不对称性，观点值越接近于 0 的个体，由于具有较大的观点交互阈值就越容易受到环境的影响而转变为极端化，而具有极端化观点的个体由于具有较小的观点交互阈值就不容易受到周围个体的影响而仍然保持原先的观点。在这种观点演化机制的影响下，每个个体都有可能转变为极端观点，并且网络舆情的发展最后都会形成群体极化现象。

四 仿真模拟

（一）初始观点为均匀分布条件下群体观点演化过程

本章首先分析初始观点为均匀分布条件下群体观点的演化过程，将个体初始观点随机分配在区间 0—1，以规则网络中的全局耦合网络作为演化基础网络，设定群体中个体数量 N = 2000，群体中是全连通的，并且任意两个个体之间都可以随机进行交互，μ 服从均值为 0.5 正态分布，运用 Matlab 2014b 对模型进行仿真，本章的仿真结果均取 200 次运行结果的平均值，当参数 x 分别为 0.5、1 和 2 时，d_m 取不同值情况下，群体观点演化情况如图 7 - 2、图 7 - 3、图 7 - 4 所示。

图 7 - 2、图 7 - 3 和图 7 - 4 分别显示了当参数 x 分别为 0.5、1 和 2 时，d_m 取不同值情况下，群体观点演化情况。其中，横坐标表示个体的观点值，纵坐标表示演化代数，垂直坐标表示各观点值个体的数量占群体总数的比例。从图 7 - 3 和图 7 - 4 中可以看出，当 x 分别为 1 和 2 时，d_m 取较小值情况下，群体中很快形成不同观点簇，随着观点值的增加，个体的比例逐渐降低，并且相邻观点簇之间的间隔也逐渐变小，观点值接近于 1 的个体的比例最小，这是由于随着观点值的增加，个体的观点交互阈值

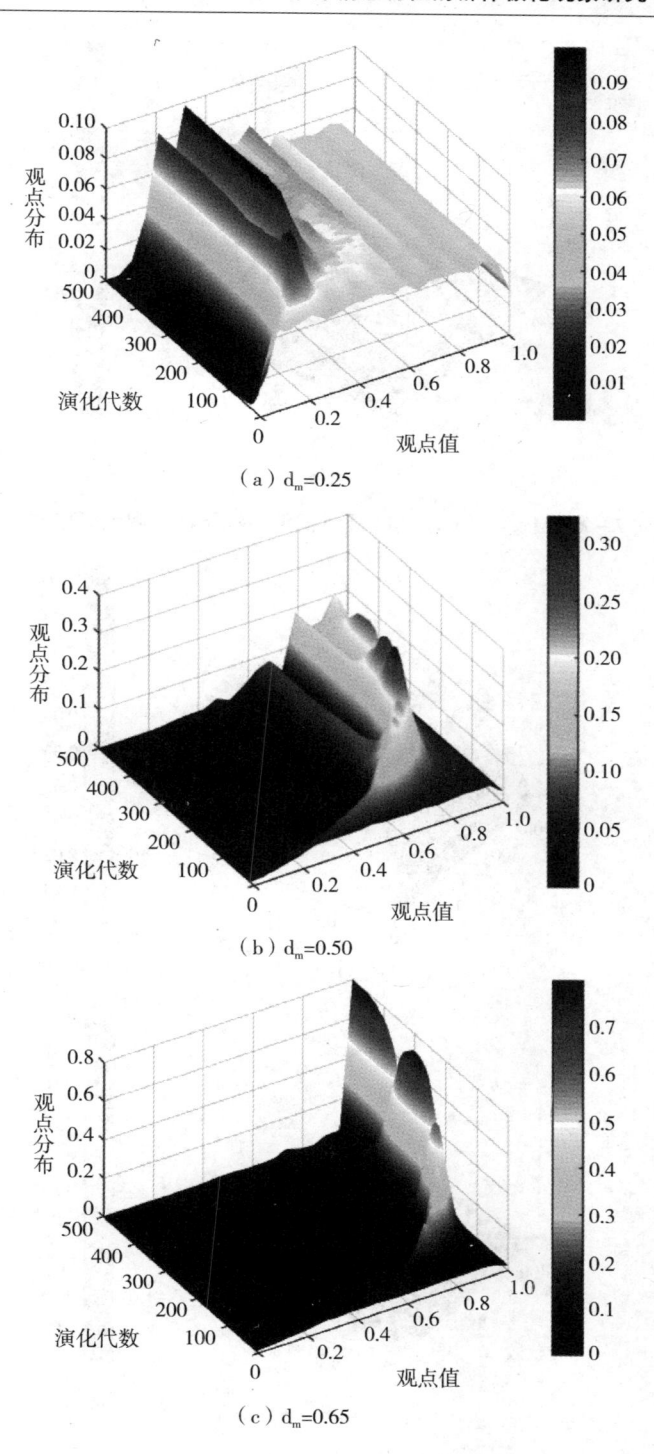

第七章 基于个体情感特征的群体极化现象研究 ·143·

(a) $d_m=0.25$

(b) $d_m=0.50$

(c) $d_m=0.65$

(d) $d_m=0.90$

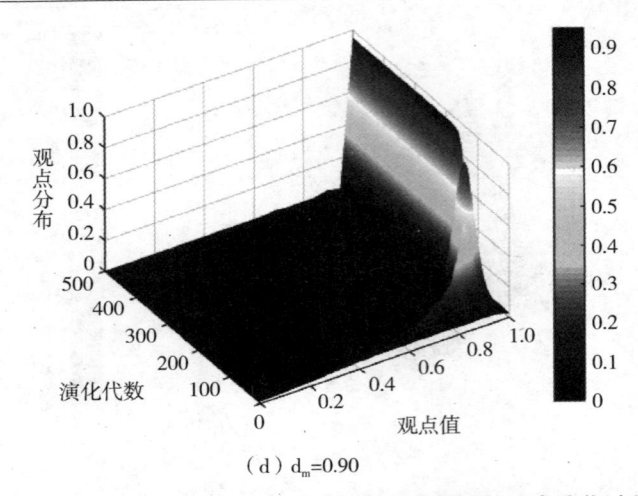

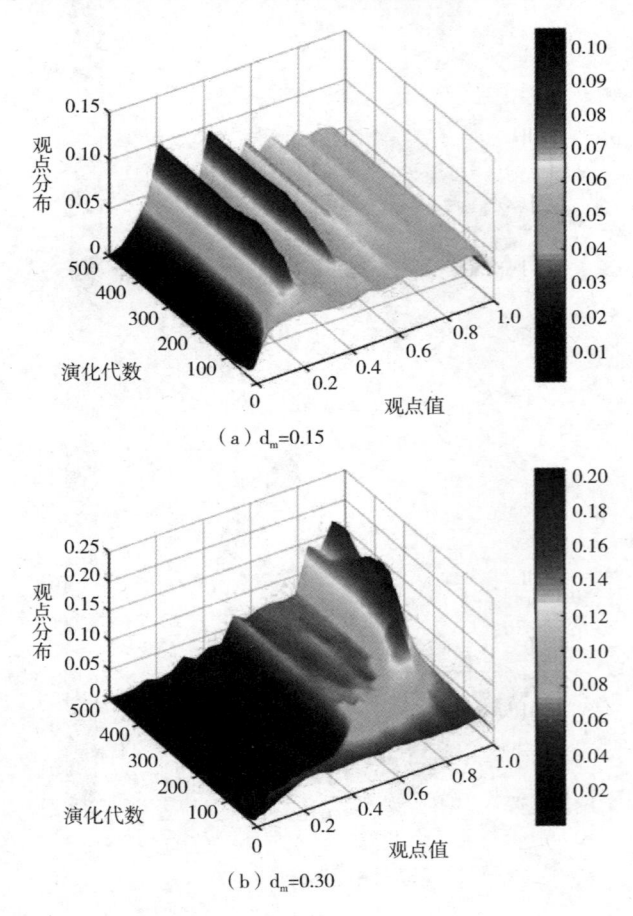

图 7-2 当 x=0.5 时，d_m 取不同值情况下群体观点演化过程

(a) $d_m=0.15$

(b) $d_m=0.30$

（c）$d_m=0.40$

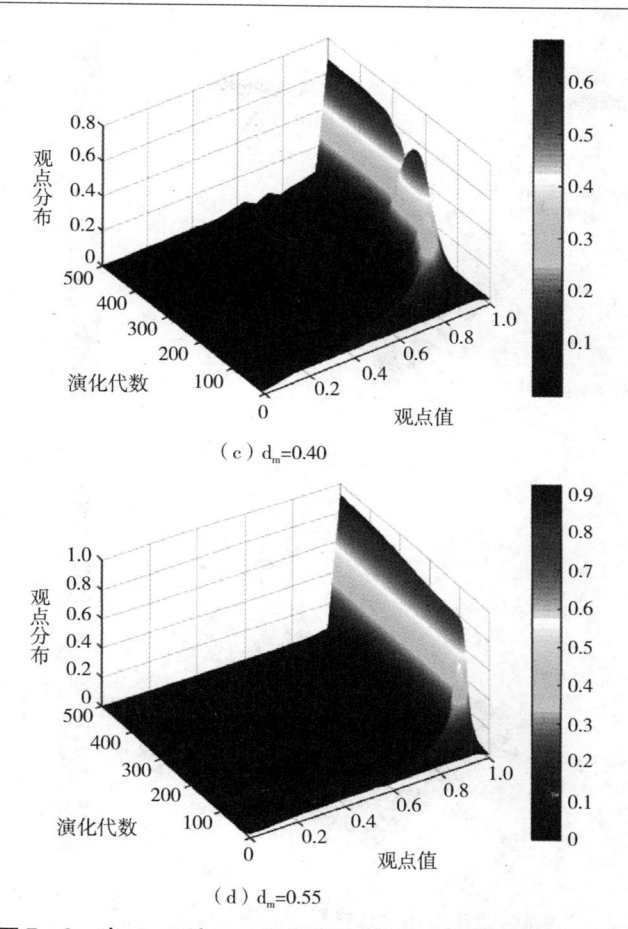

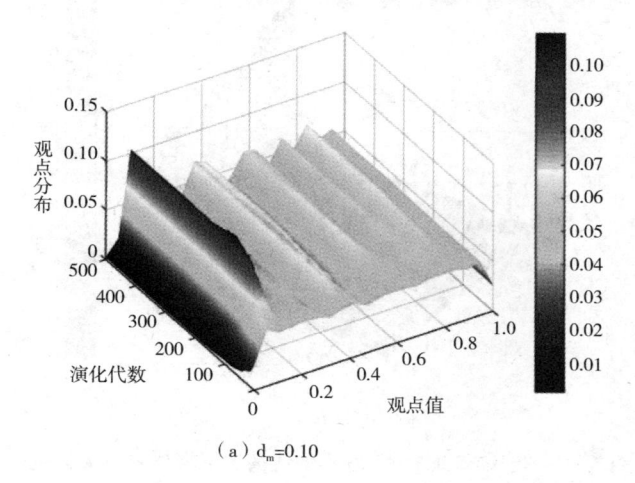

（d）$d_m=0.55$

图7-3　当 x = 1 时，d_m 取不同值情况下群体观点演化过程

（a）$d_m=0.10$

（b）$d_m=0.20$

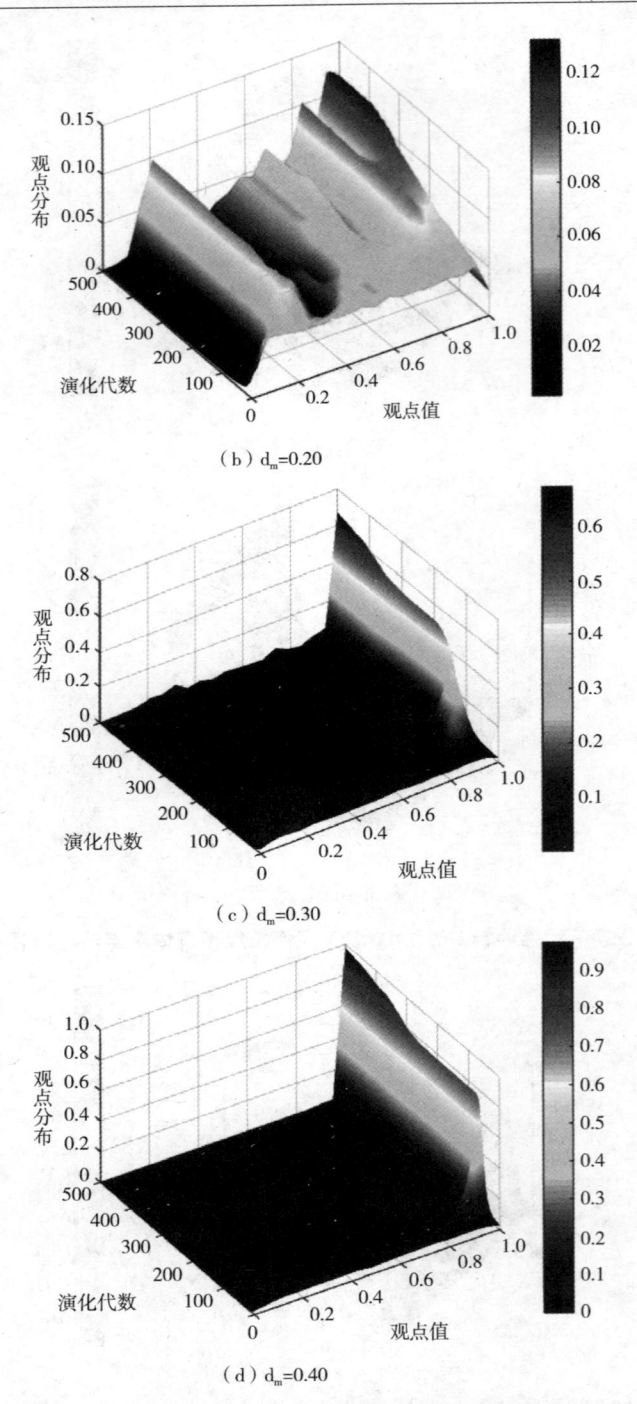

（c）$d_m=0.30$

（d）$d_m=0.40$

图 7-4　当 $x=2$ 时，d_m 取不同值情况下群体观点演化过程

逐渐减小，个体进行观点交互的范围越来越小，相应形成的观点簇的个体的比例也越来越小，当观点值接近于 1 时，个体的观点交互阈值达到最小，处于这种观点附近的个体的比例也最小；当 d_m 逐渐增大时，群体中个体的观点交互阈值逐渐变大，个体之间进行交互的概率变大，在极端观点个体的影响下，最后，个体观点值基本都落在 1 附近，形成群体极化现象。

与 x = 1 相比，x = 2 群体形成群体极化现象时，相应的 d_m 值更小（x = 2 时，d_m = 0.40；x = 1 时，d_m = 0.55），这是因为，当 x 取值越大，观点交互阈值随观点值增加而降低的速率越小，在 d_m 值相同时，x 值大的群体中个体的平均交互阈值要更大，个体之间更容易进行观点交互。从图 7 - 2 中可以看出，当 x = 0.5 时，群体观点的演化过程与 x = 1 和 x = 2 时类似，但当形成群体极化时，d_m 值最大（d_m = 0.90），因为当 x = 0.5 时，观点交互阈值随观点值增加而降低的速率逐渐变大，使群体中个体的平均交互阈值较低，个体之间进行观点交互的可能性降低，只有当群体中个体的观点交互阈值足够大时，在极端观点的影响下，才会形成群体极化现象。

（二）初始观点为非均匀分布条件下群体观点演化过程

前文中，为了研究的方便，设定个体的初始观点值是随机分布的，但现实生活中，公众最初对事件的观点大多数情况下并不是随机分布的，事件发生后，公众会对事件发表自己的看法。一般情况下，大部分公众对事件的观点都会集中在中间区域，只有小部分个体会表现出特别极端的观点或者保持中立态度，随着时间的推移，在这小部分极端观点的个体的影响下，大部分个体的观点逐渐形成统一，形成群体极化现象。为了研究这种情况，本章用均值为 0.5、标准差为 0.2 的正态分布来表示个体初始观点的分布情况，在这种观点分布中，绝大部分个体的初始观点都处于 0—1 之间，观点接近于 0 和 1 的个体只占总体的很小一部分。μ 服从均值为 0.5 的正态分布，当参数 x = 2 时，d_m 取不同值情况下，群体观点演化过程如图 7 - 5 所示。

从图 7 - 5 中可以看出，当初始观点呈正态分布时，最后群体观点也会形成极化现象，并且形成群体极化时，d_m 值更小（d_m = 0.30）。当 d_m 取较小值时，群体中会形成很多观点簇，并且观点簇集中在中间区域，这与群体观点呈正态分布相一致，随着 d_m 的增大，在极端观点的影响下，群体中的个体观点逐渐向观点值为 1 附近聚集，因为观点分布呈正态分布，

(a) d_m=0.10

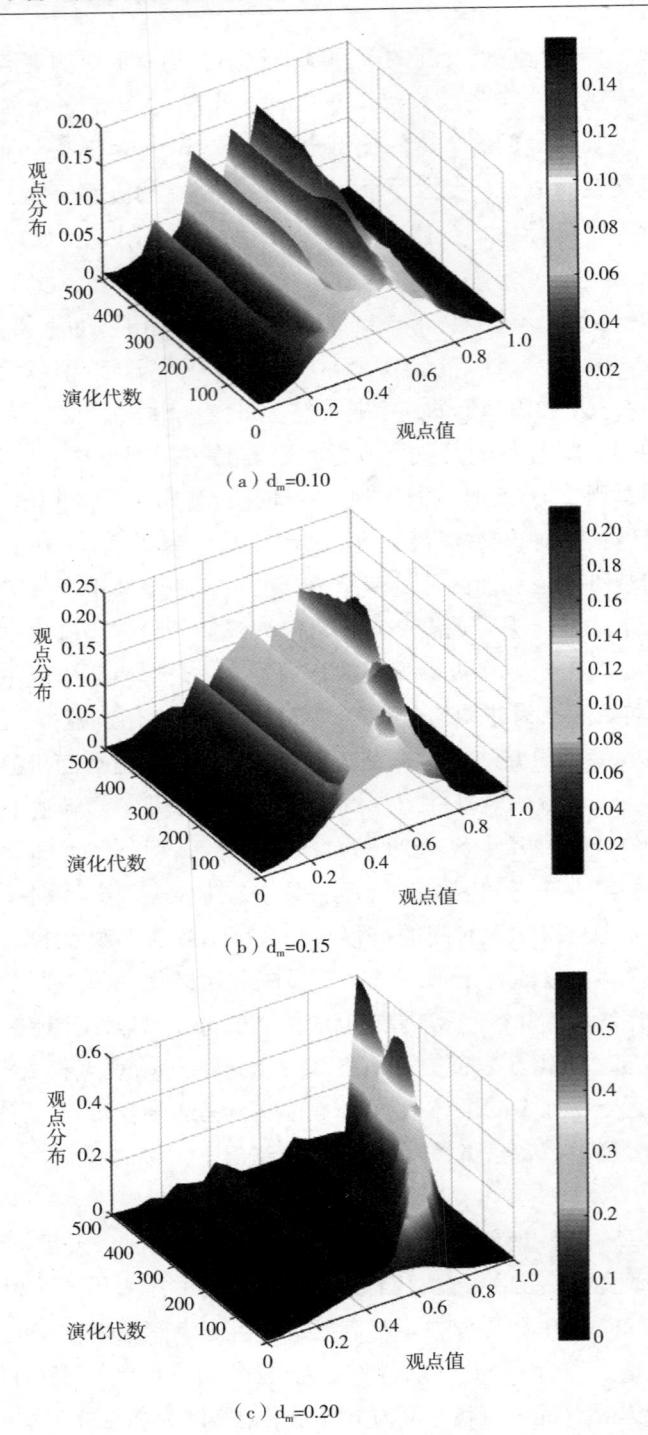

(b) d_m=0.15

(c) d_m=0.20

(d) $d_m=0.30$

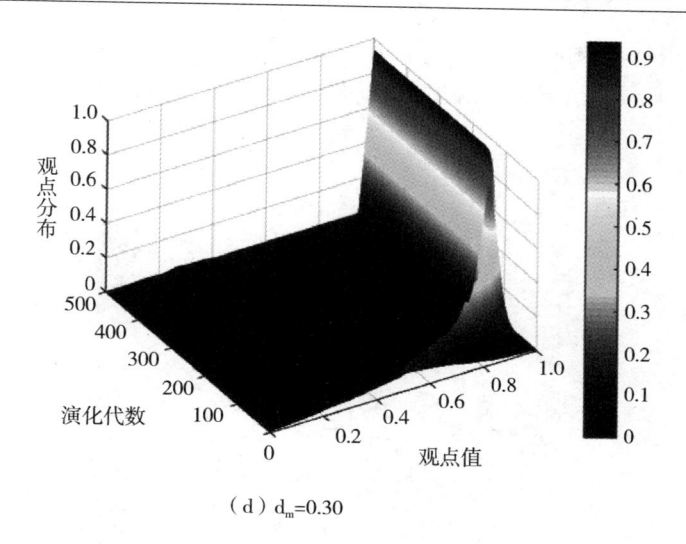

图 7-5 当 x = 2 时，初始观点呈正态分布，
d_m 取不同值情况下群体观点演化过程

大部分个体的观点值都处在中间区域，与观点随机分布相比，个体的平均观点值较高，相应的观点交互阈值也较高，并且大部分个体的观点值都较为集中，也更有利于个体之间进行观点交互，所以，值较小时就能够形成群体极化现象。这也反映了实际生活中，即使初始具有极端观点的个体比例很小，当大部分个体没有明确的观点倾向时，群体具有较高的观点交互阈值。在少数极端观点的个体的影响下，最后也会形成群体极化现象，并且观点交互阈值较大的个体比例越高，越容易形成群体极化现象。

（三）不同网络结构下群体观点演化过程

通过构建复杂网络模型来模拟现实社会网络关系，是研究具体社会问题常用的一种方法。为了研究社会网络中信息传播演化过程，学者构建了不同的复杂网络模型，其中应用最普遍的是规则网络、随机网络、小世界网络和 BA 无标度网络。社会网络中信息传播过程不仅与个体特征有关，还会受到网络结构的影响。为了分析不同网络拓扑结构对社会网络中信息传播过程的影响，本章采用规则网络中的最近邻耦合网络、随机网络、小世界网络和 BA 无标度网络四种网络结构，并设置四种网络结构的节点数均为 2000，根据几种网络的构建规则设置平均度保持一致，使各网络结构的演化结果具有最大程度的可比性。设定个体初始观点随机分布在区间

0—1，μ 服从均值为 0.5 的正态分布，在不同网络结构中，当参数 $x=2$ 时，d_m 取不同值情况下，群体观点演化过程如图 7-6、图 7-7、图 7-8 和图 7-9 所示。

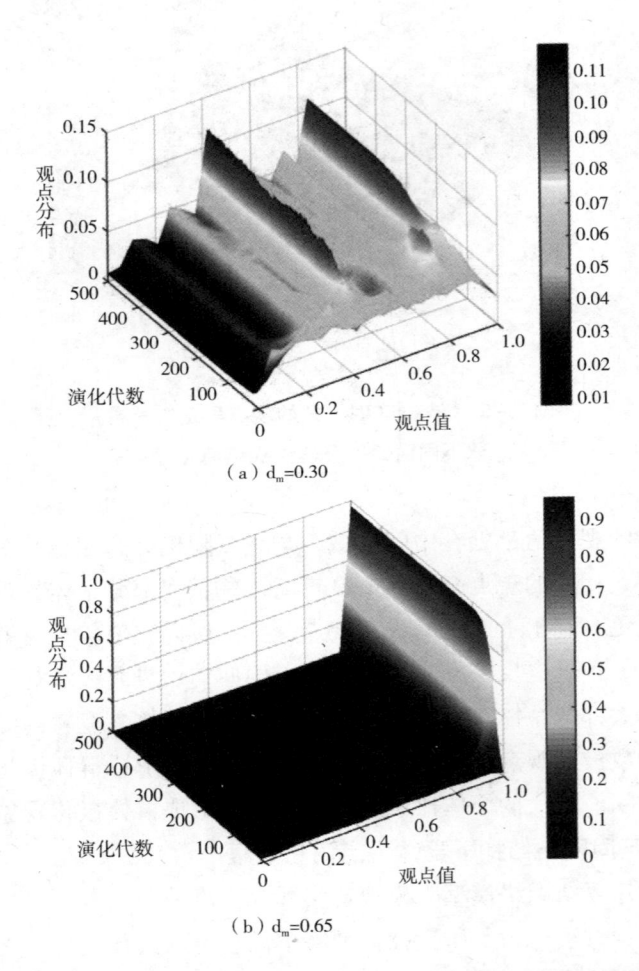

(a) $d_m=0.30$

(b) $d_m=0.65$

图 7-6　最近邻耦合网络，当 $x=2$ 时，d_m 取不同值情况下群体观点演化过程

从图 7-6、图 7-7、图 7-8 和图 7-9 中可以看出，不同网络结构下，群体形成观点极化现象所需要的条件不同，四种网络在 d_m 值较小时会形成很多观点簇，随着 d_m 值的不断增大，最后都会形成群体极化现象，并且达到观点极化时，四种网络的 d_m 值大小关系是：最近邻耦合网络 > 随机网络 > BA 无标度网络 > 小世界网络，从前面分析可知，最近邻耦合

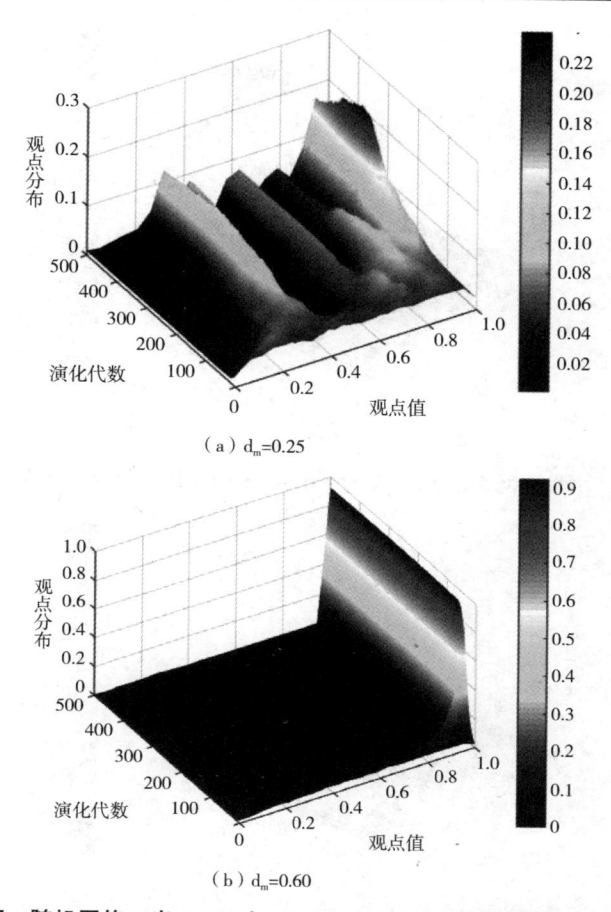

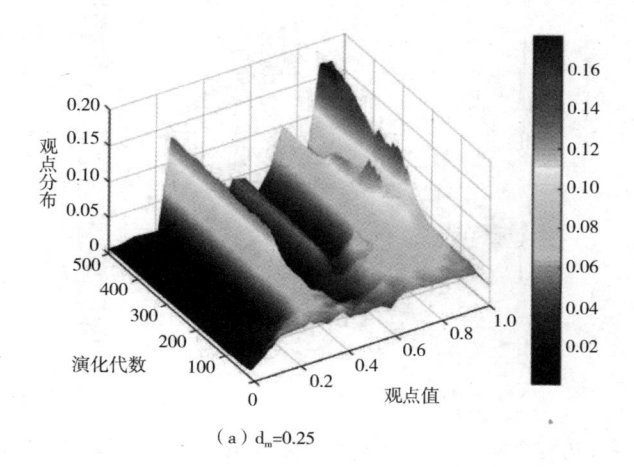

第七章 基于个体情感特征的群体极化现象研究 ·151·

(a) d_m=0.25

(b) d_m=0.60

图 7-7 随机网络，当 $x=2$ 时，d_m 取不同值情况下群体观点演化过程

(a) d_m=0.25

(b) $d_m=0.52$

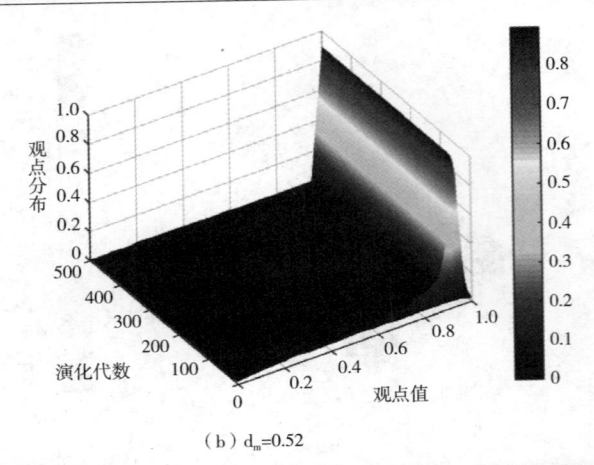

图 7-8 小世界网络，当 $x=2$ 时，d_m 取不同值情况下群体观点演化过程

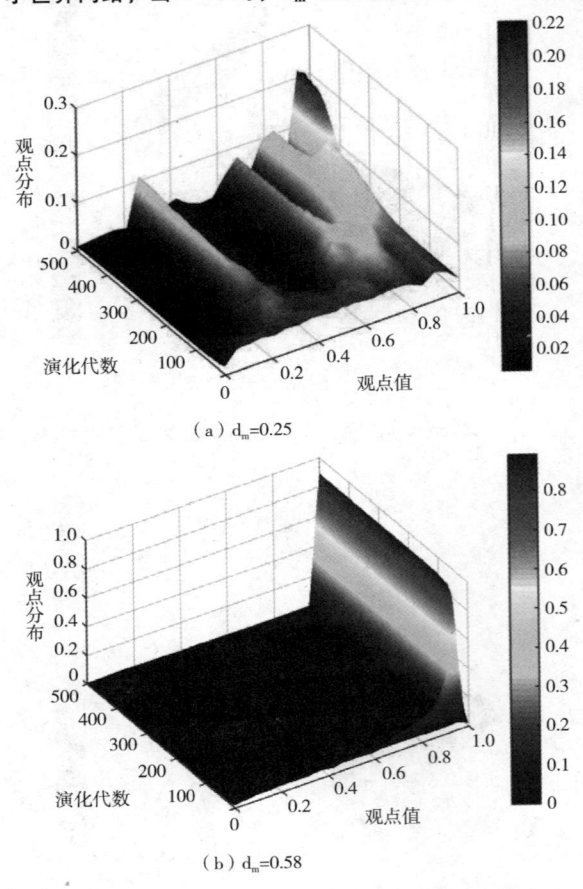

(a) $d_m=0.25$

(b) $d_m=0.58$

图 7-9 BA 无标度网络，当 $x=2$ 时，d_m 取不同值情况下群体观点演化过程

网络达到观点极化时，d_m 值最小（$d_m = 0.40$），其中，d_m 值越小，说明越容易形成群体极化现象，在群体平均观点交互阈值较低时，群体中个体的观点就能达成统一，形成观点极化现象。全局耦合网络由于任意两个个体之间都可以进行交互，在相同节点数的情况下，具有最大的平均度和聚类系数以及最小的平均路径长度，所以，最容易形成群体极化现象；小世界网络具有较大的聚类系数和较小的平均路径长度，群体中不同个体之间交互的概率变大，促进了群体中个体之间的交互；BA 无标度网络和规则网络的聚类系数均小于小世界网络，群体中个体之间的交互程度要小于小世界网络，但由于 BA 无标度网络"优先连接"特性，网络中存在少数度较大的节点，这类度较大的节点由于连接着大量的其他节点，增加其他个体与该个体之间交互的概率，个体之间能够进行较为充分的交互，所以，BA 无标度网络比规则网络更容易形成观点极化现象；最近邻耦合网络中个体只与邻近的个体进行交互，虽然较大的聚类系数能够促进个体之间的交互，但较大的平均路径长度使群体中个体之间的交互局限于不同局部区域内，各观点簇之间难以进行交互，所以形成群体极化现象时，d_m 值最大。

（四）意见领袖对群体观点演化过程的影响

意见领袖作为有影响力的社会公众人物，在网络舆情的发展过程中起到重要的作用，往往能够影响公众的观点，引导网络舆情的发展方向，促进群体极化现象的形成。无标度网络的"优先连接"特性，使网络中存在少数度较大的节点，这些节点虽然所占群体中所有节点数量的比例很小，但由于连接着网络中其他大量的节点，这类节点在整个网络中往往起到关键作用。这里，以 BA 无标度网络作为群体观点演化的基础网络，设定个体初始观点随机分布在区间 0—1，选择其中一个度较大的节点作为"意见领袖"，由于意见领袖具有较强的专业能力和知识储备，通常对自己的观点具有较强的坚持度，不太容易受到周围环境的影响而改变自身的观点，所以，设定意见领袖的观点接受度为 $\mu(0, 0.01)$；然后，将观点区间扩展到 [-1, 1]，区间 [-1, 0] 和 [0, 1] 分别表示对事件持反对和赞同态度，选择两个度较大的节点，使其观点值分别落在两个观点区间内和观点值均为正值，观察其对群体观点演化的影响，当参数 $x = 2$ 时，d_m 取不同值情况下，群体观点演化过程如图 7-10 和图 7-11 所示。

从图 7-10 可以看出，随机选择一个节点作为意见领袖，该意见领袖

(a) $d_m=0.40$

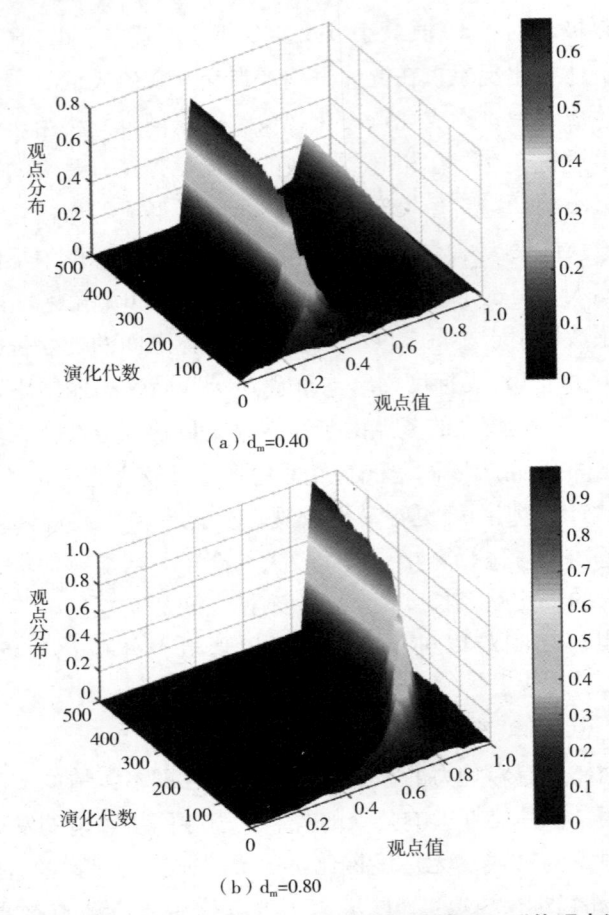

(b) $d_m=0.80$

图 7-10 当参数 $x=2$、$n_0=1$ 时，d_m 取不同值情况下群体观点演化过程

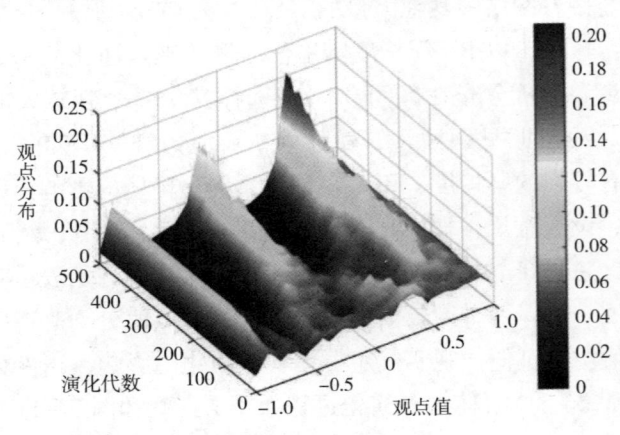

(a) $d_m=0.45$，意见领袖观点值相反

第七章 基于个体情感特征的群体极化现象研究 ·155·

(b) $d_m=0.90$,意见领袖观点值相反

(c) $d_m=0.45$,意见领袖观点值均为正

(d) $d_m=0.90$,意见领袖观点值均为正

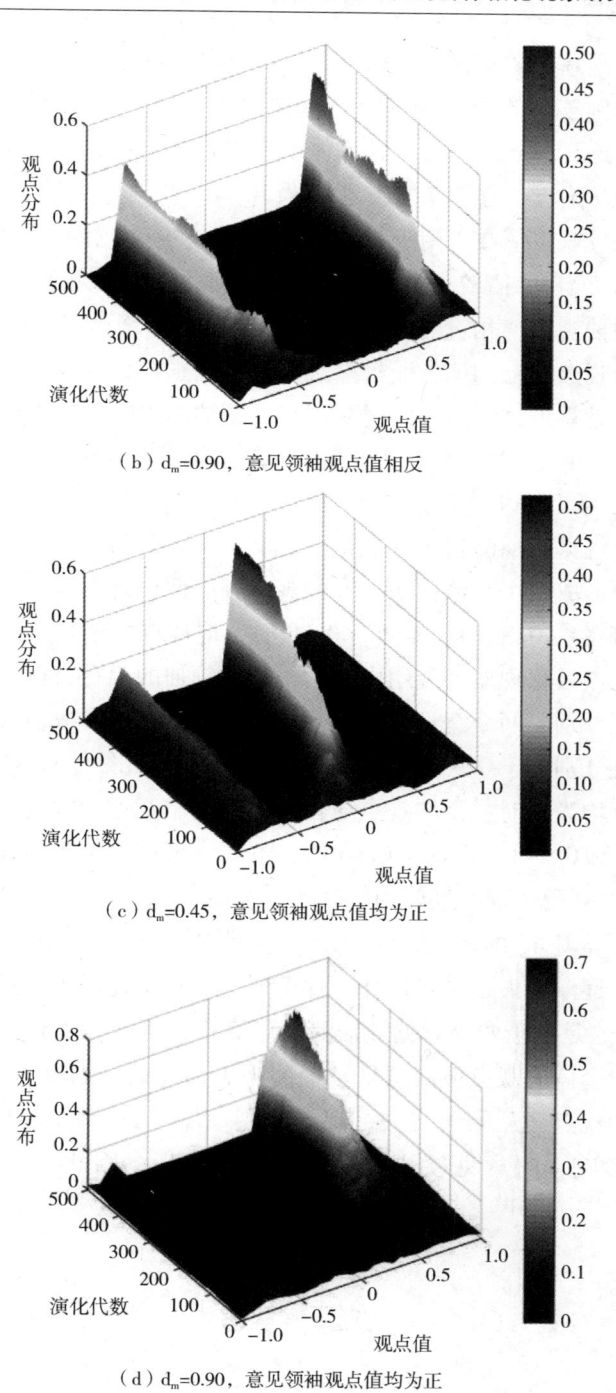

图7-11 当参数 x=2、n_0=1 时,d_m 取不同值情况下群体观点演化过程

的初始观点是 0.448，当 $d_m = 0.40$ 时，群体中形成了两个观点簇，其中一个个体比例较大的观点簇的观点值在 0.4—0.5，另一个观点簇的观点值在 0.9 附近；当 $d_m = 0.8$ 时，群体中形成了一个观点簇，这个观点簇的观点值在 0.9 附近，在图 7-10 中，当 $d_m = 0.40$ 时，群体已经形成了观点极化，并且观点值在 1 附近，说明意见领袖的存在对群体观点演化过程产生了影响。当 d_m 值较小时，群体中的个体会受到意见领袖的影响，形成与意见领袖观点值相近的观点簇；当 d_m 值不断增大时，群体中的个体具有较大的观点交互阈值，受极端观点个体的影响，群体的观点逐渐向观点值为 1 附近靠近，但由于同时受到意见领袖的影响，最终形成群体观点极化现象时，d_m 的值要更大，并且最终观点值是在 0.9 附近。在图 7-11 中，图（a）和图（b）分别表示意见领袖观点值相反时，群体观点演化情况，两个意见领袖的初始观点值分别为 -0.267 和 0.809，当 $d_m = 0.45$ 时，群体中形成两个个体比例较大的观点簇，两个观点簇的观点值分别位于 0.5—0.8 和 -0.3—0；当 $d_m = 0.90$ 时，群体在两个观点区间的端点值附近形成观点极化现象，说明由于两个意见领袖的存在，群体中其他个体的观点值会分别向两个意见领袖的观点值靠近，最终形成的观点极化现象的观点值也分别位于 0.9 和 -0.7 附近。图（c）和图（d）分别表示意见领袖观点值均为正时，群体观点演化情况，两个意见领袖的初始观点值分别为 0.111 和 0.243，当 $d_m = 0.45$ 时，群体中形成两个观点簇，分别位于 0—1 和 -1—0 两个观点区间内，其中，在 0—1 区间内观点簇的个体比例相对较大，随着 d_m 的增大，在 -1—0 区间内的个体逐渐减少，群体中个体的观点值逐渐增大，并且群体中逐渐形成观点极化现象，最后观点值在 0.8 附近。这是由于两个意见领袖的观点值均为正值，受到意见领袖的影响，群体中个体的观点值向意见领袖的观点值靠近。当 d_m 值增大时，群体中个体的观点交互阈值变大，观点值在 -1—0 区间的个体也会受到意见领袖的影响，向意见领袖的观点值附近靠近，因此，观点逐渐形成统一。

五 结语

本章通过对有界信任模型中的 Deffuant 模型进行扩展，构建了基于个体情感特征的观点演化模型，借鉴 BA 模型中观点区间的思想，通过个体情感特征将个体的坚定性和观点值联系起来，并建立了观点交互阈值与观点值的函数表达式。本章建立的模型定性地解释了群体极化现象产生的原因，充分考虑了现实生活中个体的异质性这一特征，同时，为了更加符合实际生活中的群体观点演化过程和定量的分析群体观点极化现象，又分别考虑了不同初始观点分布和几种常见的复杂网络结构以及意见领袖对群体观点演化过程的影响，并运用 Matlab 对模型进行仿真实验。

实验结果表明，与初始观点随机分布相比，在初始观点呈正态分布情况下，群体形成观点极化现象时，d_m 值更小，即使初始具有极端观点的个体比例很小，当大部分个体没有明确的观点倾向时，群体具有较高的观点交互阈值，在少数极端观点的个体的影响下，最后也会形成群体极化现象，并且观点交互阈值较大的个体比例越高，越容易形成群体极化现象。不同的网络结构对群体观点演化会产生不同的影响，较大的聚类系数和较小的平均路径长度更容易促进群体中个体之间的观点交互，最近邻耦合网络由于任意两个个体之间都可以进行交互，具有最大的聚类系数和最短的平均路径长度，所以，最容易形成群体极化现象；BA 无标度网络由于具有"优先连接"特性，使网络中连接的大量节点以更高的概率与该节点进行观点交互，当观点交互阈值较小时，也能形成群体极化现象。意见领袖会对群体观点演化过程产生影响，当 d_m 值较小时，群体中的个体会受到意见领袖影响，形成与意见领袖观点值相近的观点簇，并且群体形成观点极化现象时，d_m 值更大。从实验结果分析可知，变量参数 d_m 会对群体观点演化行为产生重要影响，d_m 值越大，群体中个体的平均观点交互阈值越大，观点交互阈值较大的个体所占的比例也会越高，更有利于个体之间进行观点交互，并且在极端观点个体的影响下，观点逐渐达成统一，形成群体极化现象，而极端观点的个体往往具有强烈的情感特征，观点交互阈值通常较小，很难受到外界的影响改变自身的观点，因此，想要改变极端观点个体的观点难度较大，可以通过降低群体的观点交互阈值来降低极化现象产生的概率。如在事件产生初期，政府等相关部门可以通过对公众引导，让公众对事件形成明确的观点倾向，在引导过程中要充分发挥主流媒体、意见领袖等的作用，使网络舆情向好的方向发展。

研究结论对解释现实生活中的群体极化现象产生的原因提供了一定的理论依据，为应对恶性群体极化事件和发挥群体极化现象的积极效应提出了具有可行性的措施，但仍有很多不足之处，现实生活中，个体之间的观点交互不仅取决于是否具有连接，而且这种连接关系的强弱也会对个体之间的观点交互产生重要影响，基于加权网络结构的群体观点演化更符合实际情况。此外，网络结构都是随时间而不断变化的，考虑具有动态特征的网络结构对群体观点演化的影响是下一步研究的重点。

第八章

2017年食品安全谣言传播网络分析

随着网络的不断发展与普及，越来越多的民众更倾向于通过网络这一渠道获取信息资源，传递信息，表达看法。网络在给予民众便捷的生活方式的同时，也成为部分民众制造谣言、传播谣言的便利点。近几年来，网络谣言事件频频发生，从2012年的"玉溪将发生8.6级大地震"到2017年的"塑料紫菜事件"，谣言造成整个社会人心惶惶，也使部分企业损失资产与名誉，可见，谣言的危害已经不容小觑。百度百科相关资料表明，2015年1月，国家互联网信息办公室依法关闭"这不是历史"等133个传播歪曲党史国史军史信息的微信公众账号。[①] 在2015年1月23日出版的《解放军报》上发表《某些微信隐藏"看不见的手"》一文。[②] 为此，2017年9月9日，最高人民法院发布了《最高人民法院、最高人民检察院关于办理利用信息网络实施诽谤等刑事案件适用法律若干问题的解释》，从司法角度对网络谣言进行定性解释。

近年来，自媒体的发展使以微博、微信为代表的社交媒体成为人们关注社会事件、发表自己看法的新平台，新平台的出现使网络舆情能够在网民中迅速传播，但同时也成为谣言的滋生地。微博各类消息的超大流量使其成为众多谣言传播的载体，对我国舆论格局产生重大影响。不管在哪个时期，谣言固然可怕，但往时的谣言传播却没有这么迅速与宽泛，现时的谣言搭乘了互网联这一交通工具，使其传播范围之广、速度之快等都超乎想象。而谣言的主题也涉及方方面面，包括突发事件、公共领域、公众人物等。研究谣言的传播现象，规范谣言传播行为已经成为一个亟待解决的问题。本章对食品安全谣言传播进行研究，为食品安全谣言治理提供理论支撑。

[①] 《全国广泛开展"网络敲诈和有偿删帖"专项整治工作》，中国社科网，2015年3月。
[②] 《有微信公号想动摇共产党执政地位，对中华民族拔根去魂》，《军报》2015年1月5日，http://news.xinhuanet.com/politics/2017-07/05/c_116415310.htm。

一 文献综述

谣言的定义有很多种，不同学者对于谣言也有各自的不同定义，而其本质却是一致的，即在没有事实依据的基础上，根据一定的手段进行传播的消息。网络谣言包括微博谣言都没有具体准确的定义，本章中将微博谣言定义为以微博为载体进行传播的没有事实依据的消息。通过知网主题检索可知，近几年来，关于微博谣言、食品安全谣言、食品安全网络舆情的文章有很多，包括从新闻与传播角度、情报学角度以及管理科学与工程角度来对食品安全网络舆情进行研究。研究内容包括谣言的分类、特点、传播模式，网络舆情的发展趋势等，大多是采用实证分析法对网络舆情进行研究，少数是采用内容分析法。采用实证分析法的学者大多是运用社会网络分析法（SNA）进行分析，包括整体网络结构、个体位置角色指标和凝聚子群分析指标三个方面的分析。微博、微信、知乎以及Twitter等各大平台是数据的主要来源，搜索数据的方式也各有所异，包括爬虫技术抓取、手工方式收录等。大部分学者研究的社会网络都呈现网络稀疏、弱连接关系、凝聚力低的特征。洪小娟等研究的网络谣言社会网的小世界现象不显著，而张玥和朱庆华研究的Web 2.0环境下学术交流的社会网具有小世界效应。[1] 此外，还有些学者是从移动和非移动端网络舆情的发展来对其进行研究，均得出移动端网络舆情传播范围更广、速度更快的结论。[2][3] 但多数论文都没有从舆情发展的每个阶段分别分析，而胡改丽等基于社会网络分析的网络热点事件传播主体研究对舆情发展的不同阶段分别进行了分析[4]，这是一大改进。

上述研究表明，越来越多的学者将社会网络分析方法运用到食品安全

---

[1] 张玥、朱庆华：《Web 2.0环境下学术交流的社会网络分析——以博客为例》，《情报理论与实践》2009年第8期。

[2] 王晰巍、邢云菲、赵丹、李嘉兴：《基于社会网络分析的移动环境下网络舆情信息传播研究——以新浪微博"雾霾"话题为例》，《图书情报工作》2015年第7期。

[3] 李菲、柯平、高海涛、张丹红、宋佳：《基于社会网络分析的新媒体网络舆情传播监管研究》，《情报杂志》2017年第10期。

[4] 胡改丽、陈婷、陈福集：《基于社会网络分析的网络热点事件传播主体研究》，《情报杂志》2015年第1期。

领域，针对网络谣言的传播，不少学者提出，要发挥意见领袖——社会网络中起核心作用的角色的作用，但这部分研究还很少，并且大部分研究都是从整体网络结构进行分析、缺少凝聚子群的分析等，总体来讲，对于2017年全年食品安全谣言事件的分析，不仅可以揭示其普遍性特征，还可以弥补这一领域的不足，能够较为全面地反映食品安全微博谣言这一领域的客观事实。

二 社会网络分析法

（一）社会网络分析的研究框架

社会网络分析（Social Network Analysis，SNA）以关系作为基本分析单位，主要用来研究网络结构和社会关系、在特定空间范围内行动者的关系状况，进而发现关系的特征及关系对社会网络的影响。社会网络分析的主要内容有网络密度、小世界理论、中心性分析、结构洞分析、凝聚子群等，上述指标，按照用途可以划分为整体网络结构指标、个体位置角色指标和子群分析指标三类（见图 8-1）。

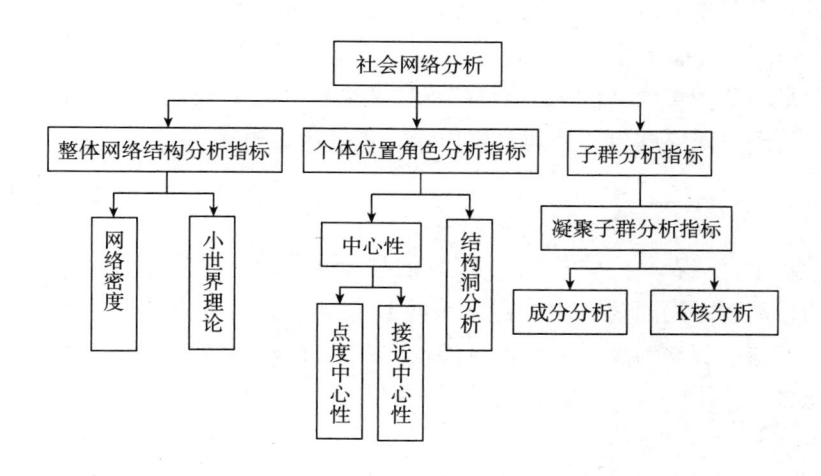

图 8-1 社会网络分析指标分类

（二）整体网络结构指标

整体网关注网络整体的结构，是社会网络分析研究的重要领域之一。

常用的分析指标有网络密度、小世界理论、中心性等。鉴于通过测度中心性指标,可以研究行动者的交往能力、对资源的控制能力及其独立性等,对定位和挖掘网络中的关键节点具有重要意义,故将其归为个体位置角色分析中。因此,整体网络结构分析指标主要包括网络密度和小世界理论分析。

1. 网络密度

网络密度是指社会网络中实际存在的连接数与最大可能存在的连接数之比,表示网络中行动者之间联络的紧密程度。有向图的密度公式表达式如下:

$$D = \frac{l}{g(g-1)} \tag{8.1}$$

式中,l 表示网络中实际拥有的连线数,g 为网络的规模(网络中的节点数),$g(g-1)$ 是有向图所能包含的最大连线数。

2. 小世界理论

19世纪60年代,社会心理学家米尔格拉姆(Milgram)通过小群体实验,得到了著名的"六度分离"理论,即"世界上任何人之间都可以通过6步建立联系",因此,整个世界是一个小世界。[①] 通常用平均路径长度和聚类系数两个统计量来刻画网络的小世界特性。

(1) 平均路径长度

平均路径长度(L)是指连接任何两个行动者之间最短途径的平均长度,是测量网络整体特性的重要指标,其表达式如下:

$$L = \frac{1}{g(g-1)} \sum_{i \geq j} d_{ij} \tag{8.2}$$

式中,d_{ij} 表示行动者 i 和 j 之间的测地线距离。平均路径长度 L 越短说明行动者之间通过较短的路径就可建立联系,行动者之间关系比较紧密,网络的凝聚力越强,资源或信息可以通过越短的路径在网络中实现快速传播。

(2) 聚类系数

聚类系数是刻画"小世界现象"的另一重要指标,主要用来表示网络中行动者的聚集程度。聚类系数 C_i 等于一个节点 i 的相邻点之间实际

[①] 刘军:《整体网络分析讲义——UCINET 软件实用指南》,上海人民出版社 2009 年版。

存在的边数 E_i 与最大可能存在的边数 $k_i(k_i-1)$ 之比，其中，k_i 为与节点 i 直接相连的节点数。

$$C_i = \frac{E_i}{k_i(k_i-1)} \tag{8.3}$$

聚类系数 C_i 的值介于 0 和 1，C_i 越大说明网络整体的凝聚力越强，行动者之间的联系越紧密，网络中存在的结构洞越少。

如果一个网络具有较短的平均路径长度和较大的聚类系数，那么该网络具有"小世界现象"。平均路径长度的长短可直接根据 L 值的大小进行判断，而对聚类系数的判断一般是通过构造随机网络，根据与随机网络的聚类系数对比来判断该网络聚类系数的大小。随机网络的构造将在实证分析中讲述。

（三）个体位置角色指标

网络是由一个个行动者构成的，而每个行动者在网络中的位置角色并不是对等的。处于不同位置的行动者在资源的控制能力方面存在较大的差异。有的行动者处于网络的核心位置，充当着"意见领袖"的角色；有的行动者则处于网络的边缘位置；还有一些行动者是连接多个行动者的"桥梁"，占据着网络中的结构洞。因此，识别和挖掘网络中的关键行动者，对于谣言的监控和引导具有重要的意义。个体位置角色分析的指标主要有中心性、结构洞理论等，下面将对这些指标含义进行介绍。

1. 中心性

"中心性"是社会网络分析的重点之一。中心性目前已经被广泛应用于研究个人或组织在其社会网络中具有怎样的权力，或者说居于怎样的中心地位。中心性是对权利量化的指标，主要包括行动者的中心度和网络的中心势。中心度刻画了单个行动者在网络中所处的位置，中心势刻画的则是一个网络所具有的中心趋势。中心性指标主要点度中心性、中间中心性和接近中心性三类。对微博谣言传播网络进行中心度测度，进而挖掘和定位网络中的关键节点及其影响力。

（1）点度中心度

行动者 i 的点度中心度指的是与行动者 i 直接相连的其他行动者的个数，通常用 $C_{AD}(i)$ 表示行动者 i 的点度中心度。点度中心度主要用于测量行动者之间的交往能力，如果某个行动者的点度中心度值越大，说明该行动者居于网络的中心地位，可能拥有较大的权利。

(2) 中间中心度

中间中心度表示行动者对资源的控制程度，如果行动者处于许多点对之间的测地线上，该行动者具有较高的中间中心度，控制着行动者之间信息的传递，充当着"桥"或者"掮客"的角色。通常用 C_{ABi} 表示行动者 i 的绝对中间中心度，其公式表达式如下：

$$C_{ABi} = \sum_{j}^{n} \sum_{k}^{n} b_{jk}(i) \tag{8.4}$$

式中，$b_{jk}(i)$ 表示行动者 i 能够控制行动者 j 和 k 的交往能力，即行动者 i 处于行动者 j 和 k 之间的测地线上的概率；n 表示网络的规模，即网络中行动者的个数；且 $j \neq k \neq i$，$j < k$。

(3) 接近中心度

一个行动者的接近中心度指的是该行动者与网络中所有其他行动者的测地线距离之和，该定义最早由萨比杜斯给出。其表达式如下：

$$C_{APi}^{-1} = \sum_{j=1}^{n} d_{ij} \tag{8.5}$$

式中，d_{ij} 表示行动者 i 和 j 之间的测地线距离（测地线指两个行动者之间的最短长度）。

接近中心度测量的是行动者不受其他行动者控制的能力，如某个行动者的接近中心度的值越小，说明该动者与网络其他行动者之间越接近，在信息的传递过程中不依赖他人，具有很强的独立性，处于网络的核心位置。反之，如果接近中心度的越大，越说明其不是网络的核心点。

由于中间中心度的测量结果和结构洞分析的结果几乎一致，故本章对点度中心度和接近中心度两个指标进行测度。

2. 结构洞

结构洞理论最早由社会学家博特在《结构洞：竞争的社会结构》一书中提出，目前结构洞理论已经成熟应用于经济学、社会学和管理学等领域，并逐渐成为互联网络研究的热点问题。"结构洞"是指两个联系人之间的非重复关系[①]，一般而言，那些占据结构洞的行动者拥有更多获取"信息利益"和"控制利益"的机会，更具有竞争优势。计算结构洞需要考虑有效规模（Effective Size）、效率（Efficiency）、限制度（Constraint）

---

① Burt, R. S., *Structural Holes: The Social Structure of Competition* [M]. Cambridge, MA: Harvard University Press, 1992.

和等级度四个指数,其中,有效规模和限制度最为重要,故选取有效规模和限制度两项指标进行测度及分析。表 8-1 为有效规模和限制度的公式表达式和说明。

表 8-1　　　　　　　有效规模和限制度表达式及说明

	有效规模	限制度
含义	网络非冗余因素	行动者拥有的运用结构洞的能力
计算公式	$ES_i = \sum_j (1 - \sum_q p_{iq} m_{jq})$	$C_{ij} = (p_{ij} + \sum_{ij} p_{iq} p_{qj})^2$
说明	有效规模越大,网络冗余程度越低,存在结构洞的可能越大	限制度越低,说明网络越开放,结构洞的数量越多

注:表为结构洞指标中有效规模和限制度的计算公式,其中,p_{iq} 是 i 为维持与 q 的关系所花费的代价占其网络投资的比例,m_{iq} 是 j 与 q 关系的边际强度。

(四) 凝聚子群分析指标

凝聚子群分析是社会网络结构分析中的重要部分。凝聚子群分析对于研究子群内部成员关系、分析整个网络的运行和发展情况具有重要的意义。如果一个集合内部行动者关系比较直接、紧密或积极,那么,就称该集合为凝聚子群。目前,主要基于以下四个角度对凝聚子群进行形式化处理[①]:

关系是否互惠:用于考察任一对成员之间的相互选择和邻接情况,主要有派系。

子群成员是否可达:包括 n 派系、n 宗派。

子群内部成员之间关系的频次:包括 K 丛、K 核。

子群内部成员之间的关系相对于内、外部成员之间的关系密度:包括成分、块和切点、Lambda 集合和社会圈。

为了研究微博谣言传播网络内各子群内部关系的紧密程度,各子群之间的关系情况,选取其中的两个指标对其进行分析,包括成分分析和 K 核分析。

1. 成分分析

成分分析是以子群内外关系为基础进行的。成分是指满足以下条件的

---

① 刘军:《社会网络分析导论》,社会科学文献出版社 2004 年版。

群体，群体内部成员之间存在关联，而群体之间没有任何联系。[1] 从用户交流的角度看，成分就是一个交流的小团体，团体内的各个用户都可以进行直接或间接的交流，成分的规模标志着该小团体成员交往的机会和限制。

2. K 核分析

K 核分析是建立在点度数基础上的，如果一个子群中的每一个点都至少与该子群中的 K 个点直接相连，则称这个子群为 K 核。一般而言，K 值越小，K 核越松散。

（五）社会网络分析软件

社会网络分析软件（Ucinet）是一种功能强大的社会网络分析软件，它最初由加州大学尔湾分校社会网研究权威学者林顿·弗里曼（Linton Freeman）编写，后来主要由波士顿大学的史蒂夫·博加蒂（Steve Borgatti）和威斯敏斯特大学的马丁·埃维雷特（Martin Everett）维护更新。

Ucinet 包括大量的网络分析指标，如网络密度、中心度、结构洞理论、派系分析等，也包括一些常见的多元统计分析软件，如多维量表、因子分析、聚类分析等。此外，Ucinet 软件还有网络可视化工具 NetDraw，可以直观地展现网络的结构。因此，选用 Ucinet 分析软件计算各类指标。

三　研究设计

近年来，人民的生活水平已明显提高，对于生活的要求不仅是吃饱穿暖，而是更具品质的生活，不外乎衣食住行这几个方面；而民以食为天，食品安全问题越发打击了民众对于食品安全的信心，再加之广为流传的食品安全方面的有关谣言问题，更加给整个社会带来了恐慌。针对食品安全谣言的产生原因[2][3]，相关学者给出了一些结论，包括传播途径广、受众多为中老年人、民众对于科学知识的掌握甚少等，其中，有些学者研究了

---

[1] 平亮、宗利永：《基于社会网络中心性分析的微博信息传播研究——以 Sina 微博为例》，《图书情报知识》2010 年第 6 期。

[2] 汤丹、胡月珍：《浅谈食品谣言的发展及应对策略》，《科技视界》2017 年第 13 期。

[3] 苏瑶：《食品安全议题的微博谣言传播机制调查研究》，《新闻与传播》2017 年第 4 期。

影响网民对食品安全舆情事件参与的因素[①][②]，结果显示，网民过去的行为影响最大，这其实便是民众对于食品安全相关知识不了解所造成的，与以上学者的研究结果一致。此外，从网络舆情视角来分析食品安全问题，沉默的螺旋理论被多次引用，即一方的观点如果备受欢迎，那这一方就会积极参与进来，甚至极力去宣传此类观点，而如果一方的观点承认的人极少，就算自己赞同，也会保持沉默。

由于网络的开放性、隐蔽性，失实、虚假信息甚至是谣传信息等极易通过网络在大范围内传播，容易造成舆情爆发，引发公众恐慌，危害社会稳定。随着非质量食品安全事件的则是一系列的食品安全网络谣言，如菠菜豆腐同食会得结石、星巴克承认糕点含橡胶、普洱茶致癌等，这些食品安全网络谣言在一定程度上打击了公众对国内食品安全的信心，影响了我国食品产业的发展，对我国的食品安全检测工作造成了不良的影响。因此，在研究食品安全网络舆情的基础上，进一步研究食品安全网络谣言，对于有效地引导食品安全网络舆情具有重要的作用。

网络谣言本质上是基于网络中行动者之间的信息交流网络形成的，行动者在接收信息的同时也在向其他行动者发送信息，行动者之间形成了以"谣言信息"为纽带的社会网络。微博谣言指的是在微博平台上形成或传播的网络谣言，是网络谣言在微博平台上的体现，所以，微博谣言同样具有较为清晰的网络结构。而食品安全微博谣言是由食品安全事件引发的微博谣言，具有微博谣言的共性特征，因此，食品安全微博谣言也是具有清晰的网络结构。可见，运用社会网络分析方法研究食品安全微博谣言是可行的。近年来，基于社会网络分析的网络舆情事件研究越来越多，包括突发公共事件、意识形态斗争、旅游危机事件的讨论等，下面将基于社会网络分析方法，运用社会网络分析软件 Ucinet 对 2017 年食品安全微博谣言传播网络的网络结构进行研究。

（一）数据的收集和处理

在整理 2017 年食品安全微博谣言基础上，选取几则具有代表性的微博谣言事件，基于"菠菜豆腐同时会得结石""普洱茶致癌""无籽葡萄

[①] 洪巍、吴林海、王建华、吴治海：《食品安全网络舆情网民参与行为模型研究——基于12 个省、48 个城市的调研数据》，《情报杂志》2017 年第 12 期。

[②] 洪巍、李青、吴林海：《考虑信息真伪的食品安全网络舆情传播仿真与管理对策研究》，《系统工程理论与实践》2017 年第 12 期。

打了避孕药""星巴克承认糕点含有橡胶"等食品安全微博谣言事件构造2017年食品安全微博谣言传播网络。区别于研究单一谣言事件的网络结构，整合多则典型的食品安全微博谣言事件进行研究，可以排除单一谣言事件的随机性，客观地展现2017年食品安全微博谣言的传播网络结构。

以新浪微博为数据收集平台，搜索上述几则食品安全谣言事件，根据微博谣言的转发关系，构建1215×1215邻接"转发关系矩阵"，形成2017年食品安全微博谣言传播网络。对2017年食品安全微博谣言传播网络进行可视化处理，如图8-2所示。

图8-2直观地展现了2017年食品安全微博谣言传播网络的结构，在网络中编号为613（微博ID：土勹丫）、597（"情封"）的节点（椭圆形标记的）连接着2017年食品安全微博谣言传播网络中的三个群体，实现了2017年部分谣言信息的跨群体流动，扩大了谣言传播的范围和影响。若将这两个节点去除或者这些节点没有参与谣言的传播，那么2017年的各项微博谣言信息就只在部分群体中传播，即不同的群体传播不同的谣言信息，传播网络就更会被分割成一个个独立的群体，谣言信息便失去了传播的渠道。从图中可看出，2017年的部分微博谣言信息都是在群体内传播，这可能与近年来微博的一些官方媒体积极参与微博辟谣有关。

此外，图中还有一些节点（矩形标注的）是谣言信息的主要发布者，如22（碧生源牌常润茶，蓝V用户）、578（刘彬，黄V用户）、758（laenix_）、1165（摩诃般若风云）等节点，他们通常是一些经过认证的微博官方媒体或者是印象力较大的个人媒体，在2017年食品安全微博谣言社会网络中扮演着意见领袖的角色。在图的左上角还分布着一些孤立节点，他们通常是谣言信息传播的小众人群，对谣言传播并没有起到很大的作用。

（二）整体网络结构分析

1. 网络密度

在社会网络分析软件 Ucinet 中，沿着"Network→Cohesion→Density"路径计算2017年食品安全微博谣言传播网络的密度。在网络节点数为1215的2017年食品安全微博谣言传播网络中，网络密度为0.001，实际连线数为1212条。相比网络图的最大可能密度值0.5[①]，2017年食品安全

---

① Mayhew, B. H. and Leving, R. L., "Size and the Density of Interaction in Human Aggregates" [J]. *American Journal of Sociology*, 1976, 82 (1): 86-110.

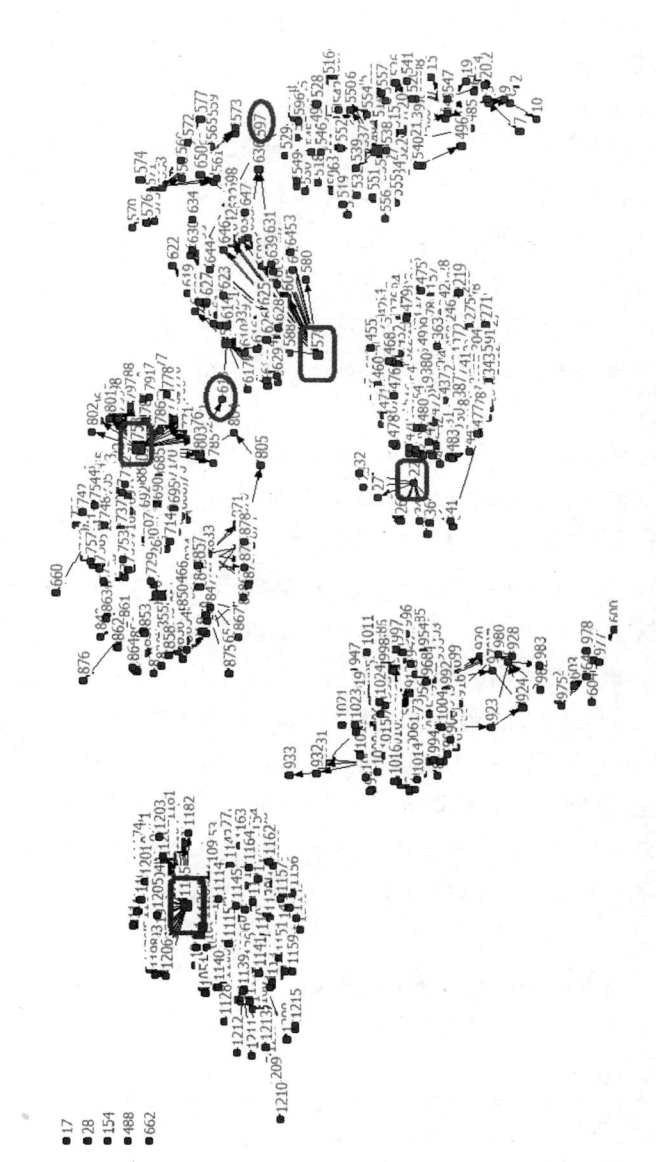

图 8-2 2017年食品安全微博谣言传播网络

微博谣言传播网络的密度显得很小，说明2017年食品安全微博谣言传播网络较为稀疏，行动者之间的联系不够紧密，但并不表示微博谣言传播不强烈，这主要是因为，微博谣言转发者之间的关系并不一定都很紧密。

2. 小世界现象研究

（1）平均路径长度

在社会网络分析软件 Ucinet 中沿着"Network→Cohesion→Geodesic Distances"路径计算平均路径长度。通过计算得出2017年食品安全微博谣言传播网络的平均路径长度为2.2，即在该微博谣言传播网络中每个行动者平均只需要通过2.2个行动者就可与其他行动者建立联系、进行信息交流，这表明谣言在2017年食品安全微博网络中依托行动者的传播较为便捷，信息流通速度较快。

（2）聚类系数

首先在 Ucinet 中沿着"Transform→Symmetrize"路径对2017年食品安全微博谣言传播网络的关系矩阵进行对称化处理；然后再沿着"Network→Cohesion→Clustering Coefficient"路径计算该微博谣言传播网络的聚类系数。为了更加科学合理地说明2017年食品安全微博谣言传播网络的聚类系数，本章参照姜鑫和田志伟[1]（2012）构造随机网络的方法，构造2017年食品安全微博谣言随机网络，具体操作过程如下：由网络密度分析部分可知，该微博谣言传播网络的实际连线数为1212，则平均度数为1212／1215≈1。在 Ucinet 中，沿着"Data→Random→Sociomettic"路径构造一个网络规模为1215、每个节点出度为1的随机网络，并计算所构造的随机网络的聚类系数 C。将2017年食品安全微博谣言传播网络的聚类系数与构造的随机网络的聚类系数进行对比，对比情况如表8-2所示。

表8-2　　　　实际网络和随机网络的聚类系数对比情况

	数值
实际网络	0.095
随机网络	0.000

---

[1] 姜鑫、田志伟：《微博社区内信息传播的"小世界"现象及实证研究——以腾讯微博为例》，《情报科学》2012年第8期。

2017年食品安全微博谣言传播网络的聚类系数为0.095，大于所构造的随机网络的聚类系数，且该微博谣言传播网络的平均路径长度为2.2，表明2017年食品安全微博谣言传播网络具有"小世界现象"。

从绝对的数值角度看，2017年食品安全微博谣言传播网络的聚类系数比较小，说明在该微博谣言传播网络中多数行动者之间信息交流并不是很充分，联系较少，网络整体缺乏凝聚力，2017年食品安全微博谣言网络的"小世界现象"不明显。同时，也表明该谣言传播网络中可能存在着较多的结构洞，而这些结构洞在网络中占据着优势地位，往往充当着行动者信息流动的"中介者"，控制着网络中资源的流动。

（三）个体位置角色分析

1. 中心性

中心性是社会网络分析的重点之一，在 Ucinet 软件中，分别沿着"Network→Centrality→Degree"和"Network→Centrality→Closeness"路径计算2017年食品安全微博谣言传播网络的点度中心度和接近中心度，具体情况见表8-3。

表8-3　　　　2017年食品安全微博谣言传播网络的
点度中心度和接近中心度（前10名）

编号	微博 ID	点度中心度	编号	微博 ID	接近中心度
21	中医养生堂	449	21	中医养生堂	916581
1025	聚焦热视频	140	22	碧生源牌常润茶	917020
879	新语丝之光001	124	42	木子雨蔺	917038
651	海疆在线	104	305	涂晶2155	917040
652	司马平邦	60	304	快乐生活人生如梦	917040
758	laenix_	47	309	梦中龙像娜	917040
484	健康白皮书	42	310	迷路的麋鹿-ltt	917040
1165	罗大伦	42	311	哒豆斗	917040
584	馮偉文	32	312	彼岸鳞琅	917040
578	刘彬	27	313	逸致茶道	917040

由表8-3可知，2017年食品安全微博谣言传播网络中点度中心度值最大的是编号为21的行动者，指标值为449，说明该行动者在网络中的

权利最大，与网络中较多的行动者之间存在信息交流，具有较强的信息交往能力和资源控制能力，在该微博谣言传播网络中处于核心位置。其他点度中心度指标值较大还有编号为 1025、879、651 的行动者，指标值依次为 140、124、104。

对于接近中心度，编号为 21 的行动者的值最小，表明在食品安全微博谣言传递过程中，该行动者在很大程度上不受其他行动者的控制，具有较强的独立性。紧随其后的有编号为 22、42 等行动者。

值得注意的是，在点度中心度指标值排名前 10 的行动者中只有 1 名行动者（21 号）的接近中心度指标值排名在前 10，且均居第一名，这反映在 2017 年食品安全微博谣言的传播过程中，编号为 21 的行动者不仅具有较强的交往能力、资源控制能力，而且具有较强的独立性，不受其他行动者的控制。而其他交往能力和资源控制能力较强的行动者在获取谣言时往往要依赖其他行动者。

在 2017 年食品安全微博谣言的传播网络中存在"意见领袖"，他们在网络中具有较强的交往能力和独立性，影响着谣言传播网络中信息的传递，使谣言信息的流动更为畅通。此外，这些意见领袖可以通过与其他行动者进行信息沟通、控制网络中的信息资源等实现谣言的跨群体流动和扩散。

2. 结构洞理论分析

在 Ucinet 软件中，沿着"Network→Ego Network→Structural Holes"路径计算结构洞指数，按照各个行动者的有效规模和限制度指标排名情况，整理结果如表 8-4 所示。

表 8-4　　　　结构洞指标计算结果（前 10 名）

编号	微博 ID	有效规模	限制度	编号	微博 ID	有效规模	限制度
21	中医养生堂	449	0.002	652	司马平邦	60	0.018
484	健康白皮书	42	0.024	758	laenix_	47	0.022
578	刘彬	27	0.037	879	新语丝之光001	124	0.004
584	冯伟文	32	0.031	1025	聚焦热视频	140	0.007
651	海疆在线	104	0.010	1165	罗大伦	42	0.015

2017 年，食品安全微博谣言传播网络中有效规模较大的有 21 号、

1025号、879号、651号等行动者,有效规模值分别为449、140、124、104。有效规模越大,说明网络的冗余程度越低,表明编号为21、1025、879、651的行动者在谣言传播网络中处于核心位置,并且更容易对网络中的其他行动者产生控制力。此外,该微博谣言传播网络中有效规模指标值较大的行动者的限制度指标值也较小,充分说明这些行动者具有较强的独立性,不易受其他行动者的影响,在网络中占据着较多的结构洞,并能够跨越结构洞获取到非冗余的信息资源,推动了网络中谣言信息的传递。

(四)凝聚子群分析

1. 成分分析

在 Ucinet 软件中,沿着"Network→Regions→Components"路径对2017年食品安全微博谣言进行成分分析,具体分析结果见表8-5。

表8-5　　　　　　　　　成分分析结果

成分	编号	概率
1	461	0.379
2	293	0.241
3	191	0.157
4	142	0.117
5	73	0.060
6	20	0.016
7	19	0.016
8	7	0.006
9	4	0.003
10	1	0.001
11	1	0.001
12	1	0.001
13	1	0.001
14	1	0.001

对2017年食品安全微博谣言传播网络进行成分分析发现,该微博谣言传播网络是由14个小团体组成,其中规模最大的成分拥有编号461的行动者,占整个网络的37.9%,紧接着是由编号293的行动者组成的成

分,该成分覆盖了网络中 24.1% 的行动者,其次是由编号 191 的行动者组成的部分,覆盖了网络中 15.7% 的行动者,最后是由编号 142 的行动者组成的部分,占 11.7%。由表 8-5 知,成分 1、2、3、4 覆盖了网络中 89.4% 的行动者。可见,2017 年食品安全微博谣言传播网络是由 4 个较大的成分和若干个较小的成分构成的,并且网络中绝大多数的节点都包含在 4 个较大成分中,因此,网络中部分行动者之间基本是相互连通的。

2. K 核分析

在 Ucinet 软件中,沿着 "Network→Regions→K - Core" 路径进行 K 核分析,具体分析结果见表 8-6。

表 8-6　　　　　　　　K 核分析结果

编号	微博 ID	K 值	编号	微博 ID	K 值
601	老雅痞	2	879	新语丝之光 001	2
602	RevengeRangers	2	919	虎王金金	2
603	蓝天白云法师 687	2	920	独门依星	2
651	海疆在线	2	921	快乐沉默的海	2
652	司马平邦	2	922	漫吹横笛 OR 春风吹又生	2
758	laenix_	2	923	贝加尔湖怪	2
803	园田海未的女朋友	2	968	圣灵剑舞	2
804	炎色反应	2	973	沈有财	2
805	卷卷卷卷狼	2	980	小泪滴 111	2
806	黑兔子的记忆	2	993	怕海盗船的猫	2
807	鸿渐升舞	2	1004	GrowEasy	2
808	鞻鞗鞅鞣	2	1019	算妳狠	2
809	台风小 K	2	1024	虫子_ A	2
810	静静的芦苇荡	2			

2017 年食品安全微博谣言传播网络的 K 值最大为 2,节点数为 27 个,在整个谣言传播网络中占据很小的一部分,说明该微博谣言传播网络较为松散,不存在较为紧密的凝聚子群。而且,并不存在可以控制 2017 年食品安全微博谣言传播的子群。

四 总结

通过收集2017年的食品安全微博谣言的转发数据,并构造2017年食品安全微博谣言传播网络,运用社会网络分析方法对2017年食品安全微博谣言传播网络进行定量研究,分析该微博谣言传播网络特征并挖掘网络中的关键节点,得出以下结论:

(一) 微博谣言传播网络具有的"小世界现象"不显著

通过分析2017年食品安全微博谣言传播网络的平均路径长度、聚类系数,发现该微博谣言传播网络较为稀疏,缺乏凝聚力,行动者联系不够紧密,网络中可能存在较多的结构洞。这一结论与以下几个基于社会网络分析方法研究的传播网络特征相一致:网络舆情管理研究[1]、中国国家图书馆官方微博用户的社会网络分析[2]、突发公共事件——上海滩踩踏事件中微博意见领袖的社会网络分析[3]。而这一观点与韦路等(2015)[4]基于Twitter媒介机构账号的社会网络分析中社会网络紧密连接的结论相悖。主要原因有:①与微博相比,Twitter本身就是一个诞生于美国的社会化媒体,因此,各国媒介机构之间的传播关系本身就是不平等的[5];②本章是基于2017年全年的食品安全微博谣言数据展开研究,而韦路的研究数据是采用抽取样本的方法;③韦路的研究对象为国际传播影响力,而本章的研究对象为食品安全微博谣言网络,相比之下,食品安全作为最基本的民生问题,社会关注度更高,更为广泛。

此外,不同于张玥等(2009)认为,舆情网络具有明显的"小世界现象"。本章认为,谣言传播网络具有的"小世界现象"不显著。其可能

---

[1] 王顺晔、刘大勇:《基于社会网络分析的网络舆情管理研究》,《电脑知识与技术》2015年第17期。

[2] 邱蒙雯、姜育恒:《微博用户的社会网络分析——以新浪微博中国国家图书馆官方微博为例》,《科技情报开发与经济》2015年第19期。

[3] 林祎韵:《突发公共事件中微博意见领袖的社会网络分析——以"12·31上海外滩踩踏事件"为例》,《暨南大学》2015年。

[4] 韦路、丁方舟:《社会化媒体时代的全球传播图景——基于Twitter媒介机构账号的社会网络分析》,《浙江大学学报》(人文社会科学版)2015年第6期。

[5] 同上。

的原因应是张玥和朱庆华（2009）[①]仅仅是根据平均路径长度来判断舆情网络的"小世界现象"，而本章则是在构造随机网络的基础上，综合比较平均路径长度和聚类系数的基础上做出判断的。

可见，正是由于食品安全事件是关乎民生的重大事件，在很大程度上使 2017 年食品安全微博谣言传播网络较为稀疏，"小世界现象"不显著。因此，对于食品安全网络谣言的监控范围应扩大，且应站在广大公众的角度，采用通俗易懂而非过于专业生硬的言论进行引导。

此外，不显著的"小世界现象"在一定程度上影响着谣言信息的快速传播与扩散，因此，政府及相关部门应该准确把握应对和引导谣言的时机，力争将谣言扼杀在摇篮中，避免谣言的大范围传播，降低谣言的社会影响。

（二）意见领袖推动微博谣言的传播与扩散

在 2017 年食品安全微博谣言传播网络中，点度中心度较高与接近中心度较低的节点具有较强的交往能力、独立性以及较高的影响力，在网络中居于核心位置，这些节点往往比较容易控制谣言信息的传递，推动了谣言更大范围的传播，正如编号为 21 的节点。此外，有效规模值较大、限制度值较小的节点往往在网络中占据着较多的结构洞，控制着网络中的信息资源，在网络中充当着"桥"的角色，占据着优势地位，例如编号为 1025、21、879 的节点。

在谣言信息传播过程，存在控制谣言信息流动和传播的关键节点，这些节点的点度中心度较高、接近中心度较低，占据较多的结构洞。这些节点通常是谣言传播网络中的"意见领袖"，如在 2017 年食品安全微博谣言传播网络中，编号为 21、1025、879 等节点。因此，对于谣言传播的干预可以通过改变节点的中心度、议程设置等手段，来改变网络节点对信息的接触率、谣言信息的传播率。在舆情的监控过程中，应善于挖掘谣言传播网络中的大 V 即"意见领袖"，重点关注和引导，同时应充分利用网络大 V 的影响力传播辟谣信息，通过网络大 V 与微博用户之间的互动，如转发、评论、回复等，消解谣言。此外，也可以通过提高网络大 V 在食品安全方面的知识素养和责任意识，对于那些恶意诱导公众的"网络推

[①] 张玥、朱庆华：《Web 2.0 环境下学术交流的社会网络分析——以博客为例》，《情报理论与实践》2009 年第 8 期。

手""水军"等予以法律制裁等手段,控制谣言的传播,避免非理性的集群行为产生。

(三) 微博谣言传播网络呈现连通性、不稳定性和脆弱性

通过成分和 K 核分析可以发现,2017 年食品安全微博谣言传播网络中存在 4 个规模较大与若干规模较小的成分,并且整个微博谣言传播网络中并没有哪个子群可以控制网络中全部信息资源的流动。此外,在 2017 年食品安全微博谣言传播网络中,各个子群之间以及子群内部成员之间均呈现出弱连接关系,这与韦路(2015)认为,子群内部呈现出紧密连接关系的研究结论相悖,究其原因,主要是相比国际传播影响力,食品安全谣言更容易引起社会各个领域公众的关注,其传播主体的覆盖面更广,加之国内微博用户数量远大于 Twitter 中媒介机构数量。

比较现有相关研究,本章主要有以下几点创新:一是以 2017 年全年食品安全微博谣言事件为研究对象,不仅可以揭示微博谣言网络结构的普遍性特征,还可以填补食品安全网络谣言研究的不足,丰富食品安全网络舆情的研究;二是引入成分分析指标对微博谣言网络的连通性、成员之间关系的稳定性进行研究;三是不再是仅根据平均最短路径来判别舆情网络是否呈现"小世界现象"。在构造随机网络的基础上,综合比较分析聚类系数和平均最短路径两个指标,从而在宏观上判断食品安全微博谣言网络的"小世界现象"是否显著。

本章数据为多则食品安全微博谣言的总量数据,并未考虑时间变量,未对谣言发展阶段进行细分。若在研究中加入时间变量,有助于分析微博谣言的不同发展阶段的网络结构特征以及关键节点的形成与流动。此外,采用基于事件的数据收集方法,从 2017 年食品安全微博谣言事件网民之间的转发关系出发捕捉虚拟网络节点间的动态联系,研究微博谣言的动态联系网络,容易受到网民行动随机性的干扰。上述两个问题有待进一步探讨和完善。

第九章

基于前景理论的食品安全网络谣言传播仿真研究

随着互联网的迅速发展，以及 Web 2.0 时代的到来，推动了互联网虚拟社区的发展，民众越来越倾向于在网络上发表自己的观点。手机等移动平台和在线社交网络的迅速普及使网民获取信息的方式更加便捷和迅速，网络的匿名性和信息在网民间的快速传播为网络谣言创造了条件。近年来，食品安全问题频发，连带产生很多食品安全网络谣言，如"塑料紫菜""注水西瓜"等，食品安全风险问题本身对社会造成的负面影响并不大，但是，公众的风险传播行为导致的食品谣言与社会恐慌等负面后果所造成的危害往往远大于食品安全问题本身所造成的危害，这些食品安全网络谣言的产生和广泛传播对相关产业造成了巨大损失，损害了公众的利益，不仅扰乱网络舆情的正常秩序，而且会对社会稳定造成影响。因此，如何对食品安全网络谣言进行有效的监管和控制，是一个重要问题。

一 文献回顾

食品安全网络谣言不同于普通的网络谣言，食品安全关系到每个人的切身利益，在面对食品安全风险时，公众会通过对相关食品安全信息收集进而形成一定的判断和决策，这种对食品安全风险的判断和决策是一种主观上的认知评估，对风险的不确定性会导致公众对风险信息的获取行为更加活跃，并且公众的信息搜寻行为是和风险感知呈正相关关系，公众不仅会从传统的大众媒体渠道获得风险信息，还从在线社交媒体获取相关风险信息，并且在线社交媒体会对公众的风险认知产生较大的影响。随着风险认知的增强，公众会采取一定的措施规避风险，当风险认知超出可承受范围时，公众的行为就会发生很大改变，这时公众的风险传播行为变得很活跃，倾向于根据自己对信息的理解将风险信息告诉自己周围的人，与他人分享风险信息，而这种风险信息的传播行为有可能产生二次的风险认知，并且促进食品安全谣言的产生和传播。Jung 和 Lee 根据危机情景沟通理论，通过设置一个食品制造商的谣言，并对 234 名毕业生和普通公众的调查研究了危机传播策略、信息来源类型和参与程度如何影响公众接受组织的沟通方式。Liu 和 Ma 通过对国家调查数据和媒体报告的分析，定量研究食品丑闻和媒体曝光对食品安全风险的影响，研究认为，政府应更加关注公众对食品安全的认知，促进食品安全教育，以减轻食品丑闻和谣言外溢效果。Xia 等以转基因生物为例，认为媒体的报道导致公众对转基因生物的反对和恐慌以及相关食品安全谣言的产生，使公众忽视了科学家通过调查得到的科学合理的结论，科学家应更广泛地传播科学和客观的调查结果。Lai 和 Yang 从风险认知的角度，通过实证研究探讨了公众食品安全风险认知和传播行为之间的关系，以及食品安全网络谣言为什么容易产生的生成机制。Chung 研究认为，互联网的发展为公众间的信息共享和公众参与提供了一个开放的空间，并且加强了社会风险的放大效应，公众的风险传播行为容易导致食品安全网络谣言的产生。

学者从不同的视角对食品安全网络谣言进行了研究，但缺乏从微观角度对食品安全网络谣言传播过程的研究，食品安全网络谣言传播过程包括网民、政府、网络推手等几个主体，网民、政府、网络推手等在食品安全网络谣言传播过程中的行为并不是完全理性的，如公众对于食品安全风险的主观认知水平往往偏离实际的食品安全客观风险水平，并且各主体间并不是相互孤立的，食品安全网络谣言传播演化过程是各主体之间相互博弈的结果，传统的演化博弈模型在计算决策主体的收益时是以期望效用理论的客观收益为基础，缺乏对参与者主观认知层面的建构，理性人假设不能很好地适用在这种博弈环境中。前景理论通过参照点将决策主体的心理偏好引入决策过程中，能够较好地解决不确定情况下有限理性的决策行为。因此，本章就将前景理论和博弈论引入食品安全网络谣言的研究中，根据前景理论中的价值函数来描述食品安全网络谣言中各主体的价值感知；然后构建基于前景理论的演化博弈模型，将有限理性假设贯彻到食品安全网络谣言传播过程各主体中，使食品安全网络谣言的传播更符合实际情况；最后，通过数值仿真进行分析，为食品安全网络谣言的研究提供一个崭新的视角,并为政府应对食品安全网络谣言提供参考依据。

二 模型假设及解释

(一) 模型假设

互联网的发展和移动客户端的出现使谣言传播打破了时间和空间的限制,在自媒体时代,人人都能成为谣言传播者。近年来,许多食品安全网络谣言产生后,在网络谣言推手的操作下广泛传播并对公众利益和社会稳定造成很大影响。"网络推手"是指借助网络媒介进行策划、实施并推动特定对象,使之产生影响力和知名度的人,对象包括企业、品牌、事件以及个人。[1] 在食品安全网络谣言的传播过程中,网络谣言推手扮演了重要的角色,网络谣言推手是具有一定目的性的谣言传播主体,通过传播谣言实现经济以及心理等方面的收益,但随着政府对食品安全类网络谣言治理的重视,出台了相应治理网络谣言的法律法规,造谣者和传谣者都会受到相应的法律惩罚。网络谣言推手在对谣言进行传播时就会考虑收益和成本的问题,只有当传播网络谣言带来的收益大于所要付出的成本时,网络谣言推手才有可能会传播谣言。同时,普通网民在接收到食品安全网络谣言时,并不一定能辨别出谣言信息的真实性,在决定是否进行传播时,也会考虑传播信息所获得的收益和花费的成本。此外,网络谣言推手对受到法律惩罚和普通网民面对食品安全类信息时收益的主观认知并不是完全理性的,期望效用的收益函数并不能很好地适用不确定条件下行为主体的决策行为。本章在构建博弈模型时,考虑网络谣言推手与网民、网络谣言推手与网络谣言推手、网民与网民三对主体之间的博弈情况,政府通过监管行为对博弈结果产生影响,并提出以下假设:

假设9-1 博弈过程中包括网络谣言推手、网民和政府三类主体,且三类主体中的个体均是有限理性,策略选择是基于自身对于策略价值的主观感知,而非策略的实际效用情况,这种感知价值的特征符合前景理

---

[1] Chen, F. and Huang, J., "The Strategy of Managing Net - cheaters Based on Three - side Game" [J]. *Chinese Public Administration*, 2013 (11): 18 - 21.

论。即具有前景价值函数 $V = \sum_i \pi(p_i)\nu(\Delta\omega_i)$ 的形式①,未改进前的博弈收益是期望效用,即具有 $U = \sum_i p_i\omega_i$ 的形式。其中,p_i 为事件 i 发生的客观概率,决策权重 $\pi(p_i)$ 是参与者对事件 i 发生概率的主观认知,$\pi(p_i)$ 具有如下特征:$\pi(0)=0$,$\pi(1)=1$;当 p_i 较小时,$\pi(p_i) > p_i$,当 p_i 较大时,$\pi(p_i) < p_i$。$\Delta\omega_i$ 为事件 i 发生后,参与者所得的实际收益与参照点的差值②,即 $\Delta\omega_i = \omega_i - \omega_0$,$\nu(\Delta\omega_i)$ 具有如下特征:当 $\Delta\omega_i > 0$ 时,$\nu''(\Delta\omega_i) < 0$;当 $\Delta\omega_i < 0$ 时,$\nu''(\Delta\omega_i) > 0$。决策主体在进行策略选择时,仍然遵循效用最大化原则,也就是效用最大的前景。效用函数 $\nu(\Delta\omega_i)$ 和决策权重函数 $\pi(p_i)$ 的具体表达式如下:

$$\pi^+(p) = \frac{p^\gamma}{[p^\gamma + (1-p)^\gamma]^{\frac{1}{\gamma}}} \tag{9.1}$$

$$\pi^-(p) = \frac{p^\delta}{[p^\delta + (1-p)^\delta]^{\frac{1}{\delta}}} \tag{9.2}$$

$$\nu(x) = \begin{cases} x^\alpha, & x \geq 0 \\ -\lambda(-x)^\beta, & x < 0 \end{cases} \tag{9.3}$$

式中,x 表示实际收益;α、β 表示风险态度系数,反映了决策者对待收益和损失的不同风险态度,α、$\beta \in (0,1)$,λ 为损失厌恶系数,$\lambda > 1$;γ、δ 分别表示收益和损失的概率权重函数的弯曲程度,反映了决策者对待收益风险和损失风险的不同态度,$\gamma > 0$,$\delta > 0$。

假设 9-2 在博弈模型中,博弈双方的行为抽象为传播与不传播两种情况,即网络谣言推手和网民的行为只存在传播谣言和不传播谣言两种策略。

假设 9-3 网络谣言推手在传播食品安全网络谣言时具有一定的目的性,通过操作使谣言信息获得更大的社会影响力,进而达到在竞争中占据优势的商业目的、使商品或个人具有知名度等。网络谣言推手在操纵食品安全网络谣言时需要花费一定的时间、金钱等成本,因为每个网络谣言推手所拥有的物质、资源等条件不同,所以,每个网络谣言推手在操纵食

---

① Tversky, A. and Kahneman, D., "Advances in Prospect Theory: Cumulative representation of Uncertainty" [J]. *Journal of Risk and Uncertainty*, 1992, 5 (4): 297–323.

② 参照点的选择可以分为现状参照点和非现状参照点。现状参照点是指个体以目前所处的现实情况为参照点,非现状参照点是指无客观现状参照的情况,以期望收益水平作为参照点。

品安全网络谣言时所付出的成本都是不同的。在与网民的博弈关系中，当网民传播食品安全网络谣言时，网络谣言推手会获得额外的收益。

假设9-4 网民在面对食品安全网络谣言信息时，存在一定的概率能辨别出谣言信息的真假。当辨别出是谣言信息时，则不会进行传播；当没有辨别出是谣言信息时，才会对谣言信息进行传播。网民在传播食品安全网络谣言时会获得相应的心理收益，如信息获取收益、通过传播食品安全信息让周围亲朋好友知晓从而降低食品安全风险、传播信息获得在群体中更大的影响力和成员身份的认同等，当网民没有传播食品安全网络谣言信息时会因为没有从众可能会承受相应的食品安全风险而产生心理损失。此外，网民传播食品安全谣言信息会花费相应的时间、精力、信息搜寻等成本，由于每个网民所具有的知识、能力基础的不同，传播食品安全网络谣言信息所付出的成本也是不同的。

（二）博弈矩阵构建及解释

基于以上几个假设，构建网民和网络谣言推手、网民和网民以及网络谣言推手和网络谣言推手三对主体之间的行为博弈的收益感知矩阵如表9-1至表9-3所示。

表9-1　　　　网络谣言推手和网民博弈感知收益矩阵

		网民 传播	网民 不传播
网络谣言推手	传播	$\pi(p_0)v(R_1) + v(M) - \pi(p)v(C_3) - v(C_1)$; $\pi(p_1)v(R_2) + v(N) - (1-p_2)C_4 - v(C_2)$	$\pi(p_0)v(R_1) - \pi(p)v(C_3) - v(C_1)$; $-v(C_5)$
网络谣言推手	不传播	0; $\pi(p_1)v(R_2) - (1-p_2)C_4 - v(C_2)$	0; $-v(C_5)$

表9-2　　　　网民和网民博弈感知收益矩阵

		网民 传播	网民 不传播
网民	传播	$\pi(p_1)v(R_2) + v(N) - (1-p_2)C_5 - v(C_2)$; $\pi(p_1)v(R_2) + v(N) - (1-p_2)C_4 - v(C_2)$	$\pi(p_1)v(R_2) - (1-p_2)C_4 - v(C_2)$; $-v(C_5)$
网民	不传播	$-v(C_5)$; $\pi(p_1)v(R_2) - (1-p_2)C_4 - v(C_2)$	$-v(C_5)$; $-v(C_5)$

表9-3　网络谣言推手和网络谣言推手博弈感知收益矩阵

		网络谣言推手	
		传播	不传播
网络谣言推手	传播	$\pi(p_0)v(R_1)+v(M)-\pi(p)v(C_3)-v(C_1)$；$\pi(p_0)v(R_1)+v(M)-\pi(p)v(C_3)-v(C_1)$	$\pi(p_0)v(R_1)-\pi(p)v(C_3)-v(C_1)$；0
	不传播	-0；$\pi(p_0)v(R_1)-\pi(p)v(C_3)-v(C_1)$	0；0

参数含义如下：

R_1：网络谣言推手传播食品安全谣言所获得的经济及心理收益。

R_2：网民传播食品安全网络谣言的所获得的心理收益。

C_1：网络谣言推手传播食品安全谣言所付出的成本。

C_2：网民传播食品安全谣言所付出的成本。

C_3：网络谣言推手传播食品安全谣言所受到的法律惩罚。（此处法律惩罚以其他网络谣言推手传播谣言信息所受到的惩罚为参考依据）

C_4：网民传播食品安全谣言所受到的法律惩罚。（此处法律惩罚以其他网民传播谣言信息所受到的惩罚为参考依据）

C_5：当周围人对谣言信息进行传播时，因为和群体行为的不一致而遭受的心理损失。

p_0：网络谣言推手传播食品安全谣言获得收益的概率，$p_0 \in (0,1)$。

p：政府对食品安全网络谣言的监管力度，也可表示传播食品安全网络谣言被惩罚的概率，$p_0 \in (0,1)$。

p_1：网民传播食品安全谣言获得收益的概率，$p_1 \in (0,1)$。

p_2：网民辨别出谣言信息真假的概率，$p_2 \in (0,1)$。

M：当有网民对食品安全网络谣言进行传播时，网络谣言推手所获得的额外收益。

N：当网民和网络谣言推手双方都对食品安全网络谣言进行传播时，网民所获得的额外收益。

在网络谣言推手对食品安全网络谣言进行传播时，网络谣言推手对获得收益的可能性和被法律惩罚的概率会有一个主观认知，分别以当前收益状况和没有受到惩罚作为参照点，根据假设9-1可得：

网络谣言推手获得收益的价值感知为：

$$\pi(p_0)\nu(R_1) + \pi(1-p_0)\nu(0) - \pi(p_0)\nu(R_1) \tag{9.4}$$

网络谣言推手受到惩罚的价值感知为：

$$\pi(p)\nu(C_3) + \pi(1-p)\nu(0) - \pi(p)\nu(C_3) \tag{9.5}$$

网络谣言推手获得额外收益的价值感知为：

$$\nu(M) = \pi(1)\nu(M) + \pi(0)\nu(0) \tag{9.6}$$

网络谣言推手传播食品安全网络谣言所需付出的成本为：

$$\nu(C_2) = \pi(1)\nu(C_2) + \pi(0)\nu(0) \tag{9.7}$$

因此，当网络谣言推手和网民同时传播谣言时，网络谣言推手的收益前景值为：

$$\pi(p_0)\nu(R_1) + \nu(M) - \pi(p)\nu(C_3) - \nu(C_1) \tag{9.8}$$

同理，当网民传播食品安全网络谣言时，以当前收益状况和没有受到惩罚作为参照点可得：

网民获得收益的价值感知为：

$$\pi(p_1)\nu(R_2) = \pi(p_1)\nu(R_2) + \pi(1-p_1)\nu(0) \tag{9.9}$$

网民获得额外收益的价值感知为：

$$\nu(N) = \pi(1)\nu(N) + \pi(0)\nu(0) \tag{9.10}$$

网民传播食品安全网络谣言所需付出的成本为：

$$\nu(C_2) = \pi(1)\nu(C_3) + \pi(0)\nu(0) \tag{9.11}$$

当网络谣言推手和网民同时传播谣言时，网络谣言推手的收益前景值为：

$$\pi(p_1)\nu(R_2) + \nu(N) - (1-p_2)C_4 - \nu(C_2) \tag{9.12}$$

（三）仿真过程

（1）设定初始的基础网络模型。选择 BA 无标度网络对网络谣言传播过程进行模拟，其中，初始时刻网络中节点数 n 为 3，在增长过程中，每次引入节点时生成的边数 m 为 2，最终，构建的网络规模 N 为 100。

（2）假设随机选择初始网络中度较大的 3 个节点作为食品安全网络谣言推手，网络中其他节点均为网民。其中，谣言推手拥有谣言信息，网民为未知者，不具有谣言信息，并且，谣言推手以 100% 的概率对谣言信息进行传播。

（3）在传播过程完成后，记录网络中每个节点的心理收益和谣言信息的传播次数，设定只有当该节点具有谣言信息并且该节点的心理收益大于该节点所连接的所有节点的心理收益的平均值时,该节点才会对谣言信息进行传播;否则,不会对谣言信息进行传播,然后对节点的心理收益和谣言信息的传播次数进行更新,并遍历整个网络。

(4) 重复步骤 (3),直到传播过程达到稳定状态。

(5) 重复运行程序 100 次,并求出运算结果的平均值。

(6) 通过改变政府对食品安全网络谣言的监管力度 (p)、网络谣言推手传播谣言获得收益的概率 (p_0)、网民传播谣言获得收益的概率 (p_1)、网民因为与群体行为不一致而遭受的心理损失 (C_5)、推手和网民传播谣言信息所获得收益的相关参数 R_1、R_2、M、N 的值、推手和网民因为传播谣言信息所付出的成本和受到的惩罚相关参数 C_1、C_2、C_3、C_4 的值,分析对网民平均心理收益、网民平均传播概率、网络平均心理收益和网络平均传播概率的影响;改变前景理论价值函数和权重函数的相关参数,分析对网民平均传播概率和网民平均收益的影响。

三 食品安全网络谣言传播仿真实验分析

(一) 博弈矩阵参数对传播过程的影响

1. 政府对食品安全网络谣言的监管力度 (p) 对传播过程的影响

假设:初始状态下,选取 3 个度较大的节点作为食品安全网络谣言推手,推手和网民传播谣言信息所获得的相关收益 $R_1 = 10$,$R_2 = 6$,$M = 4$,$N = 2$;推手和网民因为传播谣言信息所付出的成本和受到的惩罚 $C_1 = 4$,$C_2 = 2$,$C_3 = 5$,$C_4 = 2$;网民因为与群体行为不一致而遭受的心理损失 $C_5 = 1$;网民对谣言信息的辨别能力服从正态分布,且标准差 $\sigma = 0.7$;网络谣言推手和网民传播谣言获得收益的概率 $p_0 = 0.8$,$p_1 = 0.6$;政府对食品安全网络谣言的监管力度有两种情况,$p = 0.4$ 和 $p = 0.8$。实验结果如图 9-1 所示。

从图 9-1 可以看出,政府对食品安全网络谣言的监管力度对网民和网络的平均传播概率以及平均收益均具有较为显著的影响,并且监管力度越大,谣言传播达到稳定状态时,网民和网络的平均传播率越小,网民和网络的平均收益也越小。这很容易理解,因为随着政府对食品安全网络谣言的监管力度的加大,推手和网络传播谣言受到法律惩罚的概率也会变

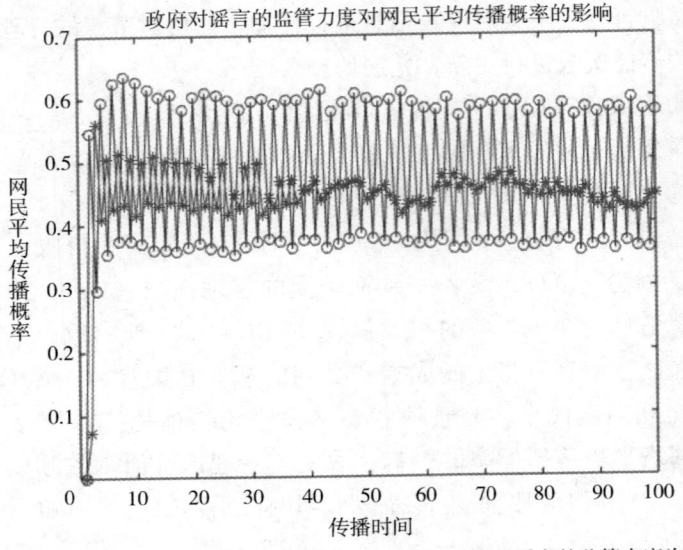

政府对谣言的监管力度对网民平均传播概率的影响

（a）网民平均传播概率

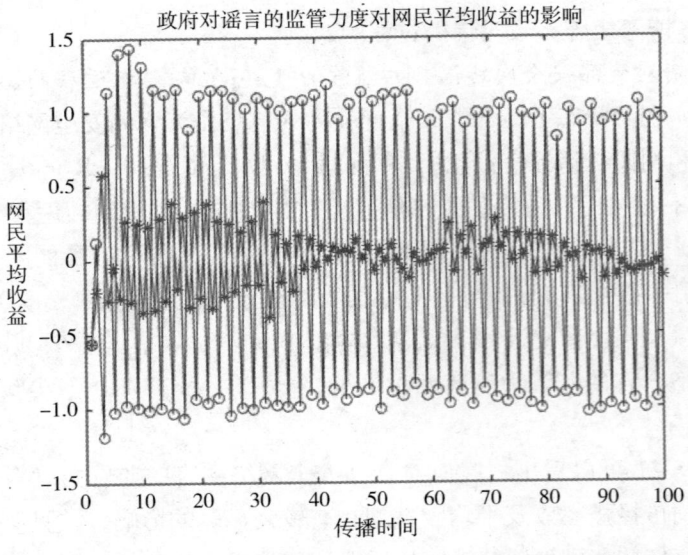

政府对谣言的监管力度对网民平均收益的影响

（b）网民平均收益

（c）网络平均传播概率

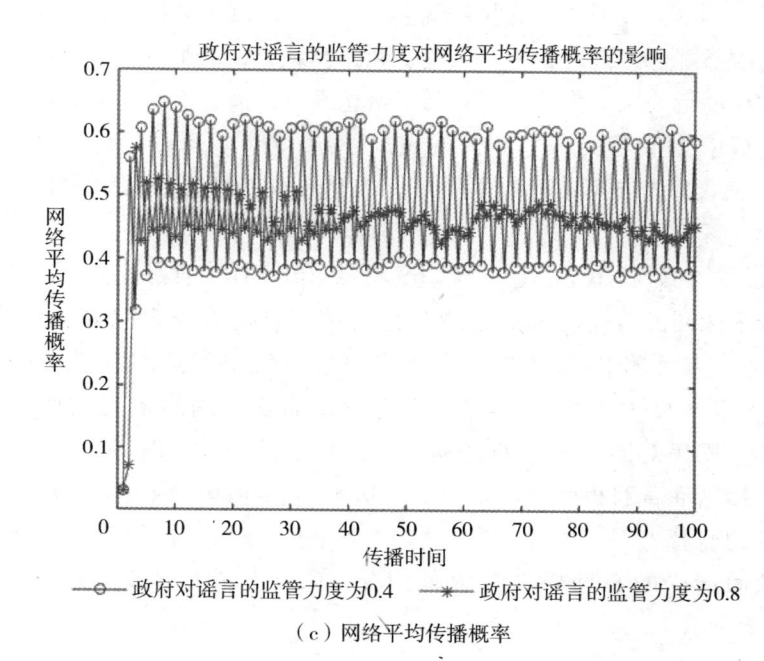

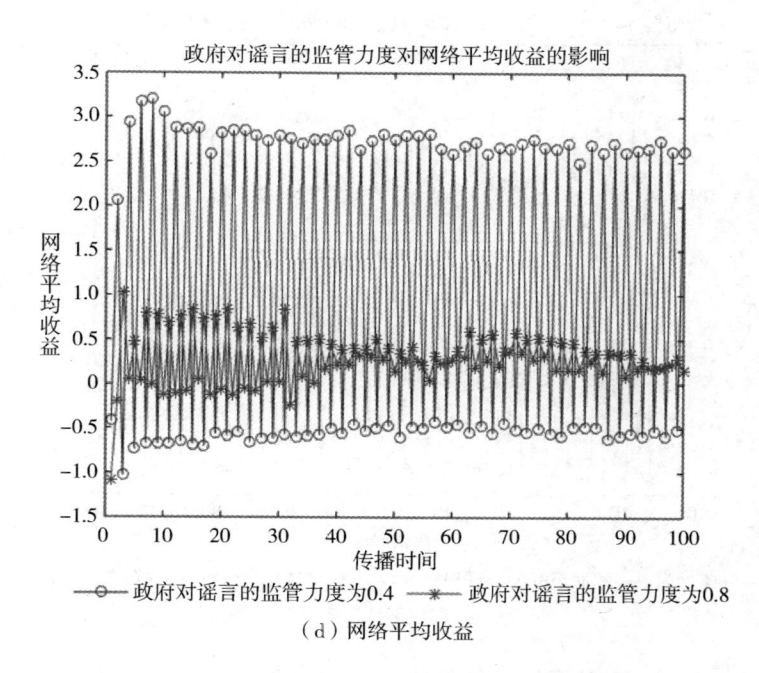

（d）网络平均收益

图 9-1　政府对食品安全网络谣言的监管力度对传播过程的影响

大，推手和网民传播谣言的收益就会降低，导致网民和网络传播谣言信息的平均收益降低；同时，为了避免受到法律惩罚，推手和网民可能会改变自己的传播行为，减少或者不对谣言信息进行传播，所以，谣言信息的平均传播概率会降低。

2. 网民因为与群体行为不一致而遭受的心理损失（C_5）对传播过程的影响

假设：初始状态下，选取 3 个度较大的节点作为食品安全网络谣言推手，推手和网民传播谣言信息所获得的相关收益 $R_1 = 10$，$R_2 = 6$，$M = 4$，$N = 2$；推手和网民因为传播谣言信息所付出的成本和受到的惩罚 $C_1 = 4$，$C_2 = 2$，$C_3 = 5$，$C_4 = 2$；政府对食品安全网络谣言的监管力度 $p = 0.5$；网民对谣言信息的辨别能力的标准差 $\sigma = 0.7$；网络谣言推手和网民传播谣言获得收益的概率 $p_0 = 0.8$，$p_1 = 0.6$；政府对食品安全网络谣言的监管力度有两种情况 $p = 0.4$ 和 $p = 0.8$。网民因为与群体行为不一致而遭受的心理损失有两种情况，$C_5 = 4$ 和 $C_5 = 8$；实验结果如图 9 - 2 所示。

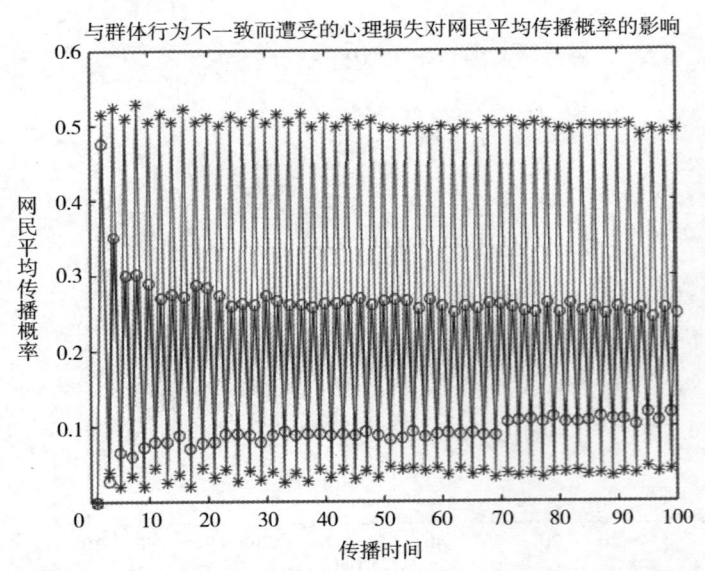

与群体行为不一致而遭受的心理损失对网民平均传播概率的影响

—○— 与群体行为不一致而遭受的心理损失为4　—＊— 与群体行为不一致而遭受的心理损失为8

（a）网民平均传播概率

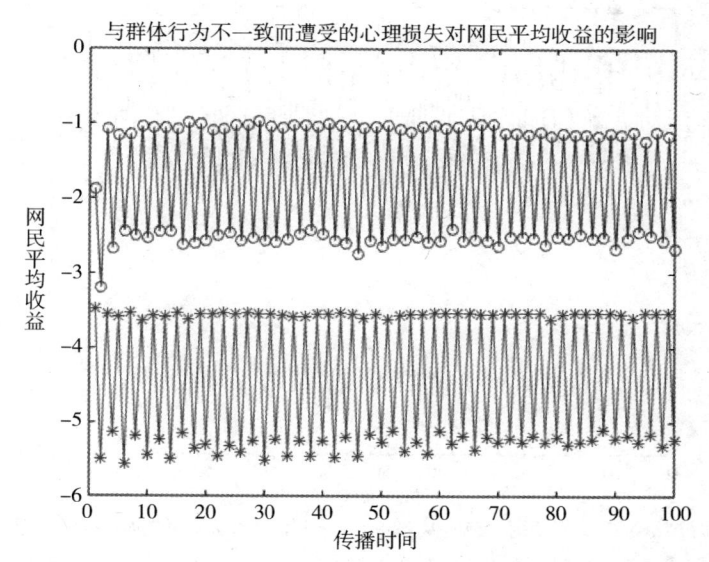

第九章 基于前景理论的食品安全网络谣言传播仿真研究

与群体行为不一致而遭受的心理损失对网民平均收益的影响

—○— 与群体行为不一致而遭受的心理损失为4   —∗— 与群体行为不一致而遭受的心理损失为8

(b) 网民平均收益

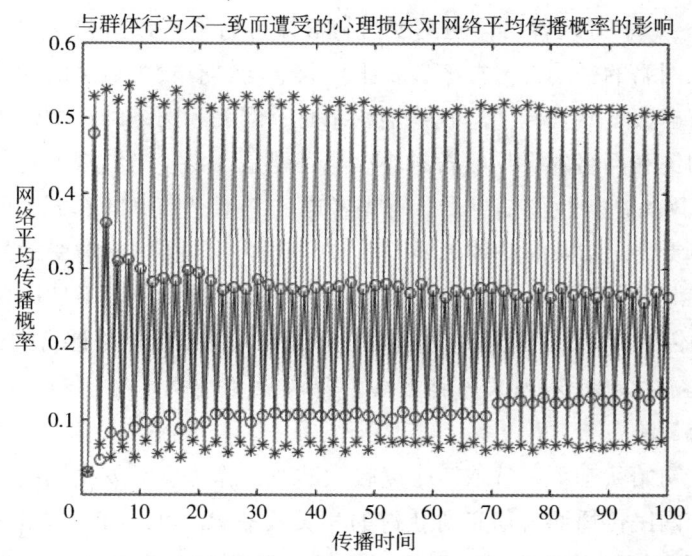

与群体行为不一致而遭受的心理损失对网络平均传播概率的影响

—○— 与群体行为不一致而遭受的心理损失为4   —∗— 与群体行为不一致而遭受的心理损失为8

(c) 网络平均传播概率

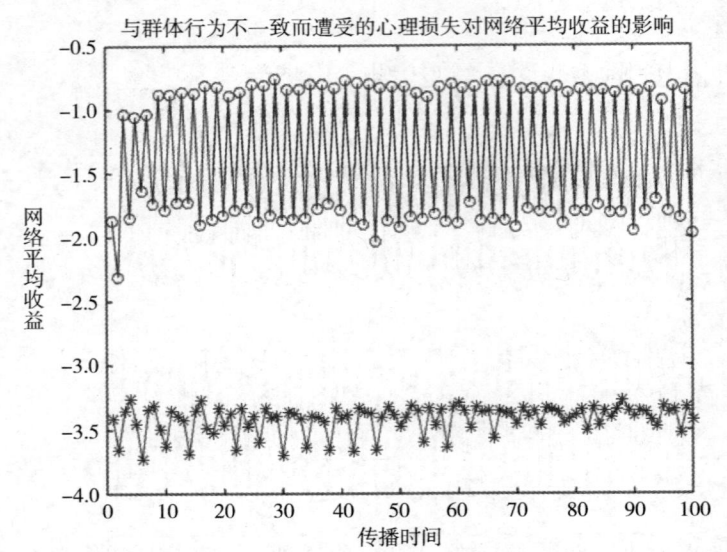

与群体行为不一致而遭受的心理损失对网络平均收益的影响

──○── 与群体行为不一致而遭受的心理损失为4　──✳── 与群体行为不一致而遭受的心理损失为8

（d）网络平均收益

图9-2　网民与群体行为不一致而遭受的心理损失对传播过程的影响

从图9-2中可以看出，网民因为与群体行为不一致而遭受的心理损失对网民和网络的平均传播概率以及平均收益均具有较为显著的影响，并且心理损失越大，谣言传播达到稳定状态时，网民和网络的平均传播概率越大，而网民和网络的平均收益越小。这可能是因为，当周围人对信息进行传播时，网民在接收到信息后，首先考虑的并不是信息的真假，而是信息本身的重要性，如果信息越重要，而自己选择不传播可能遭受的损失就越大，所获得相应的收益就越低。因此，为了提高自身的收益，网民就会改变自己的传播行为，这也在一定程度上促进了食品安全网络谣言的传播。

3. 网络谣言推手和网民传播谣言获得收益的概率（p_0）和（p_1）对传播过程的影响

假设：初始状态下，选取3个度较大的节点作为食品安全网络谣言推手，推手和网民传播谣言信息所获得的相关收益 $R_1=10$，$R_2=6$，$M=4$，$N=2$；推手和网民因为传播谣言信息所付出的成本和受到的惩罚 $C_1=4$，$C_2=2$，$C_3=5$，$C_4=2$；政府对食品安全网络谣言的监管力度 $p=0.5$；网民因为与群体行为不一致而遭受的心理损失 $C_5=1$；网民对谣言信息的辨

第九章 基于前景理论的食品安全网络谣言传播仿真研究

别能力的标准差 $\sigma = 0.7$；网络谣言推手和网民传播谣言获得收益的概率 $p_0 = 0.8$，$p_1 = 0.6$；网络谣言推手和网民传播谣言获得收益的概率包括两种情况，$p_0 = 0.4$，$p_0 = 0.8$ 和 $p_1 = 0.3$，$p_1 = 0.6$。实验结果如图 9-3 所示。

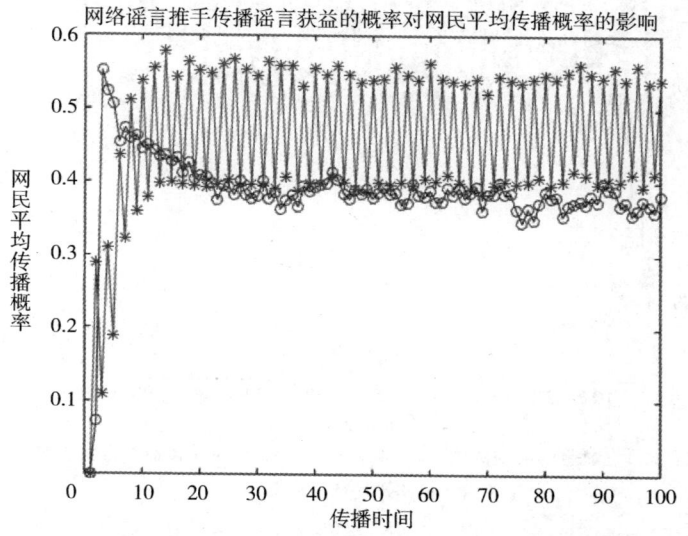

（a）网民平均传播概率

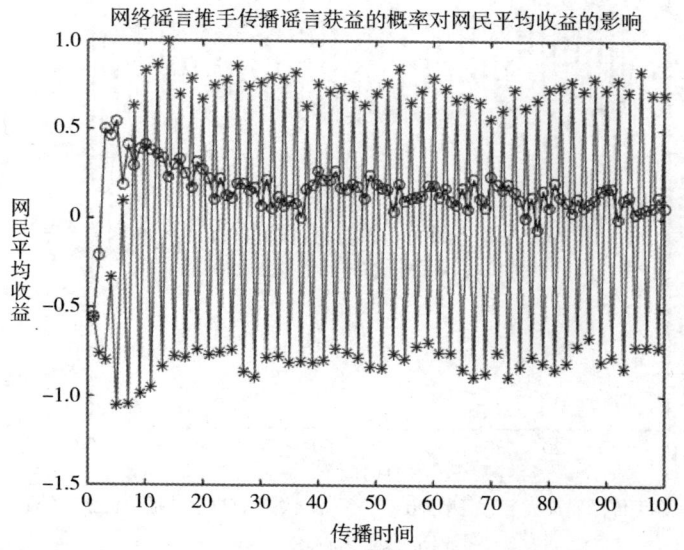

（b）网民平均收益

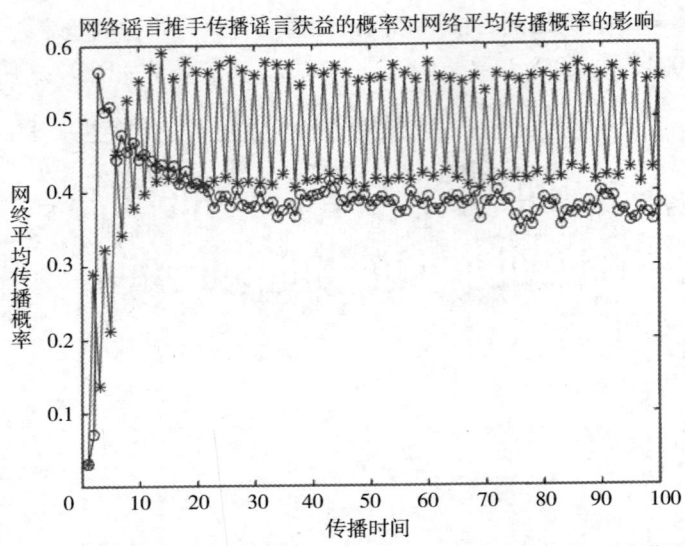

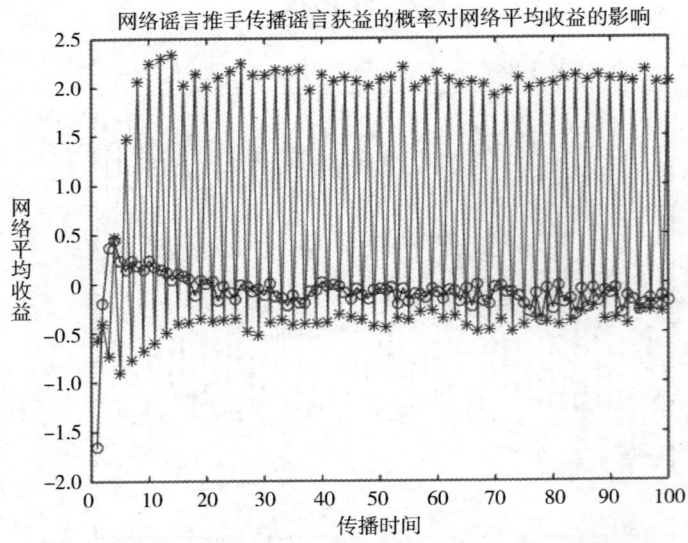

（c）网络平均传播概率

（d）网络平均收益

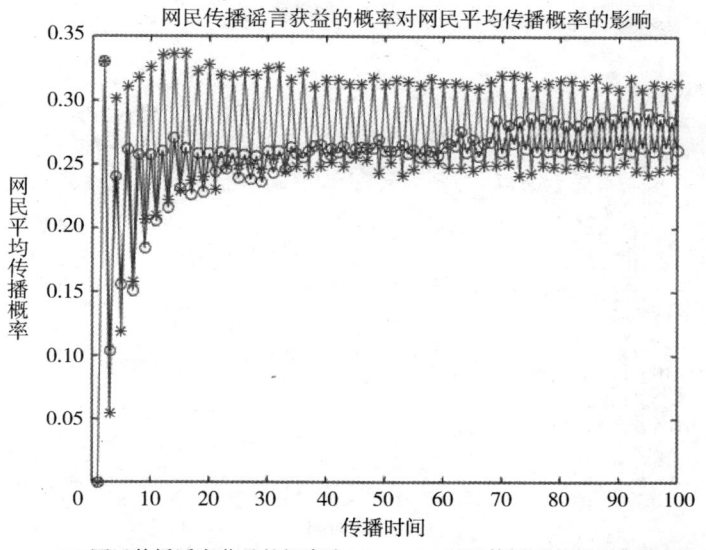

第九章 基于前景理论的食品安全网络谣言传播仿真研究

（e）网民平均传播概率

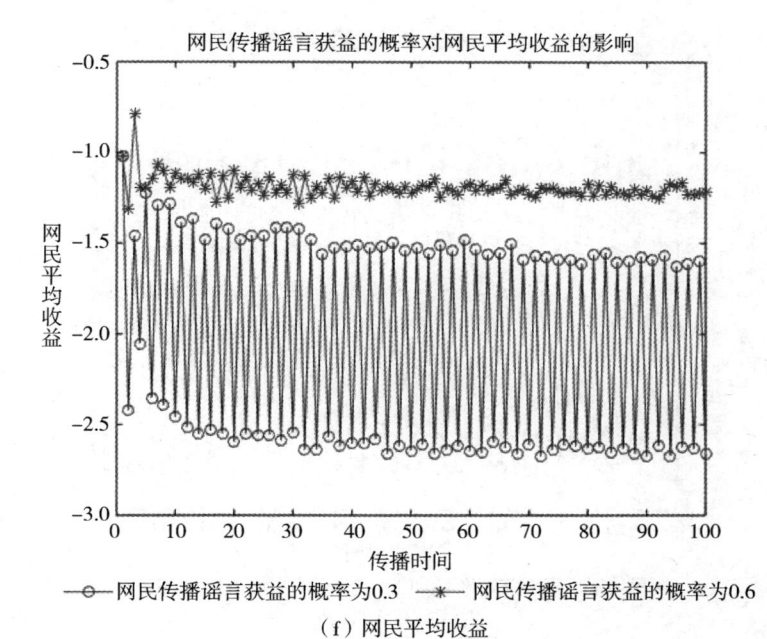

（f）网民平均收益

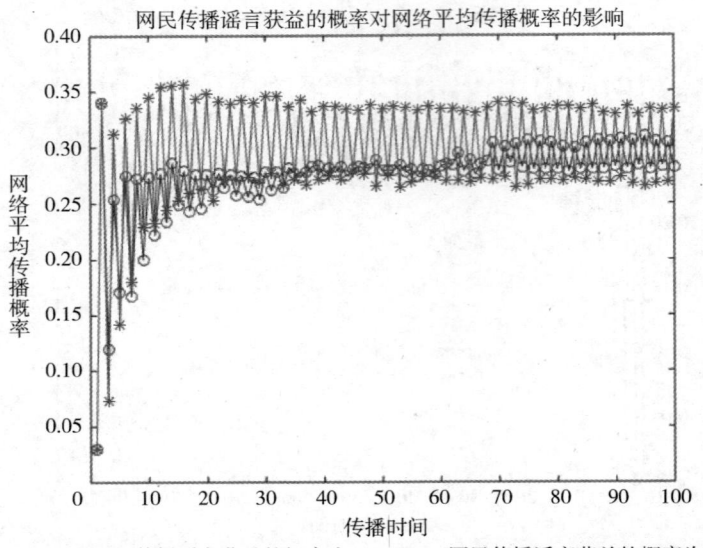

（g）网络平均传播概率

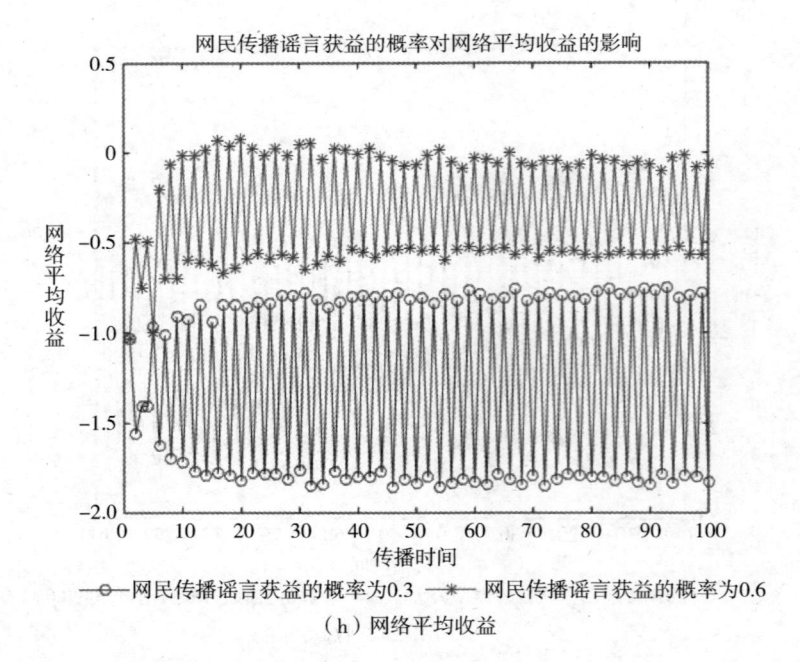

（h）网络平均收益

图9-3 网络谣言推手和网民传播谣言获得收益的概率对传播过程的影响

从图9-3中可以看出，网络谣言推手和网民传播谣言获得收益的概率对网民和网络的平均传播概率以及平均收益均具有较为显著的影响，并且网络谣言推手和网民传播谣言获得收益的概率越大，谣言传播达到稳定状态时，网民和网络的平均传播概率越大，网民和网络的平均收益越大。当推手和网络认为传播谣言相关信息所获得收益的概率越大时，越倾向于传播谣言信息，导致谣言信息被传播的平均概率变大，相应的平均收益也变大。

4. 推手和网民传播谣言信息所获得收益的相关参数 R_1、R_2、M、N 对传播过程的影响

假设：初始状态下，选取3个度较大的节点作为食品安全网络谣言推手，推手和网民因为传播谣言信息所付出的成本和受到的惩罚 $C_1=4$，$C_2=2$，$C_3=5$，$C_4=2$；网络谣言推手和网民传播谣言获得收益的概率 $p_0=0.8$，$p_1=0.6$；网民因为与群体行为不一致而遭受的心理损失 $C_5=1$；政府对食品安全网络谣言的监管力度 $p=0.5$；网民对谣言信息的辨别能力的标准差 $\sigma=0.7$；推手和网民传播谣言信息所获得收益的相关参数包括4种情况，$R_1=5$，$R_1=10$；$R_2=1$，$R_2=3$；$M=4$，$M=8$ 和 $N=3$，$N=6$。实验结果如图9-4所示。

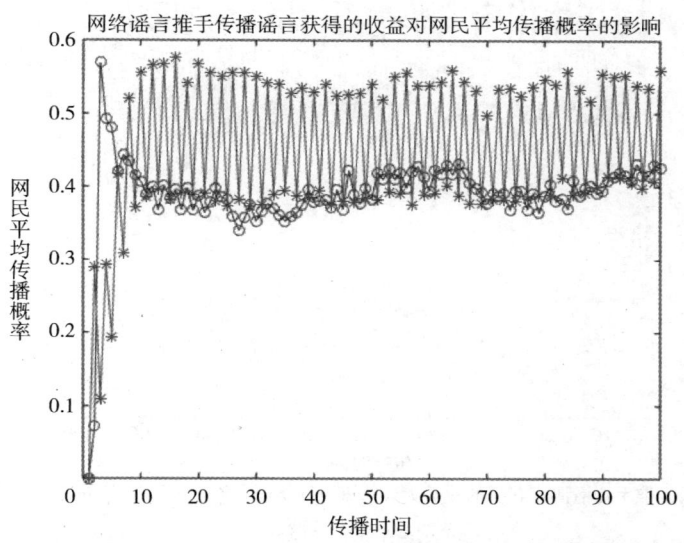

网络谣言推手传播谣言获得的收益对网民平均传播概率的影响

—◦— 网络谣言推手传播谣言获得的收益为5　—∗— 网络谣言推手传播谣言获得的收益为10

（a）网民平均传播概率

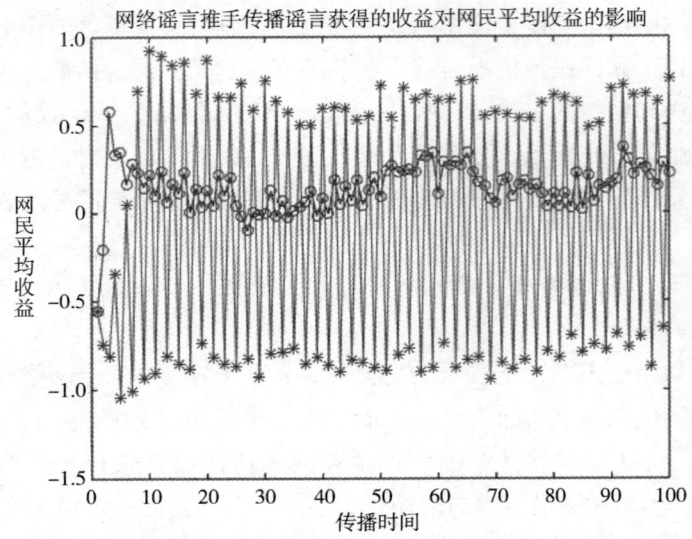

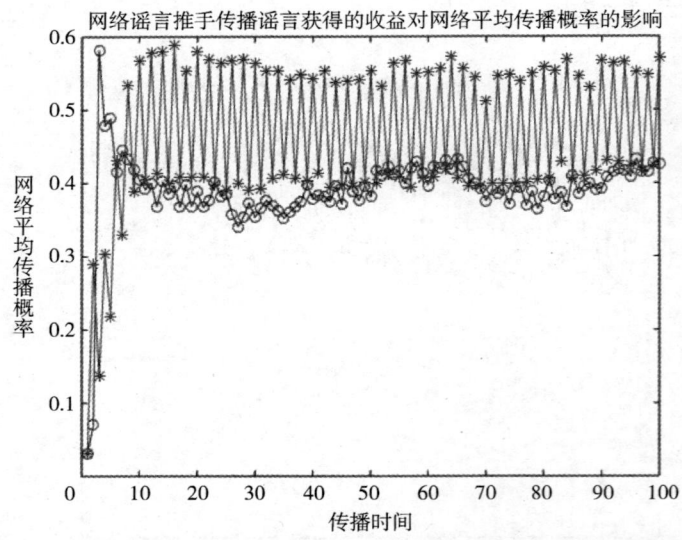

（b）网民平均收益

（c）网络平均传播概率

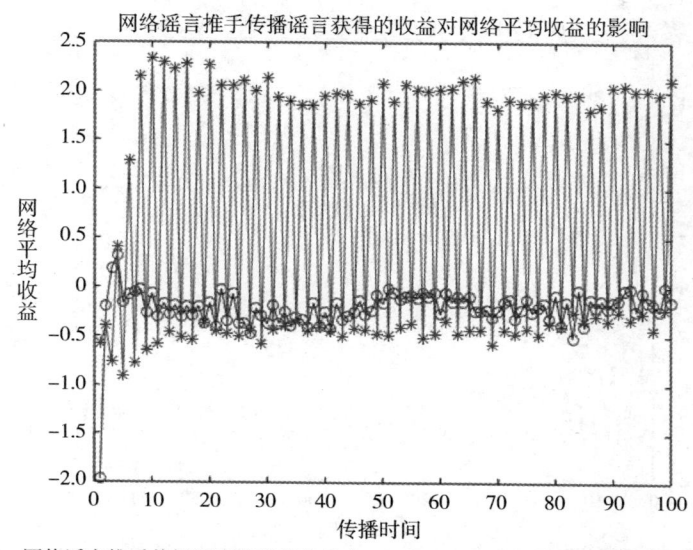

第九章 基于前景理论的食品安全网络谣言传播仿真研究

网络谣言推手传播谣言获得的收益对网络平均收益的影响

——○—— 网络谣言推手传播谣言获得的收益为5　——*—— 网络谣言推手传播谣言获得的收益为10

（d）网络平均收益

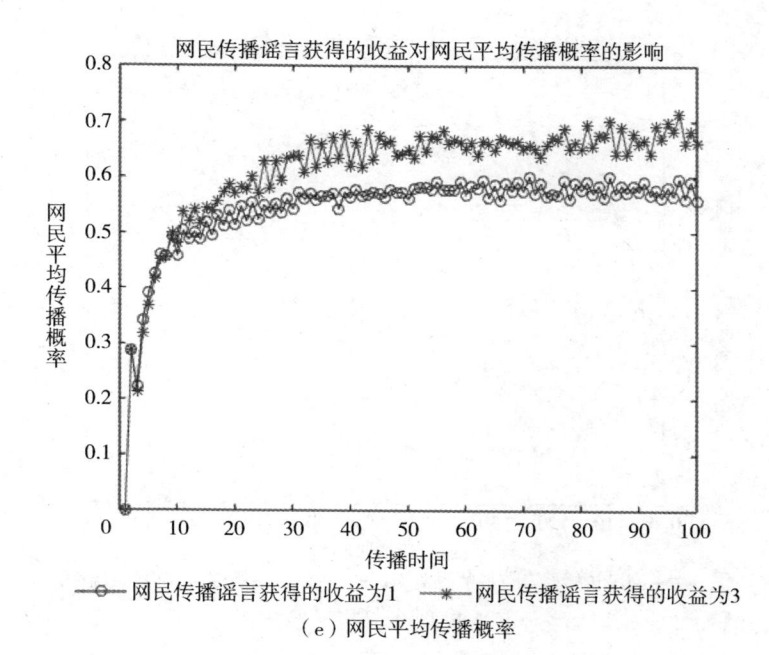

网民传播谣言获得的收益对网民平均传播概率的影响

——○—— 网民传播谣言获得的收益为1　——*—— 网民传播谣言获得的收益为3

（e）网民平均传播概率

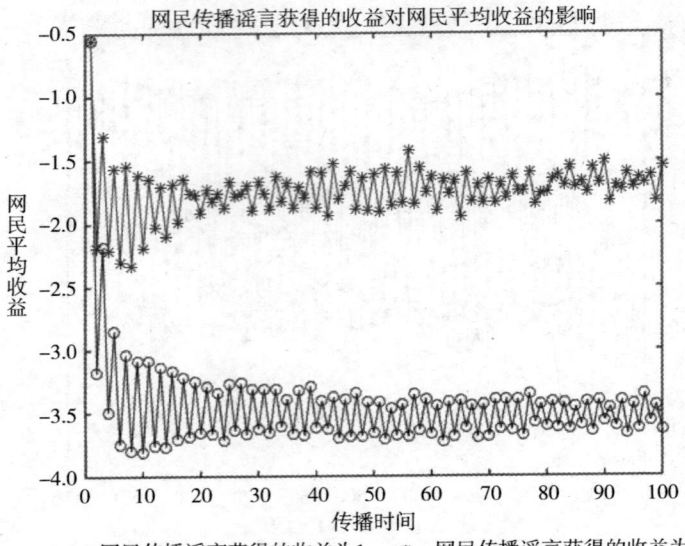

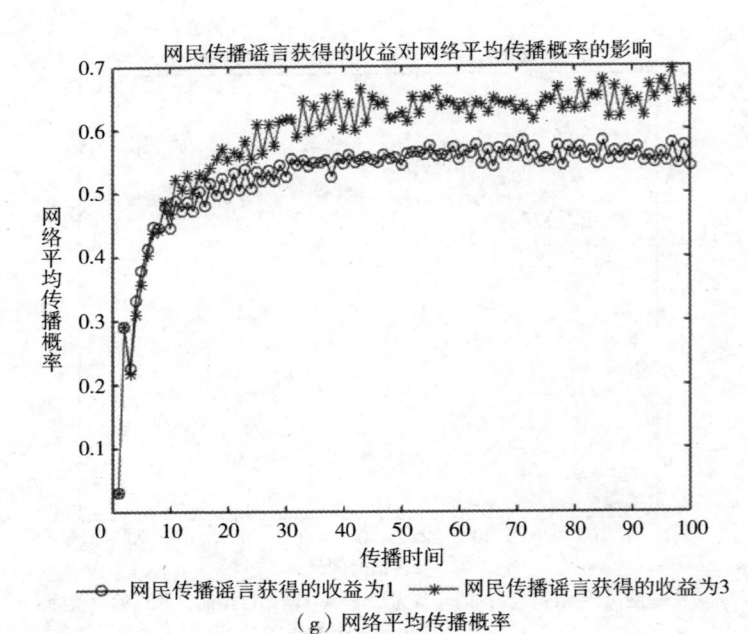

(f) 网民平均收益

(g) 网络平均传播概率

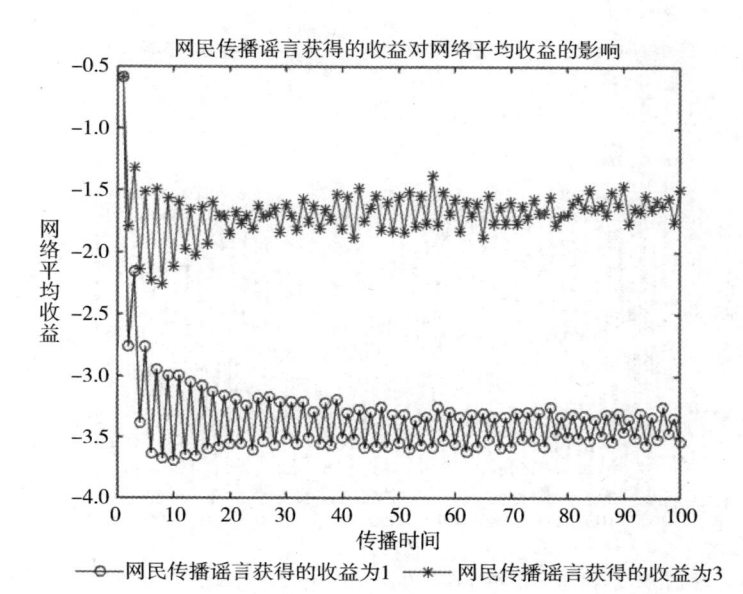

第九章 基于前景理论的食品安全网络谣言传播仿真研究

网民传播谣言获得的收益对网络平均收益的影响

—○— 网民传播谣言获得的收益为1 —*— 网民传播谣言获得的收益为3

（h）网络平均收益

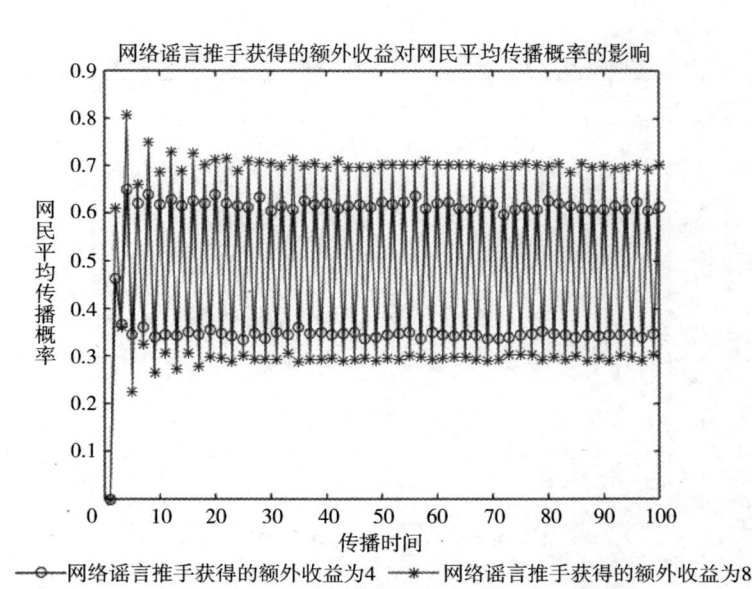

网络谣言推手获得的额外收益对网民平均传播概率的影响

—○— 网络谣言推手获得的额外收益为4 —*— 网络谣言推手获得的额外收益为8

（i）网民平均传播概率

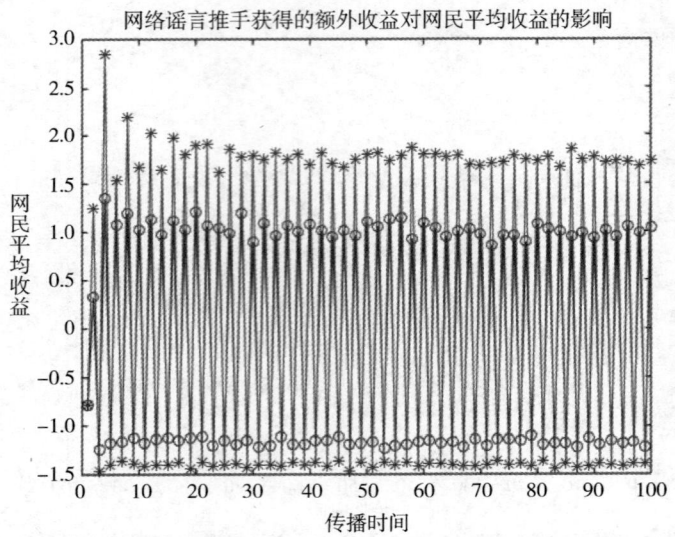

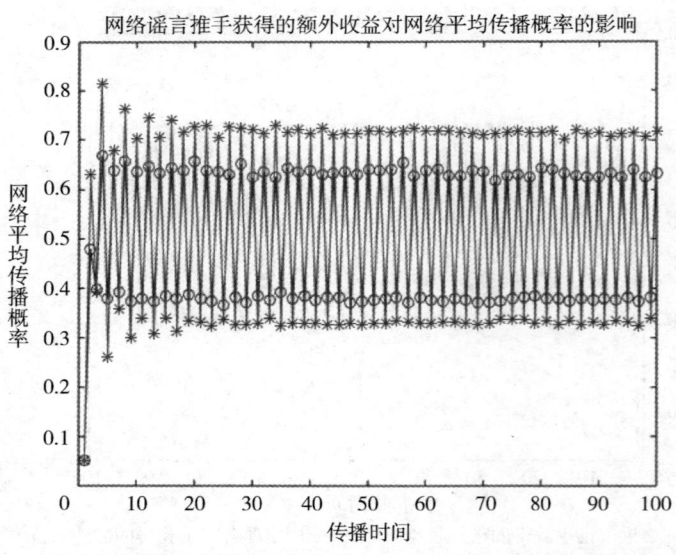

（j）网民平均收益

（k）网络平均传播概率

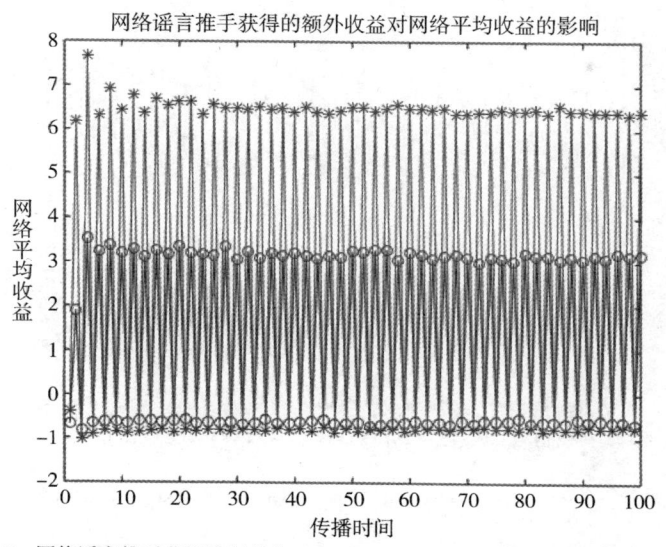

第九章 基于前景理论的食品安全网络谣言传播仿真研究 ·201·

网络谣言推手获得的额外收益对网络平均收益的影响

—◯— 网络谣言推手获得的额外收益为4   —∗— 网络谣言推手获得的额外收益为8

（l）网络平均收益

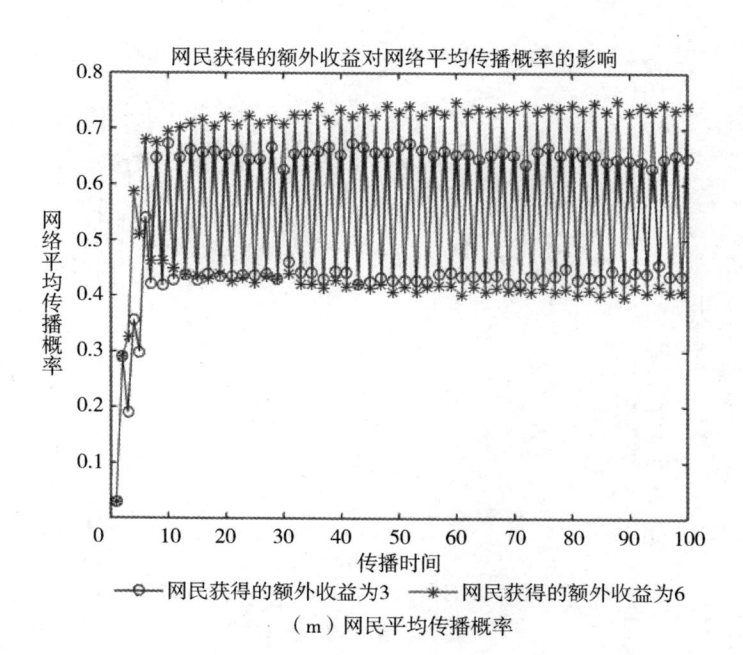

网民获得的额外收益对网络平均传播概率的影响

—◯— 网民获得的额外收益为3   —∗— 网民获得的额外收益为6

（m）网民平均传播概率

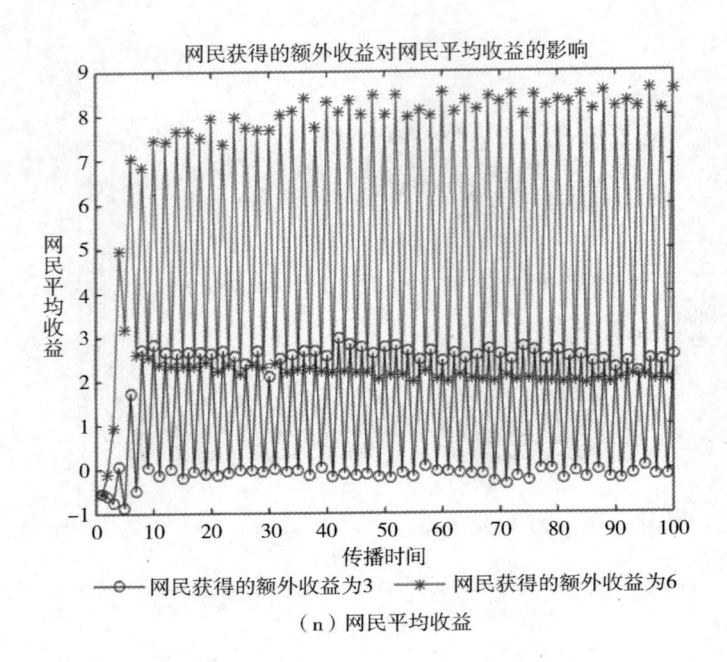

网民获得的额外收益对网民平均收益的影响

（n）网民平均收益

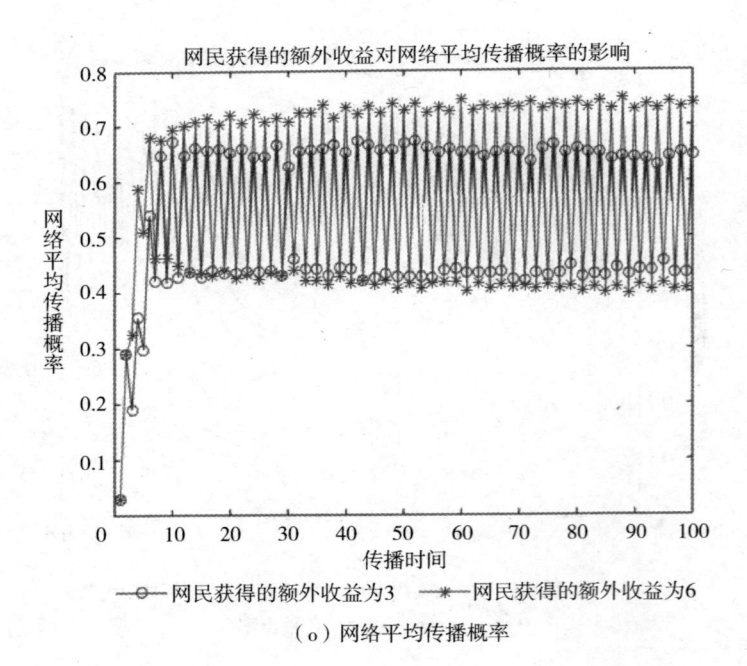

网民获得的额外收益对网络平均传播概率的影响

（o）网络平均传播概率

网民获得的额外收益对网络平均收益的影响

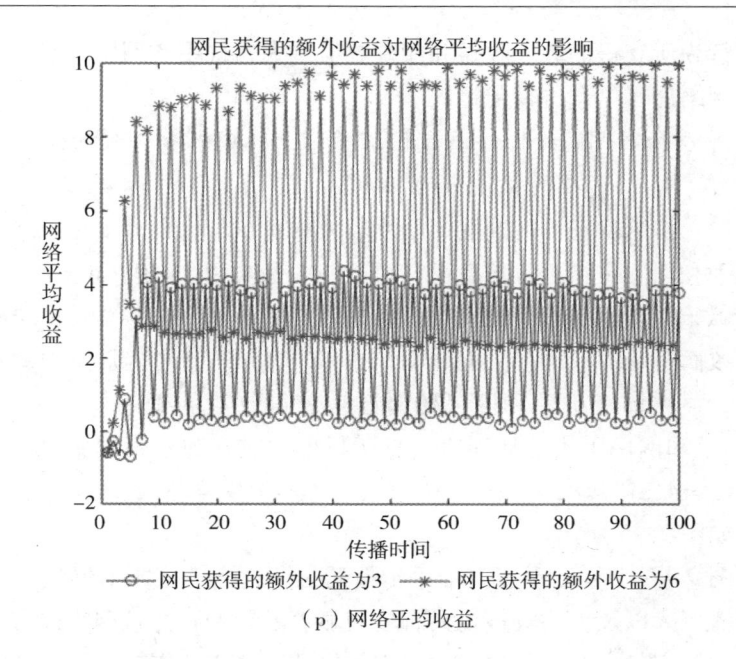

(p) 网络平均收益

图 9-4　网络推手和网民传播谣言信息所获得收益的相关参数对传播过程的影响

从图 9-4 中可以看出，推手传播谣言获得的收益对网民和网络的平均传播概率以及平均收益均具有较为显著的影响，并且网络谣言推手传播谣言获得的收益越大，谣言传播达到稳定状态时，网民和网络的平均传播概率越大，网民和网络的平均收益越大；网民传播谣言获得的收益对网民和网络的平均传播概率以及平均收益均具有较为显著的影响，并且网民传播谣言获得的收益越大，谣言传播达到稳定状态时，网民和网络的平均传播概率越大，网民和网络的平均收益越大；推手传播谣言获得的额外收益对网民和网络的平均传播概率以及平均收益均具有较为显著的影响，并且推手传播谣言获得的额外收益越大，谣言传播达到稳定状态时，网民和网络的平均传播概率越大，网民和网络的平均收益越大；网民传播谣言获得的额外收益对网民和网络的平均传播概率以及平均收益均具有较为显著的影响，并且网民传播谣言获得的额外收益越大，谣言传播达到稳定状态时，网民和网络的平均传播概率越大，网民和网络的平均收益越大。在食品安全网络谣言传播过程中，推手传播谣言获得的经济和心理收益以及网民传播行为所获得的心理收益和额外收益越大，推手和网民越倾向于对食品安全网络谣言信息进行传播。

5. 推手和网民因为传播谣言信息所付出的成本和受到的惩罚相关参数 C_1、C_2、C_3、C_4 对传播过程的影响

假设：初始状态下，选取 3 个度较大的节点作为食品安全网络谣言推手，推手和网民传播谣言信息所获得的相关收益 $R_1 = 10$，$R_2 = 6$，$M = 4$，$N = 2$；政府对食品安全网络谣言的监管力度 $p = 0.5$；网民因为与群体行为不一致而遭受的心理损失 $C_5 = 1$；网民对谣言信息的辨别能力的标准差 $\sigma = 0.7$；网络谣言推手和网民传播谣言获得收益的概率 $p_0 = 0.8$，$p_1 = 0.6$；推手和网民因为传播谣言信息所付出的成本和受到的惩罚包括 4 种情况，$C_1 = 4$，$C_1 = 8$；$C_2 = 3$，$C_2 = 6$；$C_3 = 4$，$C_3 = 8$；$C_4 = 3$，$C_4 = 6$；实验结果如图 9-5 所示。

从图 9-5 中可以看出，推手传播谣言所付出的成本对网民和网络的平均传播概率以及平均收益均具有较为显著的影响，并且网络谣言推手和网民传播谣言付出的成本越大，谣言传播达到稳定状态时，网民和网络的平均传播概率越小，网民和网络的平均收益越小；网民传播谣言所付出的成本对网民和网络的平均传播概率以及平均收益均具有较为显著的影响，并且网络谣言推手和网民传播谣言付出的成本越大，谣言传播达到稳定状态时，网民和网络的平均传播概率越小，网民和网络的平均收益越小；推手传播谣言所受到的惩罚对网民和网络的平均传播概率以及平均收益均具有较为显著的影响，并且网络谣言推手受到的惩罚越大，谣言传播达到稳定状态时，网民和网络的平均传播概率越小，网民和网络的平均收益越小；网民传播谣言所受到的惩罚对网民和网络的平均传播概率的影响不太显著。在食品安全信息传播过程中，推手为了获得相关利益，刻意制造和传播食品安全网络谣言，而当传播谣言所付出的成本和受到的法律惩罚越大，推手获得的收益就越低，当收益降到一定程度时，推手就会改变自己的传播行为，停止制造和传播谣言；对于网民而言，网民在传播食品安全信息时也需要付出一定的传播成本，当传播信息的成本增加时，网民传播信息所获得的收益就会降低，网民传播信息的意愿也会随之降低，但网民在传播信息时并不一定能够辨别出是谣言，并且可能在主观上认为传播食品安全信息不会受到法律的惩罚或者是法律惩罚太轻，因此，网民传播谣言受到的法律惩罚对网民平均传播概率的影响并不太显著。

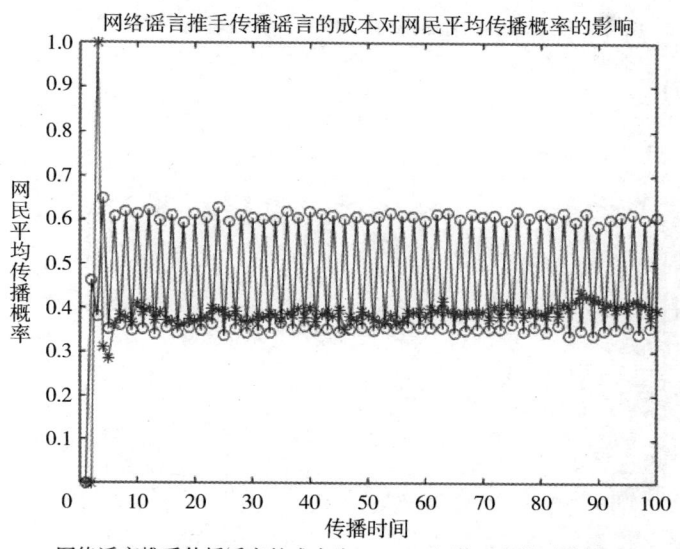

网络谣言推手传播谣言的成本对网民平均传播概率的影响

（a）网民平均传播概率

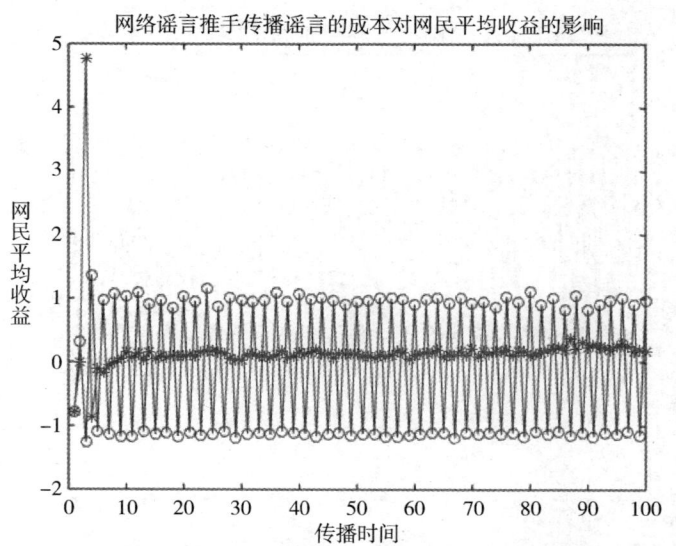

网络谣言推手传播谣言的成本对网民平均收益的影响

（b）网民平均收益

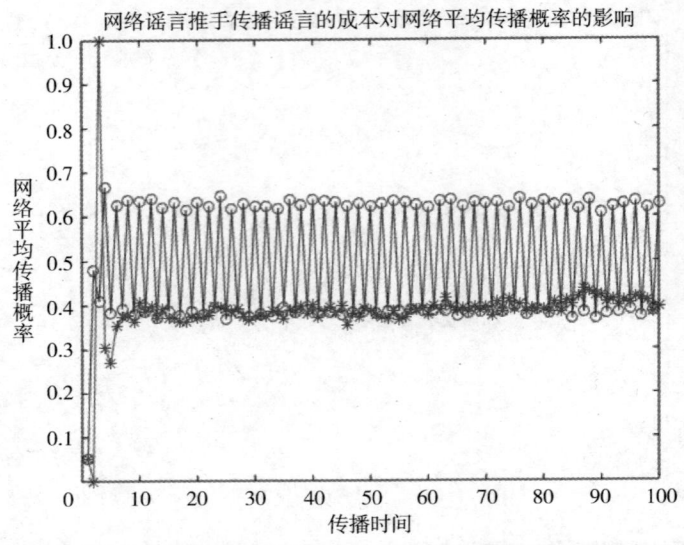

网络谣言推手传播谣言的成本对网络平均传播概率的影响

—○— 网络谣言推手传播谣言的成本为4　—＊— 网络谣言推手传播谣言的成本为8

（c）网络平均传播概率

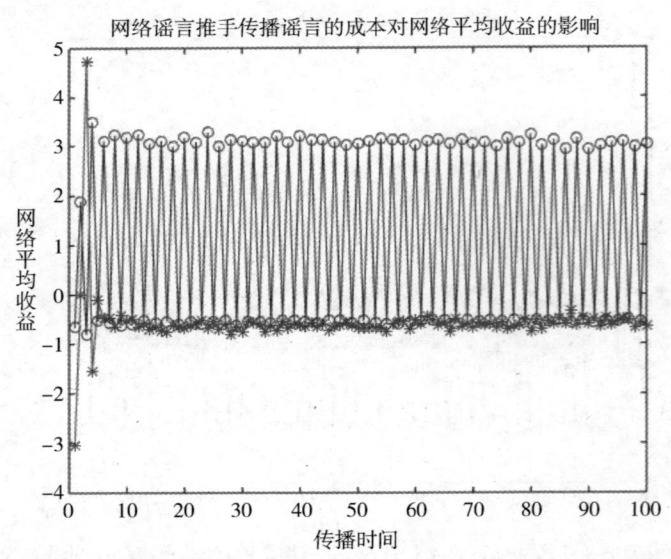

网络谣言推手传播谣言的成本对网络平均收益的影响

—○— 网络谣言推手传播谣言的成本为4　—＊— 网络谣言推手传播谣言的成本为8

（d）网络平均收益

(e) 网民平均传播概率

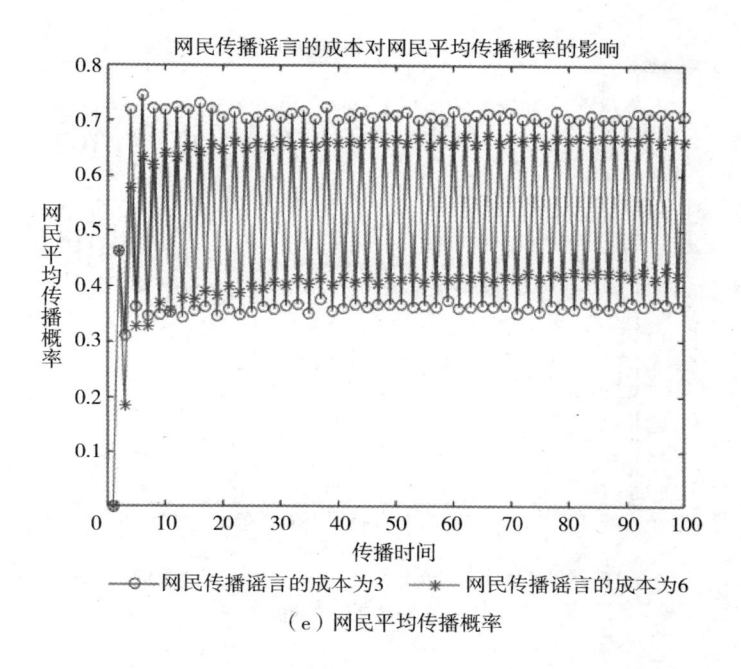

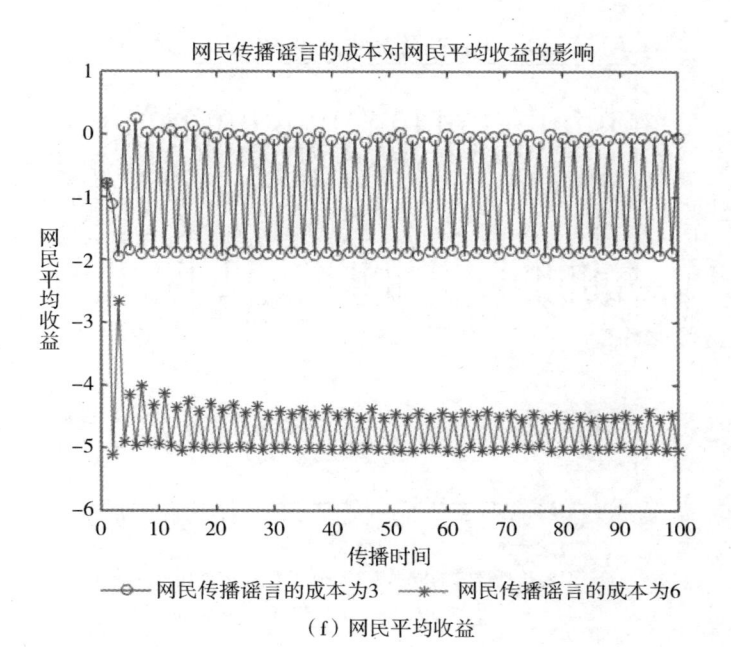

(f) 网民平均收益

（g）网络平均传播概率

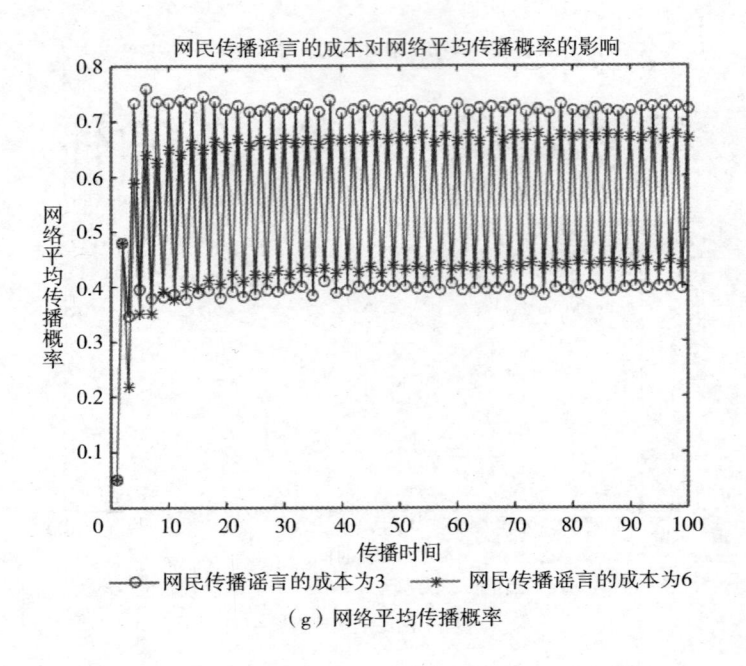

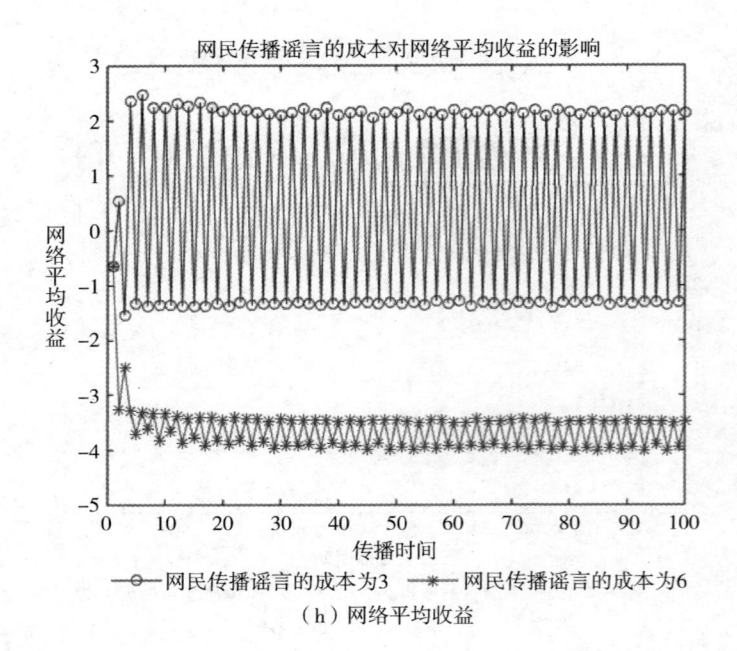

（h）网络平均收益

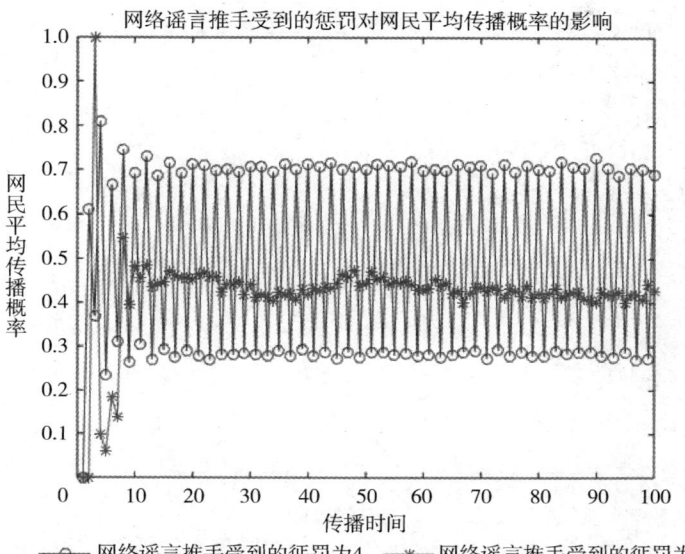

第九章 基于前景理论的食品安全网络谣言传播仿真研究 ·209·

网络谣言推手受到的惩罚对网民平均传播概率的影响

—○— 网络谣言推手受到的惩罚为4　—*— 网络谣言推手受到的惩罚为8

（i）网民平均传播概率

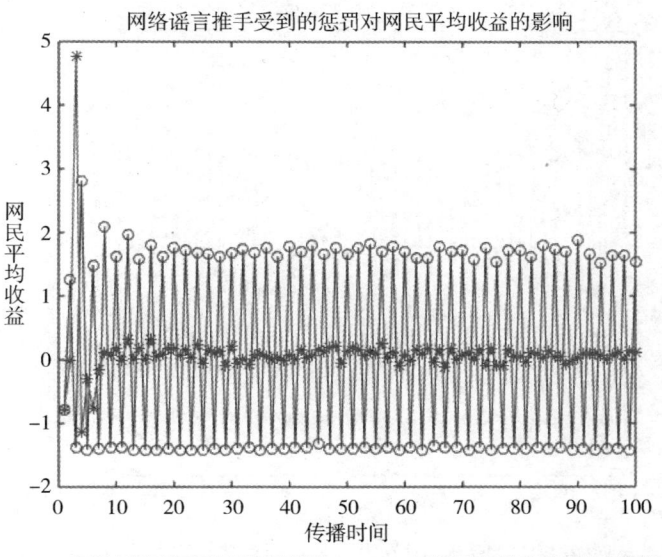

网络谣言推手受到的惩罚对网民平均收益的影响

—○— 网络谣言推手受到的惩罚为4　—*— 网络谣言推手受到的惩罚为8

（j）网民平均收益

网络谣言推手受到的惩罚对网络平均传播概率的影响

―○― 网络谣言推手受到的惩罚为4   ―*― 网络谣言推手受到的惩罚为8

（k）网络平均传播概率

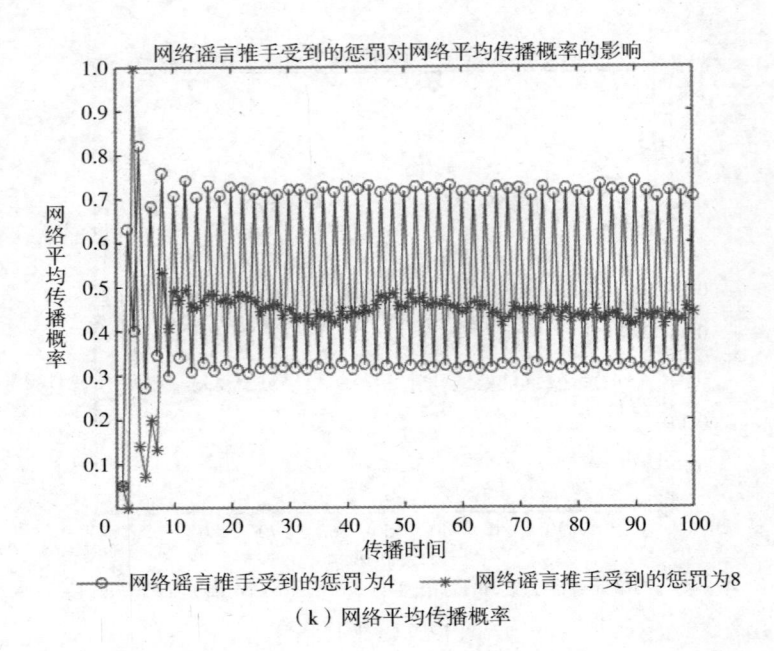

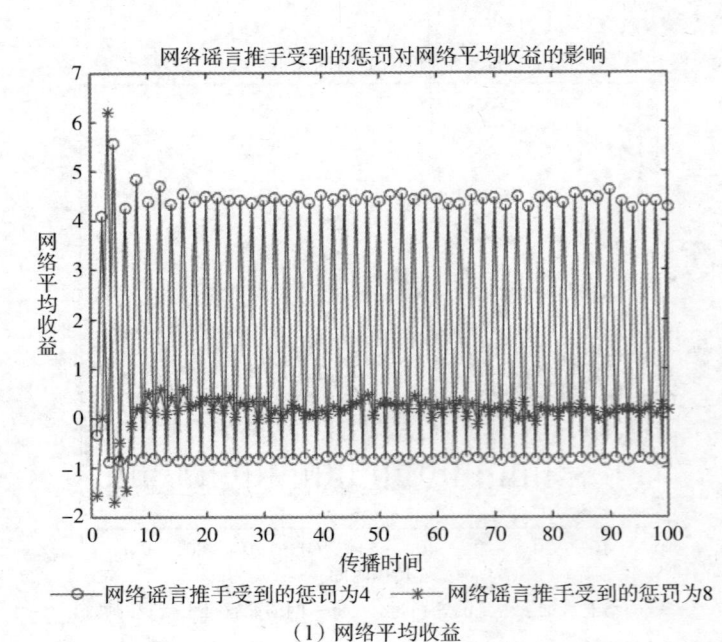

网络谣言推手受到的惩罚对网络平均收益的影响

―○― 网络谣言推手受到的惩罚为4   ―*― 网络谣言推手受到的惩罚为8

（l）网络平均收益

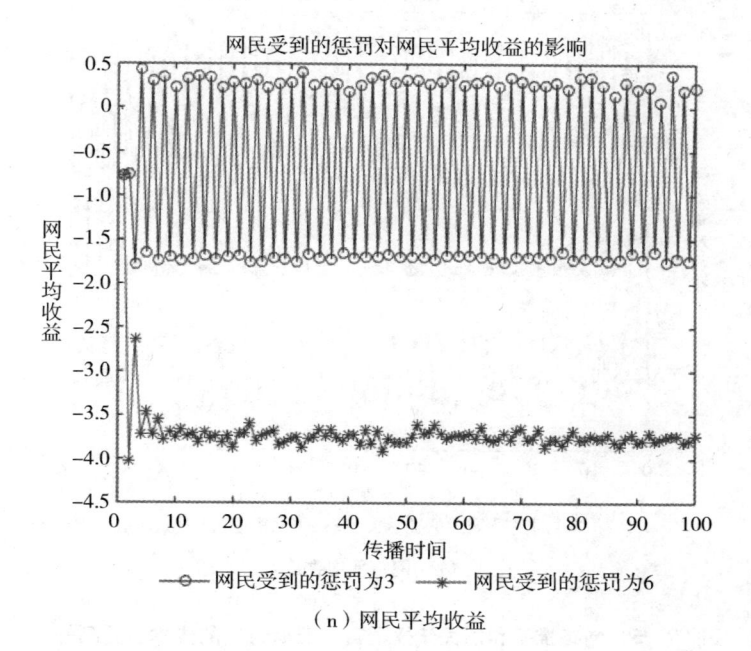

第九章　基于前景理论的食品安全网络谣言传播仿真研究　·211·

（m）网民平均传播概率

（n）网民平均收益

（o）网络平均传播概率

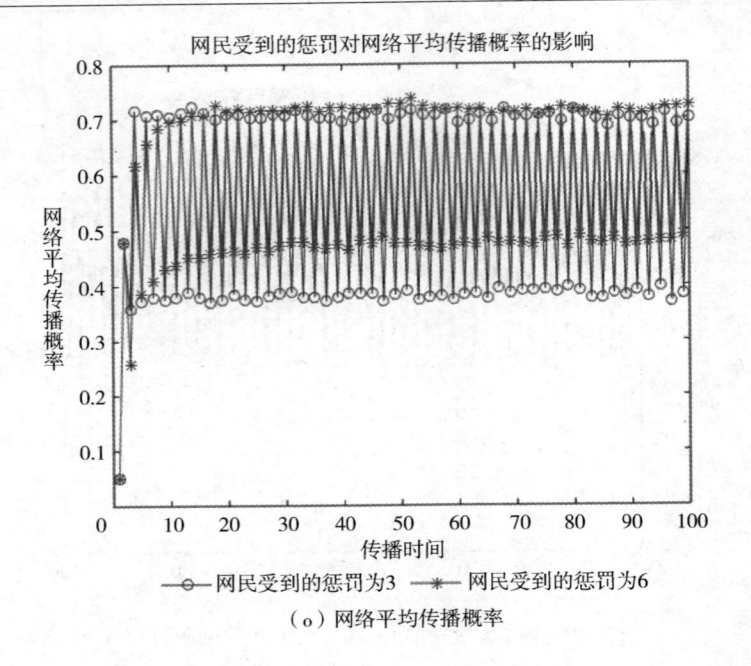

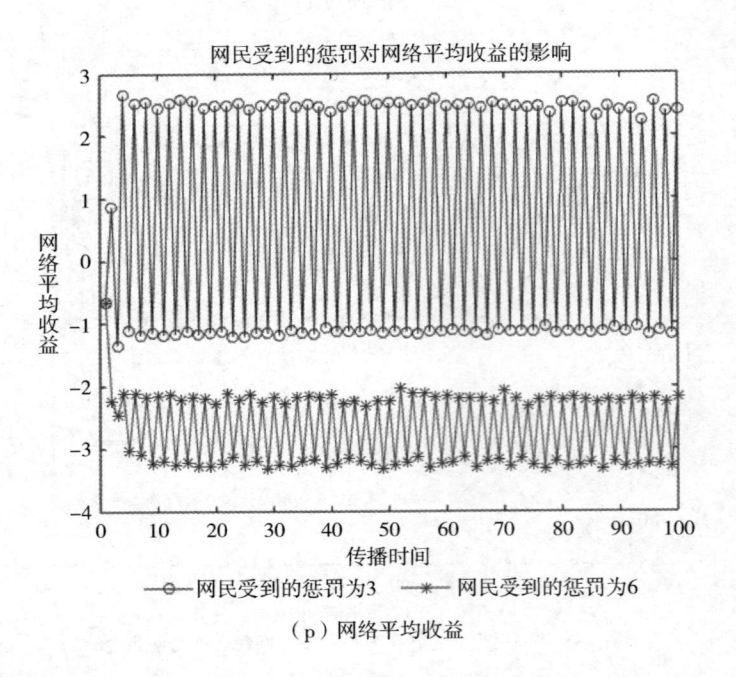

（p）网络平均收益

图 9-5　网络推手和网民传播谣言信息所付出的成本和受到的惩罚相关参数对传播过程的影响

(二) 前景理论参数对传播过程的影响

Tversky 和 Kahneman 在前景理论中通过实验测定得到相关参数值：当 $\alpha = \beta = 0.88$，$\lambda = 2.25$，$\gamma = 0.61$，$\delta = 0.69$ 时与经验数据较为一致，本章在仿真时采用 Tversky 和 Kahneman 给定的相关参数值。许多学者通过对前景理论的研究也分别给出了不同的参数估计值，其中，我国的曾建敏通过对中国学生的实验，认为在中国情景下前景理论相关参数值为：$\alpha = 1.21$，$\beta = 1.02$，$\lambda = 2.25$，$\gamma = 0.55$，$\delta = 0.49$。为了更加准确地分析中国网民的食品安全网络谣言的传播行为，本章又将后一组数据代入仿真中，以比较不同情景下网民的食品安全网络谣言的传播行为。

1. 风险态度系数 α、β 对传播过程的影响

从图 9-6 中可以看出，风险态度系数 α 对网民的平均传播概率以及平均收益均具有较为显著的影响，并且当 α 为较大值时，谣言传播达到稳定状态时，网民平均传播概率较高，网民的平均收益也较高；风险态度系数 β 对网民的平均传播概率以及平均收益的影响并不是特别显著。风险态度系数反映了决策者对待收益和损失的不同风险态度，并且值越大，表明决策者越倾向于冒险。由于近几年中国频发的食品安全事件，导致公众对食品安全相关信息极为敏感，在食品安全相关信息传播过程中，网民在接收到食品安全相关信息后，并不一定能够辨别出食品安全信息的真假或者即使认为可能是谣言，为了避免遭受损失，也会对信息进行传播，这可能也与中国人的传统生活和观念有关，中国是一个传统的农业国家，大部分人都是农业人口，生活比较平稳，很少面临损失问题，一旦遭受损失，则很难接受，大部分人会倾向于冒险以挽回损失，因此，当风险态度系数变大时，网民更倾向于冒险，食品安全网络谣言的平均传播概率也会变高。

2. 概率权重系数 γ、δ 对传播过程的影响

从图 9-7 中可以看出，收益概率权重系数 γ 对网民的平均传播概率以及平均收益均具有较为显著的影响，并且当 γ 为较大值时，谣言传播达到稳定状态时，网民平均传播概率较高，网民的平均收益也较高；损失概率权重系数 δ 对网民的平均传播概率以及平均收益均具有较为显著的影响，并且当 δ 为较小值时，谣言传播达到稳定状态时，网民平均传播概率较高，网民的平均收益也较高。前景理论的概率函数表示实际生活中，决策者对事件结果出现的概率会有一个主观的判断，而这种主观判断的估计值与事件结果出现的客观概率值并不相符，决策者往往会高估小概率，而

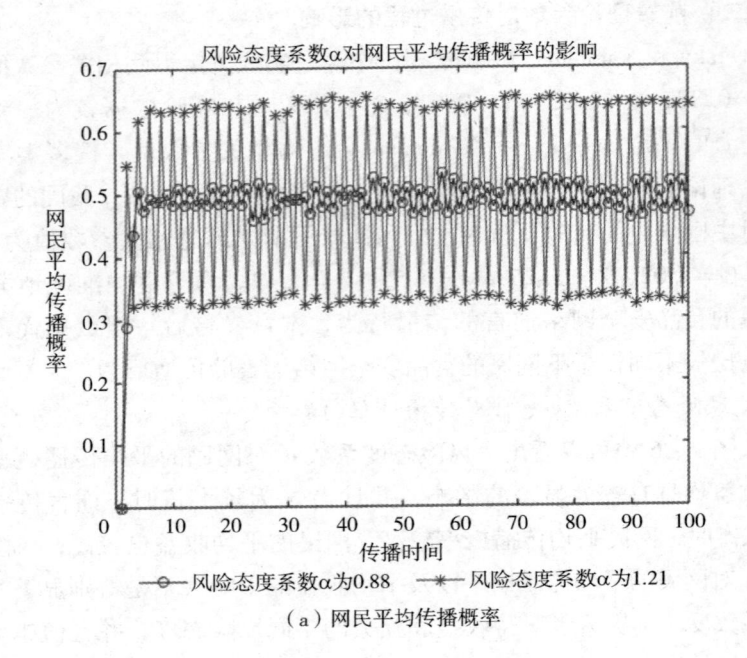

图 风险态度系数α对网民平均传播概率的影响

(a) 网民平均传播概率

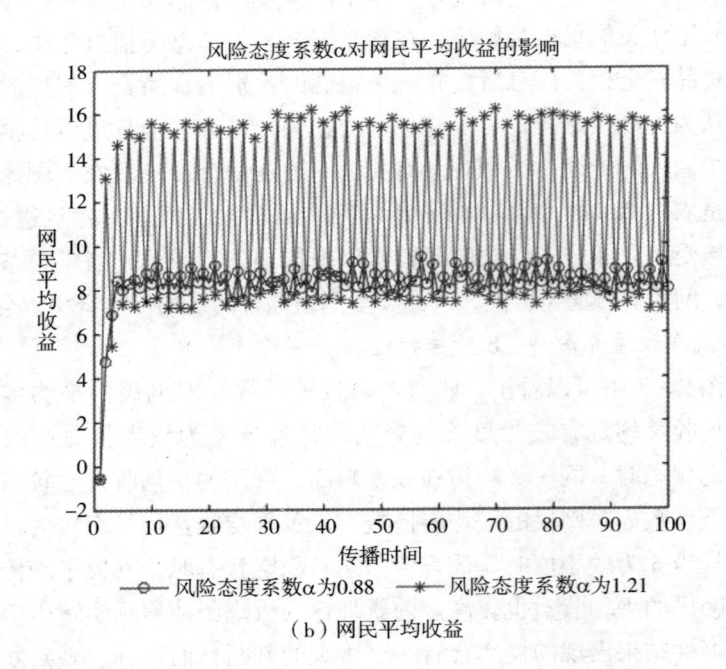

图 风险态度系数α对网民平均收益的影响

(b) 网民平均收益

(c) 网民平均传播概率

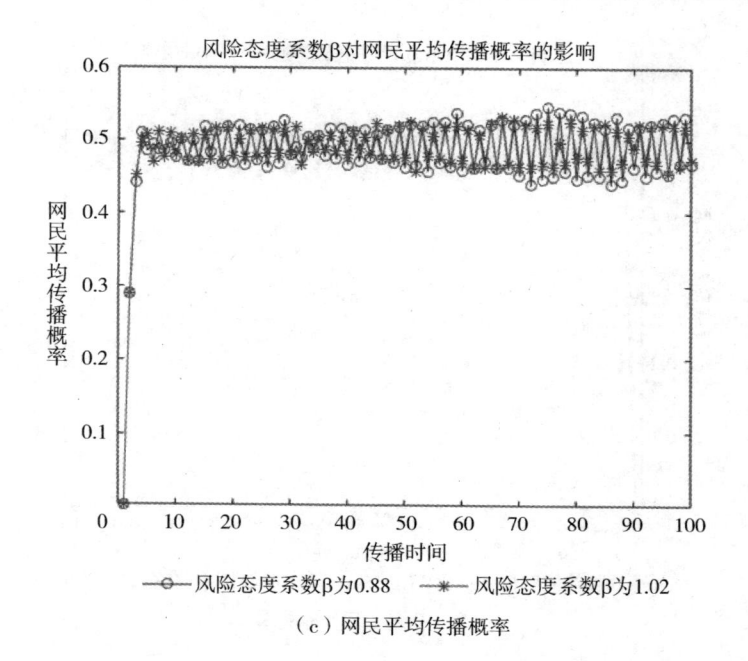

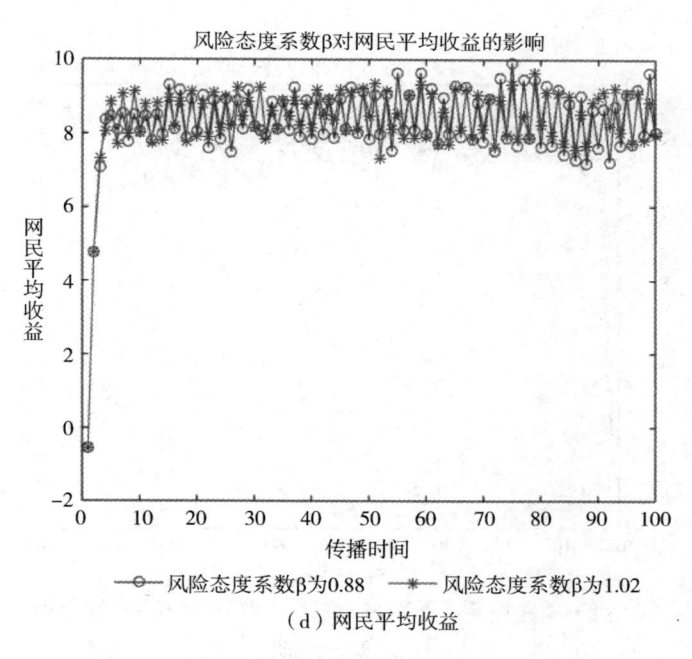

(d) 网民平均收益

图 9-6 风险态度系数对传播过程的影响

(a) 网民平均传播概率

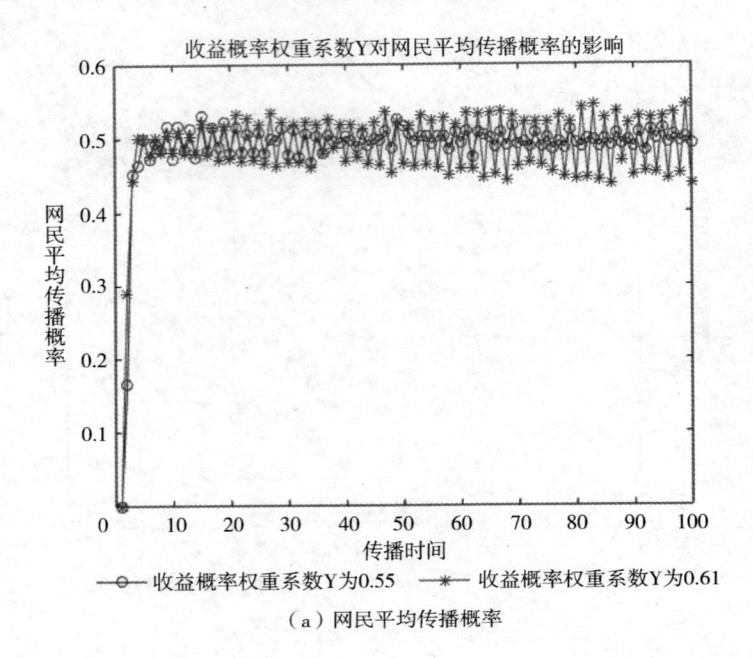

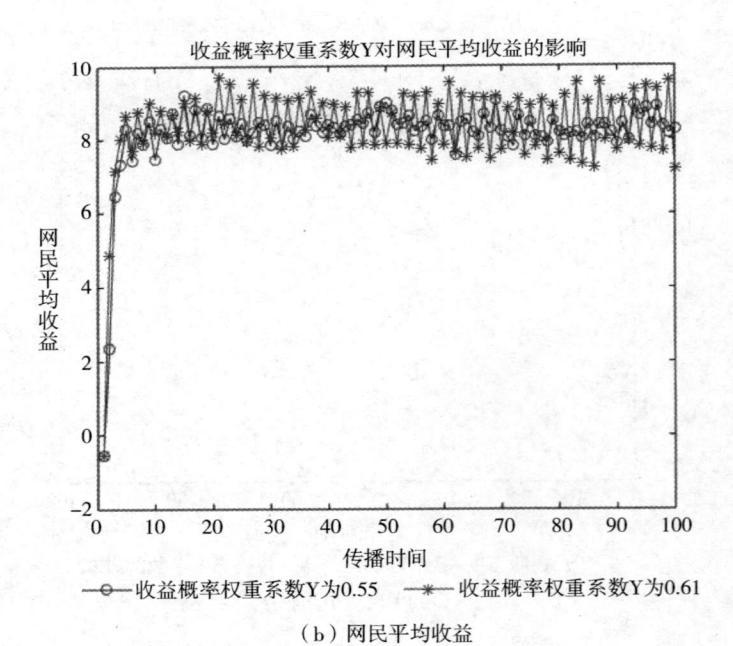

(b) 网民平均收益

（c）网民平均传播概率

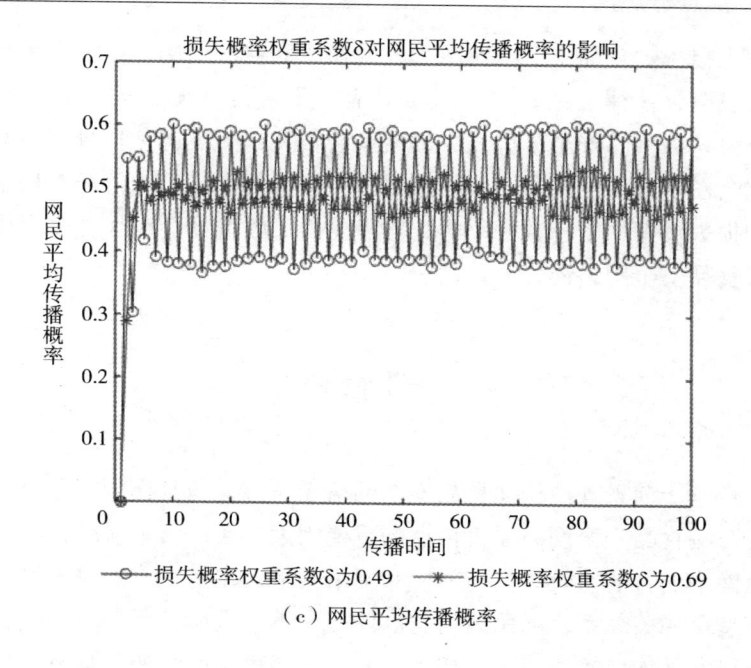

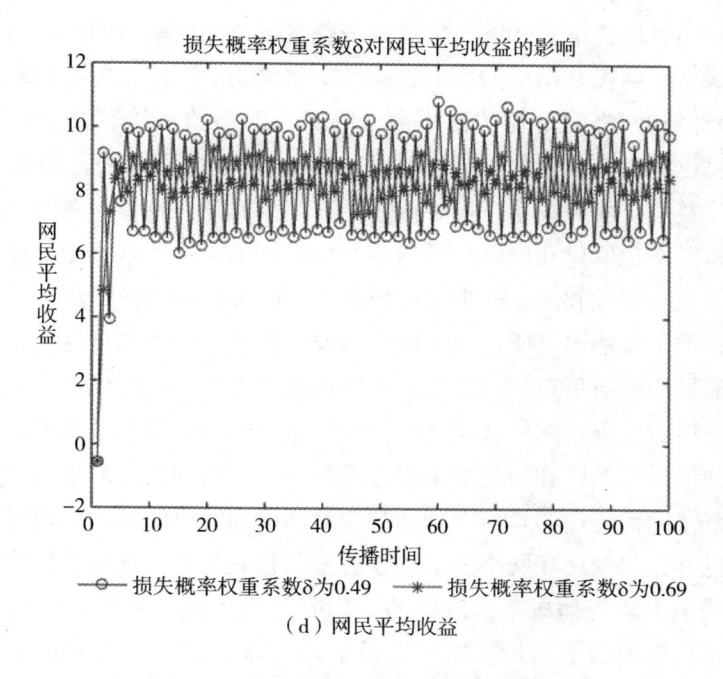

（d）网民平均收益

图9-7 概率权重系数对传播过程的影响

低估中大概率。食品安全涉及每个人的切身利益，网民在接收到食品安全相关信息时，往往会抱有"宁可信其有，不可信其无"的心态，网民主观上就会认为食品安全事件发生的概率会很大，为了避免自身利益遭受损失，就会对食品安全网络谣言信息进行传播，因此，当收益概率权重系数变大和损失概率权重系数变小时，网民获得的收益就会变大，进而促进了网民对食品安全网络谣言的传播。

四　研究结论

本章基于前景理论构建食品安全网络谣言传播仿真模型，通过数值仿真研究影响食品安全网络谣言传播的重要因素。研究结果显示，政府对食品安全网络谣言的监管力度与网民和网络的平均传播率、网民和网络的平均收益呈负相关关系；网民因为与群体行为不一致而遭受的心理损失与网民和网络的平均传播概率呈正相关关系，与网民和网络的平均收益呈负相关关系；网络谣言推手和网民传播谣言获得收益的概率与网民和网络的平均传播概率、网民和网络的平均收益呈正相关关系；推手传播谣言获得的收益与网民和网络的平均传播概率、网民和网络的平均收益呈正相关关系；网民传播谣言获得的收益与网民和网络的平均传播概率、网民和网络的平均收益呈正相关关系；推手传播谣言获得的额外收益与网民和网络的平均传播概率、网民和网络的平均收益呈正相关关系；网民传播谣言获得的额外收益与网民和网络的平均传播概率、网民和网络的平均收益呈正相关关系；推手传播谣言所付出的成本与网民和网络的平均传播概率、网民和网络的平均收益呈负相关关系；网民传播谣言所付出的成本与网民和网络的平均传播概率、网民和网络的平均收益呈负相关关系；推手传播谣言所受到的惩罚与网民和网络的平均传播概率、网民和网络的平均收益呈负相关关系；网民传播谣言所受到的惩罚对网民和网络的平均传播概率的影响不太显著，与网民和网络的平均收益呈负相关关系。此外，风险态度系数 α 与网民平均传播概率、网民的平均收益呈正相关关系；收益概率权重系数 γ 与网民的平均传播概率以及平均收益呈正相关关系；损失概率权重系数 δ 与网民的平均传播概率以及平均收益呈负相关关系。

基于上述研究结论，针对食品安全网络谣言的监管和控制提出如下策略：

（1）进一步加强政府相关部门对食品安全网络谣言的监管力度，并综合运用媒体、网络意见领袖、网民的力量，以弥补政府监管力量的相对不足。

（2）重视网络文化建设，加强食品安全知识宣传与培训，进一步提高网民的综合素质，以减少网民采取非理性的从众行为的可能性。

（3）进一步加大对网络谣言推手的惩罚力度，提高其传播食品安全网络谣言的成本，降低其传播食品安全网络谣言的收益。

（4）进一步加强对谣言传播相关法律法规的宣传，引导网民对传播食品安全网络谣言所产生风险的正确认识。

然而，本章还存在一些不足。除了本章所研究的因素，影响食品安全网络谣言传播的因素还包括媒体的传播行为等，如何构建更符合现实情况的仿真模型是未来研究的重要内容。此外，对网络谣言推手进行惩罚的前提是能够对网络谣言推手进行识别，如何快速、准确地识别网络谣言推手也是未来研究的重要内容。

第十章

政府监管下的网络推手合谋行为研究

互联网的发展和移动客户端的出现使谣言传播打破了时间和空间的限制，网络谣言的传播渠道呈现多样化，在自媒体时代，人人都能成为新闻制造者和传播者。微博、微信、论坛等网络平台的日益普及，极大地便捷了公众的交流和参与公共事务，使公众的表达权和参与权得到了很好的保障，但网络的匿名性和信息监管的缺失，为网络谣言的产生和传播创造了条件。谣言的广泛传播，不仅严重扰乱了网络秩序，并有可能产生暴力性的集合行为，对社会稳定造成严重的负面影响。近年来，许多网络谣言都是由网络推手制造的，并在网络推手的操作下广泛传播，严重损害了公众利益并对社会稳定造成了很大影响。"网络推手"是指借助网络媒介进行策划、实施并推动特定对象，使之产生影响力和知名度的人，对象包括企业、品牌、事件以及个人，网络推手是随着互联网发展而出现的网络群体，出于不同的利益诉求，有组织、有针对性地对热点事件或者敏感的人进行炒作，影响和操纵网络舆论的发展，如"秦火火""立二拆四"等，如今，网络推手群体已经逐渐发展为一个行业，由于网络推手水平参差不齐，有些突破道德底线，制造和传播虚假谣言信息，对正常的舆论环境和网络秩序造成严重破坏，因此，如何对网络推手进行有效的监管，充分发挥其对网络舆论和社会发展的正面作用具有重要意义。

一 引言

学者从不同的角度对网络推手进行了研究。王子文和马静（2011）分析了网络推手的形成、发展和行为组织特点等，从网络技术可控性角度提出了应对策略。① 胡凌（2011）从法律规制角度对商业网络推手进行了研究。② 胡辰和李曦珍（2012）从传播学理论角度指出，网络推手运作的本质是网络环境下沉默螺旋效果的减弱与反沉默螺旋现象。③ 肖强和朱庆华（2012）采用案例研究方法，运用时序和逻辑模型对具体案例进行分析，研究了"网络推手"现象的炒作原理和群体协作模式的意义。④ 燕道成和杨瑾（2014）从传播学视角分析了网络推手制造谣言的要素、手法，透析网络推手的趋利本质，为正确引导网络舆论提出了对策。⑤ 李纲等（2010）运用文本情感倾向分析方法研究了网络推手识别问题。⑥ 余莎莎等（2016）引入"羊群效用"和信息老化效应，通过建立符合在线社交网络中谣言传播特性的信息传播模型和数值仿真，研究了网络推手辟谣对谣言传播动力学的影响。⑦ 李华和蒙晓阳（2017）研究了网络推手操纵参与式新闻的危害，并提出了相应的治理建议。⑧ 还有学者从博弈的角度对网络推手行为进行了研究，陈福集和黄江玲（2009）将博弈论引入网络推手的研究问题中，通过构建政府、网络推手和当事人三方的博弈模型分析网络推手的行为特征，并提出相应的应对策略。⑨ 宾宁和王钰（2017）针对正面信息的传播，通过构建三阶段的三方演化博弈模型和仿真分析，研究了多行为主体对社会网络信息传播的影响，并提出促进正面信息传播的建议。⑩ 张倩楠（2015）以"网络水军"为背景，构建了恶意攻击事件中涉及的三个不同群体角色治理方、攻击方和普通用户三方的博弈，并对

---

① 王子文、马静：《网络舆情中的"网络推手"问题研究》，《政治学研究》2011 年第 2 期。
② 胡凌：《商业网络推手现象的法律规制》，《法商研究》2011 年第 5 期。
③ 胡辰、李曦珍：《搅动网络舆论的变幻螺旋——"网络推手"机制的传播学理论透视》，《甘肃社会科学》2012 年第 6 期。
④ 肖强、朱庆华：《Web 2.0 环境下的"网络推手"现象案例研究》，《情报杂志》2012 年第 9 期。
⑤ 燕道成、杨瑾：《网络推手炒作谣言的传播机制及其防控策略》，《华侨大学学报》（哲学社会科学版）2014 年第 4 期。
⑥ 李纲、甘停、寇广增：《基于文本情感分类的网络推手识别》，《图书情报工作》2010 年第 8 期。
⑦ 余莎莎、王友国、朱亮：《基于 SIR 社交网络中商业谣言传播研究》，《计算机技术与发展》2016 年第 11 期。
⑧ 李华、蒙晓阳：《网络推手对参与式新闻的操纵及其治理》，《当代传播》2017 年第 1 期。
⑨ 陈福集、黄江玲：《三方博弈视角下政府应对网络推手的对策研究》，《中国行政管理》2009 年第 11 期。
⑩ 宾宁、王钰：《社交网络正面信息传播及仿真研究——基于三方博弈视角》，《现代情报》2017 年第 11 期。

博弈主体的行为策略进行了研究。① 兰月新和曾润喜（2013）以 Lotka - Volterra 模型建模和微博空间单群体竞争模型为理论基础，研究了意见领袖和网络推手的竞争模型及模型平衡点的稳定性，并提出微博舆情的应对策略。②

上述文献从不同的角度对网络推手产生的原因、发展历程、运作方式和行为特征等进行了研究，但基本都是从定性角度对网络推手进行研究，在运用演化博弈理论对网络推手进行研究时，博弈主体的行为策略都是基于完全理性假设的期望理论，并且只是将网络推手作为一个独立的个体进行研究。前景理论指出，个人在风险条件下所表现出来的行为特征与期望效用理论的基本原理是不相符的，个体行为并不完全遵循效用最大化，还会受到多种心理因素的影响③，网络推手会通过自身的主观判断和外界环境的变化做出行为决策，因此，这些研究与网络推手的实际行为特征会有一定的偏差。网络推手在制造和传播网络谣言的过程中是需要借助外部媒介条件的，如媒体、意见领袖、网络水军等，网络推手会以合谋的方式利用媒体和意见领袖的影响力来实现自身的目的。意见领袖又称为"舆论领袖"，是指在人际传播网络中经常为他人提供信息，同时对他人施加影响的群体，这类群体在大众传播效果的形成过程中起着重要的中介或过滤的作用，由他们将信息扩散给受众，形成信息传递的两级传播。④ 意见领袖往往具备较强的人际交往能力和一定的社会影响力，在一定程度上能够对舆论进行议题设置和引导舆论的发展方向，因此，规范意见领袖的行为和发挥意见领袖的正面作用能有效地遏制网络谣言的传播。本章通过构建政府监管下的网络推手和意见领袖合谋的三方博弈模型，将前景理论中的心理偏好引入博弈主体的行为决策中，使博弈主体在决策过程中贯彻有限理性的假设，并运用演化博弈和纳什均衡理论来分析网络推手的行为特征。

---

① 张倩楠：《网络推手环境下的三方博弈研究》，硕士学位论文，天津财经大学，2015 年。
② 兰月新、曾润喜：《基于 Lotka - Volterra 的微博群体竞争模型》，《情报杂志》2013 年第 7 期。
③ Kahneman, D. and Tversky, A., "Prospect Theory: An Analysis of Decision under Risk" [J]. *Econometrica*, 1979, 47 (2): 263 - 292.
④ 郭庆光：《传播学教程》，中国人民大学出版社 2011 年版。

二 网络推手和意见领袖合谋行为的博弈分析

（一）模型假设和构建

政府部门对网络推手和意见领袖的合谋行为进行监管主要依据双方是否进行合谋。一般情况下，政府部门很难预测网络推手和意见领袖是否进行合谋，并且双方合谋的结果对社会产生的负面影响程度也是无法提前预知的，政府在主观判断合谋的可能性以及造成负面社会影响程度的情况下，决定是否进行监管以及实施监管的力度；对于网络推手和意见领袖而言，双方选择合谋与否取决于主观认为政府监管成功的概率，由于"侥幸心理"的存在，公众一般都会低估自己受到法律惩罚的概率，网络推手在经济利益的驱动下。就会选择进行合谋，意见领袖通过传播热点事件吸引公众的注意力，不仅能够获得网络推手给予的经济收益，而且也提升了自身的社会影响力，这种经济和心理收益以及主观低估政府部门监管成功的概率是网络推手和意见领袖合谋的动机。

网络推手在网络谣言的传播过程扮演了重要的角色，网络推手是具有一定目的性的谣言传播主体，通过传播谣言实现经济以及心理等方面的收益，随着政府对网络谣言治理的重视，出台了相应治理网络谣言的法律法规，造谣者和传谣者都会受到相应的法律惩罚，网络推手在对谣言进行传播时，就会考虑收益和成本的问题，只有当网络推手主观认为传播网络谣言带来的收益大于所要付出的成本时，网络推手才有可能选择传播谣言。此外，网络推手和意见领袖在合谋过程中所要付出的成本、受到的法律惩罚以及所获得的收益等都是基于主观认知的，并不是完全理性的，期望效用的收益函数并不能很好地适用不确定条件下行为主体的决策行为。因此，本章在构建博弈模型时，考虑了网络推手和意见领袖合谋的情形，而政府通过对网络推手和意见领袖的监管行为对博弈结果产生影响，在构建博弈矩阵时将前景理论的价值函数和权重函数代入演化博弈矩阵中，构建了收益感知矩阵，使演化博弈结果更加符合实际情况，并提出以下假设：

假设 10-1 博弈过程中包括政府部门、网络推手和意见领袖三个主体，且三个主体均是有限理性，策略选择是基于自身对策略价值的主观感知，而非策略的实际效用情况，这种感知价值的特征符合前景理论。

前景理论中的价值函数反映的是相对参照点的变化量，前景理论提出并解释了人们在面对风险决策过程表现出来的确定效应、孤立效应和反射效应。相比收益和损失的绝对值，人们更加看重收益和损失的相对值，在面对收益时是风险规避的，在面临损失时是风险偏好的，并且对损失比对收益更加敏感。Tversky 和 Kahneman 根据实验得出价值函数是一条呈"S"形的曲线，在收益部分呈凹形，在损失部分呈凸形，且在损失部分比在收益部分的曲线更加陡峭。[①] 权重函数曲线呈现倒"S"形，表示人们在决策时会高估小概率事件，低估中大概率事件，当概率接近两个极值 0 和 1 时，个体对概率的认识将发生重大变化。价值函数和权重函数曲线如图 10-1 所示。

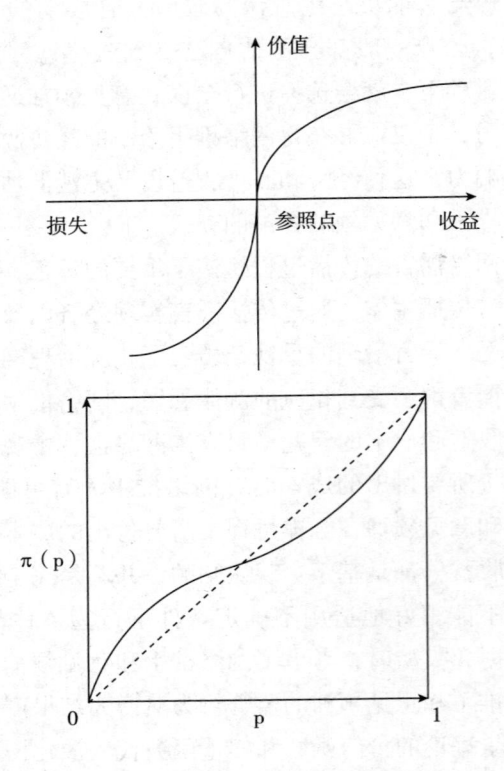

图 10-1　价值函数和权重函数曲线

---

① Tversky, A. and Kahneman, D., "Advances in Prospect Theory: Cumulative Representation of Uncertainty" [J]. *Journal of Risk and Uncertainty*, 1992, 5 (4): 297-323.

假设 10-2 博弈主体包括政府部门、意见领袖和网络推手,这三方都是有限理性主体,三者做出决策的依据是行为所带来的收益和损失的价值感知,网络推手在传播谣言时会考虑与意见领袖合谋所得到的收益和需要付出的成本,进而决定是否与意见领袖进行合谋,意见领袖在传播谣言时会考虑和网络推手合谋获得的收益以及传播谣言可能受到的惩罚来决定是否合谋,政府在对网络谣言进行监管时也会考虑监管的成本以及实施难度等因素来选择监管或者不监管。因此,政府部门的行为策略集合为 {监管 B_1,不监管 B_2},网络推手和意见领袖的行为策略集合为 {合谋 A_1,不合谋 A_2}。此外,只有双方均同意合谋时,合谋行为才会成功,不考虑一方不同意合谋而对请求合谋方进行举报的情形。

假设 10-3 假设网络推手和意见领袖正常收益分别为 R_1、R_2,网络推手和意见领袖合谋的概率为 q,当网络推手和意见领袖合谋时,网络推手会获得合谋收益 D,意见领袖除会获得网络推手的报酬 M 之外,还会因为传播网络谣言而使自身的关注度和影响力,提高获得相应的关注度和影响力收益 N,因此,意见领袖的合谋收益为 M + v(N)(由于网络推手和意见领袖的正常收益是根据以前的收益来确定的,是确定的数值,在构建博弈矩阵时不考虑其感知价值)。

假设 10-4 由于网络谣言监管过程中所付出的时间、人力、物力成本以及实施的难度等因素,政府部门以概率 p 对网络推手和推手合谋行为进行监管,监管成本为 C,政府部门对合谋行为进行监管结果存在查处合谋和未查出合谋两种可能,假设查出合谋的概率为 θ。若政府部门查出网络推手和意见领袖的合谋行为,则网络推手会受到法律惩罚 k_1D(其中,k_1 为惩罚系数,可以理解为对网络推手的惩罚力度),意见领袖不仅会受到法律惩罚 k_2M(其中,k_2 为惩罚系数,可以理解为对意见领袖的惩罚力度),还会因为传播谣言受到不好的社会评价,造成负面的社会形象,因而承受相应的声誉损失 H。若政府部门未查出网络推手和意见领袖的合谋行为,则政府部门会承受网络谣言的广泛传播而带来的扰乱正常的社会秩序、危害国家稳定、公信力下降等成本 G。

根据以上假设,构建网络推手、意见领袖和政府部门三方博弈的收益感知矩阵,如表 10-1 所示。

表10-1　网络推手和意见领袖合谋与政府部门博弈的收益感知矩阵

		政府部门		
		监管[$\pi(p)$]		不监管 [$1-\pi(p)$]
		查出合谋[$\pi(\theta)$]	未查出合谋[$1-\pi(\theta)$]	
网络推手和意见领袖	合谋[$\pi(q)$]	$v(k_1D+k_2M)-C$	$v(-G)-C$	$v(-G)$
		$R_1-M+v(-k_1D)$	$R_1-M+v(D)$	$R_1-M+v(D)$
		$R_2+v(-k_2M)+v(-H)$	$R_2+M+v(N)$	$R_2+M+v(N)$
	不合谋 [$1-\pi(q)$]	$-C$	$-C$	0
		R_1	R_1	R_1
		R_2	R_2	R_2

(二) 模型求解

在网络推手、意见领袖和政府部门的三方博弈中，网络推手和意见领袖会根据政府部门监管的概率和自身的收益状况来决定合谋还是不合谋，而政府部门会考虑监管成本以及对网络推手和意见领袖合谋监管成功的概率等因素来决定监管策略。根据纳什均衡理论，在一个策略组合中，当所有其他人都不改变策略时，没有人会改变自己的策略，则该策略组合就是一个纳什均衡。[①] 因此，当政府部门的行为策略对网络推手和意见领袖的预期收益没有影响以及网络推手和意见领袖的行为策略对政府部门的预期收益没有影响时，分别是网络推手、意见领袖和政府部门的博弈均衡。

(1) 当网络推手和意见领袖以概率$\pi(q)$进行合谋时，政府部门选择监管和不监管行为的感知收益分别为：

$$E_1=\pi(q)\{\pi(\theta)[v(k_1D+k_2M)-C]+(1-\theta)[v(-G)-C]\}+[1-\pi(q)]\{\pi(\theta)(-C)-C[1-\pi(\theta)]\} \quad (10.1)$$

$$E_2=\pi(q)\{v(-G)+[1-\pi(q)]\cdot 0\} \quad (10.2)$$

当政府部门监管和不监管的感知收益相同时，即$E_1=E_2$，政府部门处于博弈均衡状态，此时，网络推手和意见领袖合谋的概率为最优概率：

$$\pi(q)=\frac{C}{\pi(\theta)[v(k_1D+k_2M)]+(1-\theta)v(-G)} \quad (10.3)$$

(2) 当政府部门以概率$w(p_1)$对网络推手和意见领袖的合谋行为进

---

① [美] 约翰·纳什：《纳什博弈论论文集》，张良桥等译，首都经济贸易大学出版社2000年版。

行监管时,网络推手选择与意见领袖合谋和不合谋行为的感知收益分别为:

$$E_3 = \pi(p)\{\pi(\theta)[R_1 - M + v(-k_1D)] + [1 - \pi(\theta)]$$
$$[R_1 - M + v(D)]\} + [1 - \pi(p)][R_1 - M + v(D)] \quad (10.4)$$

$$E_4 = \pi(p)\{\pi(\theta) \cdot R_1 + [1 - \pi(\theta)] \cdot R_1\} + [1 - \pi(p)] \cdot R_1 \quad (10.5)$$

当网络推手选择与意见领袖合谋和不合谋行为的感知收益相同时,即 $E_3 = E_4$,网络推手处于博弈均衡状态,此时,政府部门对合谋行为进行监管的概率为最优概率:

$$\pi(p_1) = \frac{M - v(D)}{\pi(\theta)v(-k_1D) - v(D)} \quad (10.6)$$

(3) 当政府部门以概率 w(p_2) 对网络推手和意见领袖的合谋行为进行监管时,意见领袖选择与网络推手合谋和不合谋行为的感知收益分别为:

$$E_5 = \pi(p)\{\pi(\theta)[R_2 + v(-H) + v(-k_2M)] + [1 - \pi(\theta)]$$
$$[R_2 + M + v(N)]\} + [1 - \pi(p)][R_2 + M + v(N)] \quad (10.7)$$

$$E_6 = \pi(p)\{\pi(\theta)R_2 + [1 - \pi(\theta)]R_2\} + [1 - \pi(p)] \cdot R_2 \quad (10.8)$$

当意见领袖选择与网络推手合谋和不合谋行为的感知收益相同时,即 $E_5 = E_6$,意见领袖处于博弈均衡状态,此时,政府部门对合谋行为进行监管的概率为最优概率:

$$\pi(p_2) = \frac{1}{\pi(\theta)\left[1 - \dfrac{v(-H) + v(-k_2M)}{M + v(N)}\right]} \quad (10.9)$$

(4) 根据式(9.1)、式(9.2)、式(9.3)可以得到政府部门、网络推手和意见领袖三方的混合策略纳什均衡为:

$$[\pi(q), \pi(p_1)] = \left\{\frac{C}{\pi(\theta)[v(k_1D + k_2M) - v(-G)] + v(-G)},\right.$$
$$\left.\frac{M - v(D)}{\pi(\theta)v(-k_1D) - v(D)}\right\} \quad (10.10)$$

$$[\pi(q), \pi(p_2)] = \left\{\frac{C}{\pi(\theta)[v(k_1D + k_2M) - v(-G)] + v(-G)},\right.$$
$$\left.\frac{1}{\pi(\theta)\left[1 - \dfrac{v(-H) + v(-k_2M)}{M + v(N)}\right]}\right\} \quad (10.11)$$

(三) 模型分析

1. 政府部门的监管行为的分析

网络推手和意见领袖合谋的概率取决于合谋行为所获得的收益以及政府的监管力度等因素，根据网络推手和意见领袖合谋的最优概率 $\pi(q)$ 可得，当政府部门主观认为网络推手和意见领袖以 $\pi(q^*)$ 大于 $\pi(q)$ 的概率进行合谋时，政府部门则会选择进行监管；当政府部门主观认为网络推手和意见领袖以 $\pi(q^*)$ 小于 $\pi(q)$ 的概率进行合谋时，政府部门则会选择不监管。根据 $\pi(q)$ 的表达式可知，网络推手和意见领袖的合谋收益 D、M 以及政府部门承受网络谣言的广泛传播带来的相关成本 G、政府部门查出合谋的概率 θ、监管成本 C 以及网络推手和意见领袖的惩罚系数 k_1、k_2 几个变量能够对合谋概率产生影响，并且 $\pi(q)$ 的取值与监管成本 C 成正比，与政府部门查出合谋的概率 θ、监管成本 C 以及网络推手和意见领袖的惩罚系数 k_1、k_2 成反比。因此，政府在对合谋行为进行监管时，可以通过提高查处合谋的成功率和降低监管的成本来抑制网络推手和意见领袖的合谋行为，在监管成本不变的情况下，可以加大对合谋行为的惩罚力度。此外，政府应加大对网络谣言的治理力度，完善网络谣言治理相关的法律规范，最大限度地遏制网络谣言的传播和降低网络谣言传播带来的社会危害，同时，也间接地降低了网络推手和意见领袖合谋行为的收益。

2. 网络推手和意见领袖的合谋行为分析

政府在对网络推手合谋行为进行监管的概率取决于网络推手选择合谋行为获得的额外收益以实现收益最大化以及监管成本等因素，根据政府部门监管的最优概率 $\pi(p_1)$ 可得，当网络推手主观认为政府部门以 $\pi(p^*)$ 大于 $\pi(p_1)$ 的概率进行监管时，网络推手会选择不合谋；当网络推手主观认为政府部门以 $\pi(p^*)$ 小于 $\pi(p_1)$ 的概率进行监管时，网络推手会选择合谋。

政府在对意见领袖合谋行为进行监管的概率还取决于意见领袖选择合谋行为获得的额外收益以实现收益最大化以及监管成本等因素，根据政府部门监管的最优概率 $\pi(p_2)$ 可得，当意见领袖主观认为政府部门以 $\pi(p^*)$ 大于 $\pi(p_2)$ 的概率进行监管时，意见领袖会选择不合谋；当意见领袖主观认为政府部门以 $\pi(p^*)$ 小于 $\pi(p_2)$ 的概率进行监管时，意见领袖会选择合谋。

根据以上分析可知，当网络推手和意见领袖主观认为政府监管的概率大于网络推手和意见领袖分别处于博弈状态下政府的最优监管概率$\pi(p_1)$和$\pi(p_2)$时,网络推手和意见领袖不会选择合谋,为了尽可能地减少网络推手和意见领袖的合谋行为,网络推手和意见领袖主观认为的政府部门的实际监管概率越小越好。因此,此处在对网络推手和意见领袖的合谋行为进行分析时取$\pi(p_1)$和$\pi(p_2)$中值小者。

$$\pi(p^*) \geq \min\left\{ \frac{M-v(D)}{\pi(\theta)v(-k_1D)-v(D)}, \frac{1}{\pi(\theta)\left[1-\frac{v(-H)+v(-k_2M)}{M+v(N)}\right]} \right\}$$
(10.12)

将前景理论的价值函数公式代入上式可得:

$$\pi(p^*) \geq \min\left\{ \frac{1}{1+\frac{\lambda(k_1D)^{\alpha_1}}{D^{\alpha_2}}} \cdot \left(1-\frac{M}{D^{\alpha_2}}\right) \cdot \frac{1}{\pi(\theta)} \cdot \frac{1}{\pi(\theta)} \cdot \right.$$

$$\left. \frac{1}{\left[1+\frac{\lambda H^{\alpha_3}}{M+N^{\alpha_5}}+\frac{\lambda(k_2M)^{\alpha_4}}{M+N^{\alpha_5}}\right]} \right\}$$
(10.13)

(1) 对网络推手的监管

当$k_1 > k_2$时,即政府部门对网络推手的惩罚力度要远大于对意见领袖的惩罚力度时,网络推手和意见领袖的合谋条件为:

$$\pi(p) \geq \frac{1}{1+\frac{\lambda(k_1D)^{\alpha_1}}{D^{\alpha_3}}} \cdot \left(1-\frac{M}{D^{\alpha_3}}\right) \cdot \frac{1}{\pi(\theta)}$$
(10.14)

根据上述表达式可知网络推手和意见领袖合谋行为的临界条件。为了能够在较低的政府部门监管概率条件下降低网络推手和意见领袖的合谋概率,可以从以下几个方面考虑:

第一,网络推手主观认为受到的法律惩罚与合谋获得的收益的比值$\frac{\lambda(k_1D)^{\alpha_1}}{D^{\alpha_3}}$。政府部门在监管时可以加大传播网络谣言的惩罚力度,对网络谣言进行实时监控,第一时间发表辟谣信息,遏制网络谣言的传播,同时,降低网络推手与意见领袖合谋获得的收益。可以通过加大对网络推手的惩罚力度k_1D,让网络推手认识到网络谣言传播造成的社会影响越大,自身从中获得的收益越高,相应的法律惩罚$\lambda(k_1D)^{\alpha_1}$越高;政府部门可以根据网络谣言的种类和性质以及对社会的危害程度,改变惩罚系数 k_1,针对可能引起公众广泛关注和对社会产生恶劣影响的网络谣言,如食品安全类网络谣言,可以适当增加惩罚系数 k_1,根据前景理论可知,网络推手主观认为受到的法律惩罚 $\lambda(k_1D)^{\alpha_1}$ 要更大,而针对一些公众关注度并不高、不会对社会产生重大影响的网络谣言,可以适当降低惩罚系数,但网络推手主观上还认为会受到严厉的法律惩罚,从而选择放弃合谋。

第二,网络推手的合谋成本与合谋获得的收益的比值 $\dfrac{M}{D^{a_3}}$。网络推手在选择合谋还是不合谋的时候,会权衡合谋行为所需要付出的成本和获得的收益,一般情况下,当合谋行为获得的收益大于需要付出的成本的时候,才会选择合谋。从表达式可以看出,当合谋成本 M 与合谋收益 D 相等时,$1-\dfrac{M}{D^{a_3}}$ 值为零,表达式右侧值为零,此时网络推手不会选择与意见领袖合谋。因此,政府部门在对网络推手的合谋行为监管时,可以通过增加网络推手合谋的成本和降低合谋获得的收益两个方面来抑制网络推手的合谋行为。

第三,政府部门查出合谋的概率 $\pi(\theta)$、风险态度系数 α 和损失规避系数 λ。从表达式可以看出,当网络推手主观认为政府部门查出合谋的概率越高,网络推手选择合谋的概率越小。网络推手对风险和损失的态度以及对事件结果出现概率的主观判断都会对合谋行为产生影响,政府部门应努力提高自身的公信力,增强工作过程的透明度,切实落实各项监管措施,给网络推手形成一种心理压力,而不敢进行合谋。

(2) 对意见领袖的监管

当 $k_2 > k_1$ 时,即政府部门对意见领袖的惩罚力度要远大于对网络推手的惩罚力度时,意见领袖与网络推手的合谋条件为:

$$\pi(p) \geqslant \dfrac{1}{\pi(\theta)\cdot\dfrac{1}{\left[1+\dfrac{\lambda H^{\alpha_3}}{M+N^{\alpha_5}}+\dfrac{\lambda(k_2M)^{\alpha_4}}{M+N^{\alpha_5}}\right]}} \tag{10.15}$$

从表达式可以看出,意见领袖与网络推手合谋会受到意见领袖主观认为因传播网络谣言而承受的声誉损失 H、主观认为受到的法律惩罚 k_2M 的影响和意见领袖合谋获得的收益 $M+N^{\alpha_5}$。当意见领袖受到的声誉损失和法律惩罚越大,合谋获得的收益越低。则意见领袖与网络推手合谋的概率越低。政府在对网络推手和意见领袖的合谋行为进行监管时,可以对传播网络谣言的意见领袖进行点名批评、加大监管力度和惩罚力度等,并降低意见领袖合谋获得的收益,以减少网络推手和意见领袖的合谋行为。意见领袖主观认为政府部门查出合谋的概率$\pi(\theta)$、风险态度系数α和损失规避系数λ也会对意见领袖的合谋行为产生影响。

三 仿真分析

在对参数进行敏感性分析的时候,以网络推手和意见领袖合谋为例,进行数值仿真分析。依据最高人民检察院和最高人民法院出台的《刑法解释》规定,利用信息网络诽谤他人,同一诽谤信息实际被点击、浏览次数达到5000次以上,或者被转发次数达到500次以上的,应当认定为《中华人民共和国刑法》第二百四十六条第一款规定的"情节严重",可构成诽谤罪。假设网络推手和意见领袖的正常收益分别为40万元和20万元,网络推手的合谋成本为收益的20%,政府部门对合谋行为的惩罚力度设为合谋收益的两倍,即$k_1 = k_2 = 2$,意见领袖合谋时,传播网络谣言被查出所遭受的名誉损失与正常收益相等。本章前景理论的参数值采用的是 Tversky 和 Kahneman[1] 通过实验测定得到的值:风险态度系数 $\alpha = 0.88$,损失厌恶系数 $\lambda = 2.25$。通过改变惩罚力度k_1和k_2、合谋成本 M、声誉损失 H 以及前景理论参数 α 和 λ 的值,对这些参数进行敏感性分析,并运用 Matlab 进行数值仿真,结果如下:

(1) 上述敏感性分析图中,纵坐标表示博弈主体主观认为政府打击成功的概率,横坐标表示博弈主体合谋获得的收益。当博弈主体主观认为政府打击成功的概率小于曲线对应的纵坐标概率值时,博弈主体会选择进行合谋;反之则选择不进行合谋。合谋临界值曲线并不会随着合谋收益的增加而呈线性增加,而是具有一定的收敛性。当合谋收益增加到一定程度时,曲线趋于稳定,说明当在网络推手和意见领袖主观认为政府打击成功的概率达到一定值时,就不会选择合谋策略,政府可以通过调控监管

---

[1] Tversky, A. and Kahneman, D., "Advances in Prospect Theory: Cumulative Representation of Uncertainty" [J]. *Journal of Risk and Uncertainty*, 1992, 5 (4): 297 – 323.

力度和提高查处成功率以抑制网络推手和意见领袖合谋行为的发生。

（2）从图 10-2 和图 10-3 可以看出，随着惩罚系数的增加，合谋临界值曲线对应的博弈主体主观认为政府打击成功的概率逐渐降低，说明当惩罚力度较轻时，即使博弈主体认为政府打击成功的概率处于较高水平，合谋行为也会发生。从图 10-4 和图 10-5 可以看出，意见领袖对声誉损失的敏感性要大于对网络推手报酬的敏感性。因此，政府在对合谋行为进行监管时，可以考虑加大对合谋行为的惩罚力度，意见领袖在经济利益的诱惑下虽然有合谋的意愿，但基于损失厌恶的心理，考虑到可能会面临的高额的经济惩罚和遭受的损失等，则不会选择进行合谋。

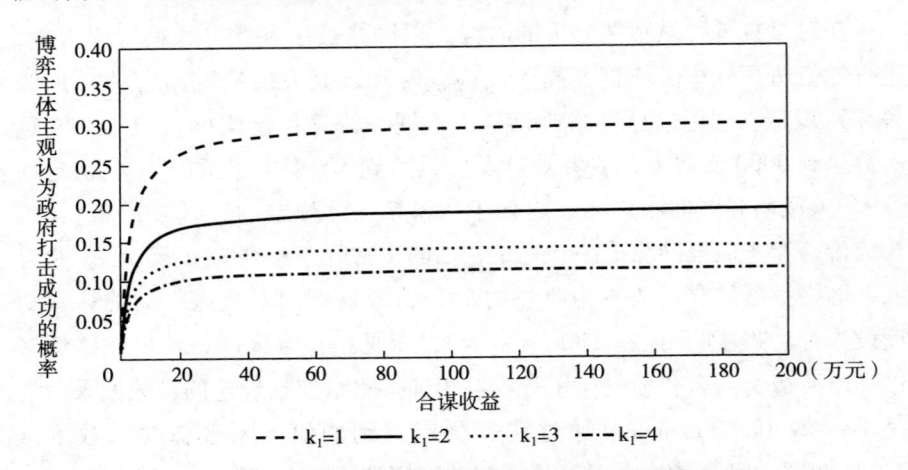

图 10-2　网络推手对惩罚力度 k_1 的敏感性

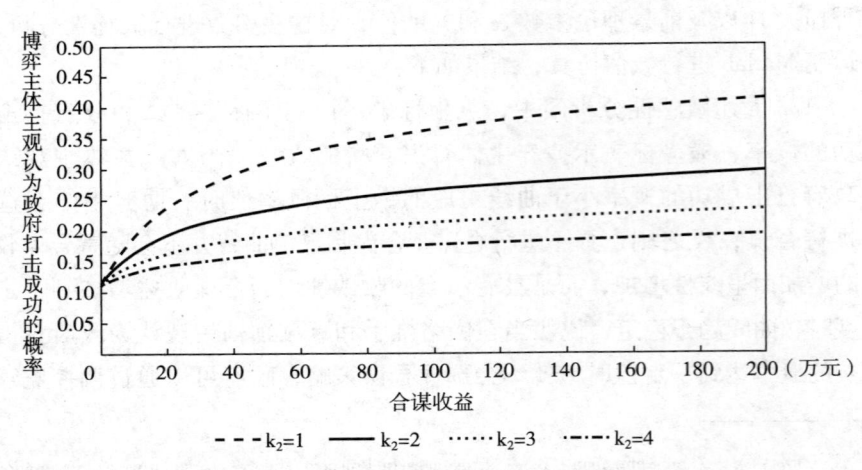

图 10-3　意见领袖对惩罚力度 k_2 的敏感性

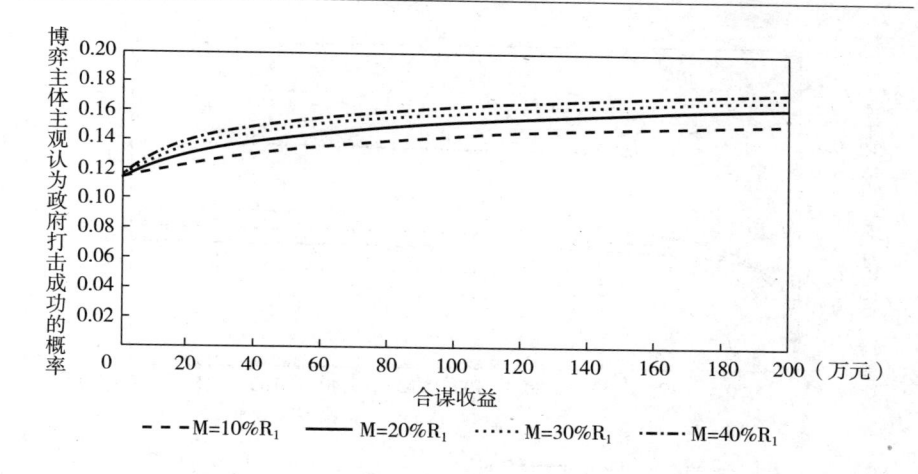

图 10-4　意见领袖对网络推手报酬 M 的敏感性

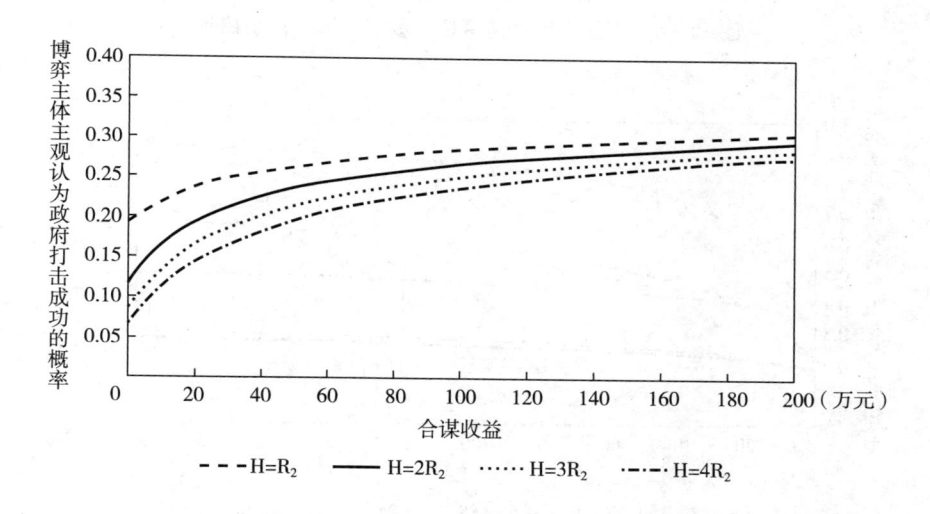

图 10-5　意见领袖对声誉损失 H 的敏感性

（3）根据图 10-6 和图 10-7 网络推手和意见领袖对前景理论参数 α 和 λ 的敏感性分析可知，风险态度系数 α 和损失规避系数 λ 都会对网络推手和意见领袖的行为策略产生影响。就网络推手来说，网络推手对损失规避系数的敏感性要大于对风险态度系数的敏感性，这可能是因为，网络推手传播网络谣言最主要的目的是实现经济利益，为了实现利益最大化，网络推手会尽可能地降低合谋的成本以及规避可能遭受的损失，因此，损失规避系数会对网络推手的行为策略产生较大影响；对意见领袖而言，意

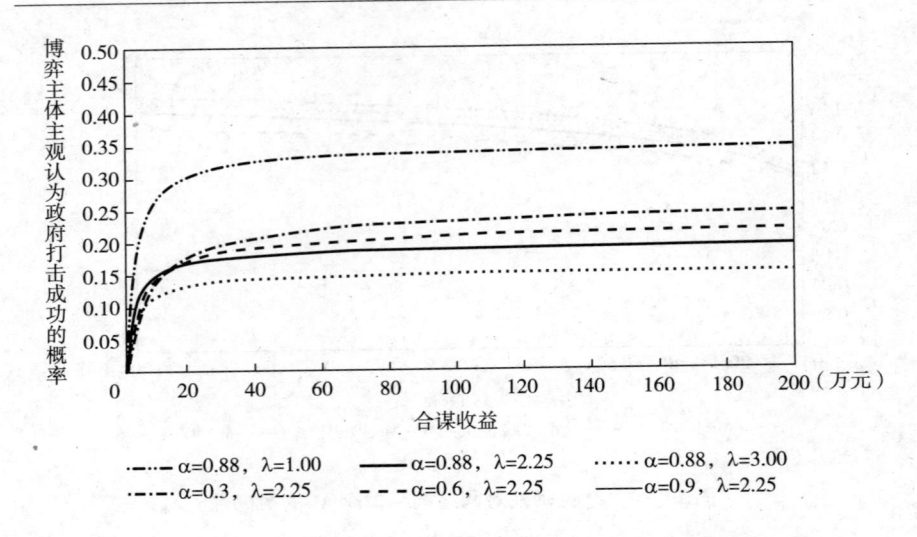

图 10-6 网络推手对前景理论参数 α 和 λ 的敏感性

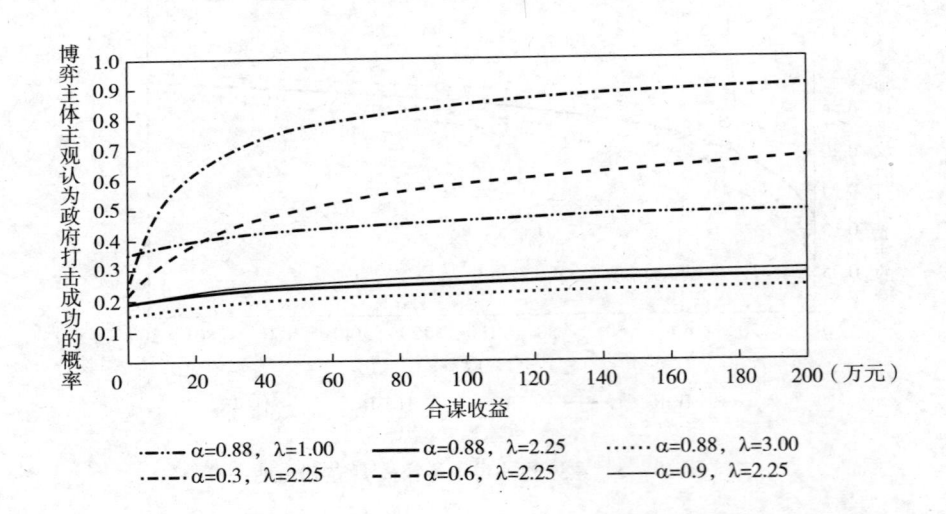

图 10-7 意见领袖对前景理论参数 α 和 λ 的敏感性

见领袖对风险态度系数的敏感性要大于损失规避系数,意见领袖作为有影响力的社会公众群体,在发布和传播信息时,会更加注重信息所产生的影响以及造成的后果,降低自身行为造成不良社会影响的风险,以维护自身的地位和社会影响力,产生良好的社会声誉,相比较而言,经济收益只是影响意见领袖行为的次要因素。因此,政府在对网络推手和意见领袖合谋行为进行监管时，应根据网络推手和意见领袖这种心理特征，采取相应的监管措施，加大对网络推手的经济惩罚力度，对意见领袖可以通过主流媒体的点名批评、关闭平台账号等措施进行处罚。同时，应通过各种途径识别出"伪意见领袖"，"伪意见领袖"是指为了经济利益、政治利益等原因利用自身影响力向广大受众传递虚假不实信息，进而对其造成一定影响的人。这类意见领袖更加注重行为策略的经济和政治效益，具有较强的收益感知敏感性，可以加大对其经济和法律的惩罚力度。对各主体应采取针对性和差异化的监管和惩罚措施，强化网络推手和意见领袖这种心理特征的主观感知，以取得更好的监管效果。

四 政策建议

（一）增加合谋成本，降低合谋收益

网络推手行为的主要目的就是经济利益，而网络推手选择合谋还是不合谋取决于合谋行为所获得的收益和所要付出的成本之间的关系，根据式（10.13）可知，当合谋获得的收益 D 与所要付出的成本 M 相等时，网络推手一般不会选择合谋。单方面的增加合谋成本或者是降低合谋收益，网络推手都会通过各种方式尽可能地增加传播网络谣言带来的收益或压缩成本的方式使利益最大化。因此，可以选择增加网络推手合谋成本与降低合谋收益并举的策略来抑制合谋行为，如加强网络平台和意见领袖的监管，自动审核和过滤不良信息，设立专门的网站平台管理人员，在后台对虚假信息和异常的热点话题进行审核监督，从源头遏制网络谣言的传播；建立相应的辟谣平台，第一时间对谣言信息进行辟谣，最大限度地降低网络谣言对社会的负面影响和网络推手传播网络谣言获得的收益。

（二）建立网络推手行为规制的相关法律规范

当前，我国网络推手行业仍处于初始阶段，网络推手从业人员的素质参差不齐，缺乏必要的行业自律，很多网络推手为了经济利益，突破道德底线，恶意引导和操纵社会舆论，严重扰乱了公众的日常生活和社会正常秩序，主要原因是缺乏针对网络推手的行为规范和有效的法律监管体系。如"立二拆四"事件背后自称是"中国第一代网络推手"的杨秀宇并不认为自己的行为属于违法行为，归根结底，是因为我国并没有专门的网络

信息监管法律，并且相关管理条例也有明显漏洞。因此，需要建立网络推手行业相关的法律法规，对网络推手的行为进行规范，既给予网络推手合理的空间，又保障了公众的合法权益不受到侵犯。健全法律规范和加大惩罚力度会使惩罚系数 k_1 和 k_2 变大，让网络推手主观上认为制造虚假信息、传播网络谣言以及操纵网络舆论等行为会受到的法律惩罚 $\lambda(k_1D)$ 变大，对网络推手形成心理威慑。

（三）多方主体协同监管

我国针对网络舆论的监管多为传统管理部门，这些传统的管理部门在对网络舆论进行监管时，只是将管理范围延伸到互联网范畴，并且各自独立制作规章作为预防监管准则，使在监管过程中形成重叠监管，不仅降低了监管效率，而且会形成监管真空区域。可以通过构建一个多层次、跨组织、多部门的联合治理结构，加强各层级和各部门之间纵向和横向的沟通交流，增强工作过程和结果的透明度，让网络推手和意见领袖主观认为政府查处成功的概率 $\pi(\theta)$ 变大。

此外，政府部门作为治理网络推手主体，在对网络推手监管过程中居于主导地位，但网络推手具有主体多样性、隐匿性等特点，仅仅依靠政府单一主体的监管方式并不能有效地治理网络推手，需要联合主流媒体、社会组织、广大网民等多方主体共同参与，在降低监管成本的同时，提高了监管效率，根据仿真结果分析（9.1）可知，当网络推手和意见领袖主观认为政府打击成功的概率达到一定值时，就不会选择合谋策略，多方主体协同监管在提高监管效率的同时，间接地提高了查处成功率，进而减少了网络推手的合谋行为。

五　结　语

本章针对网络推手在运作过程中的合谋行为进行了研究。将前景理论中的心理因素引入博弈主体的行为决策中，构建了网络推手、意见领袖和政府部门三方博弈的模型，得到网络推手和意见领袖合谋与政府部门三方博弈的收益感知矩阵，根据纳什均衡理论，得到网络推手合谋和政府部门监管的条件和影响因素，并通过数值仿真分析这些影响因素的灵敏性。最后，根据模型分析结果，提出抑制网络推手合谋行为的应对策略。实际生活中,网络推手运作对象是网民,网络推手想要达到自身的目的,需要网民对其制造的舆论热点进行持续的关注和广泛参与,因此,从网民的角度抑制网络推手的行为,以及降低对社会造成的负面影响有待于进一步研究。

此外,网络推手在某种程度上也可以看作意见领袖,如何规范网络推手的行为,发挥其对网络舆论的正面引导作用是下一步研究的重点。

主要参考文献

1. 宾宁、王钰：《社交网络正面信息传播及仿真研究——基于三方博弈视角》，《现代情报》2017年第11期。
2. 陈福集、黄江玲：《三方博弈视角下政府应对网络推手的对策研究》，《中国行政管理》2013年第11期。
3. 陈丽珠：《"8·12天津滨海爆炸事故"微博信息传播的社会网络分析》，硕士学位论文，重庆大学，2016年。
4. 陈媛：《基于社会网络分析的自媒体时代舆情传播研究——以新浪微博为例》，硕士学位论文，山西财经大学，2017年。
5. 董凯欣、傅荧、孙晓峰、郭萌：《基于社会网络分析的企业网络舆情预警机制研究——以食品安全网络舆情为例》，《电子商务》2015年第8期。
6. 杜洪涛、孟庆国、王君泽：《基于社会网络分析的微博社区网络结构及传播特性研究》，《情报学报》2016年第8期。
7. 杜茜：《我国食品安全应急管理多元参与机制研究》，硕士学位论文，浙江财经学院，2012年。
8. 冯晓雅：《食品安全类微博谣言的传播与防控研究——以小龙虾谣言为例》，硕士学位论文，湘潭大学，2017年。
9. 郭萌、牛冲、肖雨雨、董凯欣：《媒体态度对公众舆情感知的影响研究——以食品安全事件为例》，《电子商务》2015年第7期。
10. 郭庆光：《传播学教程》，中国人民大学出版社2011年版。
11. 何建佳、张亚楠：《基于关系度的群体观点演化模型与仿真》，《计算机应用研究》2017年第6期。
12. 洪巍、李青、吴林海：《考虑信息真伪的食品安全网络舆情传播仿真与管理对策研究》，《系统工程理论与实践》2017年第12期。
13. 洪巍、吴林海、王建华、吴治海：《食品安全网络舆情网民参与行为模型研究——基于 12 个省、48 个城市的调研数据》，《情报杂志》2017 年第 12 期。

14. 洪巍、吴林海、吴祐昕：《食品安全网络舆情中的网络意见领袖》，《华南农业大学学报》（社会科学版）2014 年第 4 期。

15. 洪巍、吴林海：《食品安全网络舆情网民参与行为调查》，《华南农业大学学报》（社会科学版）2014 年第 2 期。

16. 洪巍、吴林海：《中国食品安全网络舆情发展报告（2013）》，中国社会科学出版社 2013 年版。

17. 洪巍、吴林海：《中国食品安全网络舆情事件特征分析与启示——基于 2009—2011 年的统计数据》，《食品科技》2013 年第 8 期。

18. 洪小娟、姜楠、洪巍、黄卫东：《媒体合作网络信息传播研究——以"福喜肉"舆情事件为例》，《情报科学》2016 年第 6 期。

19. 洪小娟、姜楠、洪巍、黄卫东：《媒体信息传播网络研究——以食品安全微博舆情为例》，《管理评论》2016 年第 8 期。

20. 洪小娟、姜楠、夏进进：《基于社会网络分析的网络谣言研究——以食品安全微博谣言为例》，《情报杂志》2014 年第 3 期。

21. 洪小娟、刘璐、黄卫东、叶美兰：《意识形态网络舆情的社会网络分析——以"共产主义事业接班人"论战事件为例》，《南京邮电大学学报》（社会科学版）2017 年第 3 期。

22. 胡辰、李曦珍：《搅动网络舆论的变幻螺旋——"网络推手"机制的传播学理论透视》，《甘肃社会科学》2012 年第 6 期。

23. 胡改丽、陈婷、陈福集：《基于社会网络分析的网络热点事件传播主体研究》，《情报杂志》2015 年第 1 期。

24. 胡凌：《商业网络推手现象的法律规制》，《法商研究》2011 年第 5 期。

25. 胡喜生、洪伟：《福州市土地生态系统服务与城市化耦合度分析》，《地理科学》2013 年第 10 期。

26. 黄飞虎、彭舰、宁黎苗：《基于信息熵的社交网络观点演化模型》，《物理学报》2014 年第 16 期。

27. 姜楠：《基于社会网络分析的媒体传播特征研究——以食品安全网络舆情为例》，硕士学位论文，南京邮电大学，2017 年。

28. 姜鑫、田志伟：《微博社区内信息传播的"小世界"现象及实证研究——以腾讯微博为例》，《情报科学》2012年第8期。
29. 蒋天颖、华明浩、许强、王佳：《区域创新与城市化耦合发展机制及其空间分异——以浙江省为例》，《经济地理》2014年第6期。
30. ［美］凯斯·莫桑斯坦：《网络共和国：网络社会中的民主问题》，上海人民出版社2003年版。
31. 康亚杰：《转基因话题微博谣言研究——以新浪微博为例》，硕士学位论文，华中农业大学，2016年。
32. 兰月新、曾润喜：《基于Lotka – Volterra的微博群体竞争模型》，《情报杂志》2013年第7期。
33. 李菲、柯平、高海涛、张丹红、宋佳：《基于社会网络分析的新媒体网络舆情传播监管研究》，《情报杂志》2017年第10期。
34. 李纲、甘停、寇广增：《基于文本情感分类的网络推手识别》，《图书情报工作》2010年第8期。
35. 李根强、方从慧：《复杂网络视角下网络集群行为主体的观点演化研究》，《情报科学》2017年第5期。
36. 李华、蒙晓阳：《网络推手对参与式新闻的操纵及其治理》，《当代传播》2017年第1期。
37. 李莎、刘雅囡、姜楠：《基于食品安全网络舆情下的公众恐慌行为研究》，《电子商务》2013年第7期。
38. 梁威、刘满凤：《战略性新兴产业与区域经济耦合协调发展研究：以江西省为例》，《华东经济管理》2016年第5期。
39. 林萍、黄卫东、洪小娟：《全媒体时代我国食品安全网络舆情构成要素研究》，《现代情报》2017年第11期。
40. 林祎韵：《突发公共事件中微博意见领袖的社会网络分析——以"12·31上海外滩踩踏事件"为例》，硕士学位论文，暨南大学，2015年。
41. 刘波维、曾润喜：《我国食品安全网络舆情研究现状分析》，《情报杂志》2017年第6期。
42. 刘军：《社会网络分析导论》，社会科学文献出版社2004年版。
43. 刘军：《整体网络分析讲义——UCINET软件实用指南》，上海人民出版社2009年版。
44. 刘俐俐：《食品安全事件中的电视传播研究——以"塑化剂"事件为例》，硕士学位论文，江西师范大学，2012年。

45. 逯万辉：《突发事件网络舆情传播的社会网络结构演变研究——以"山东非法疫苗案为例"》，《福建行政学院学报》2017 年第 3 期。
46. 马颖：《食品安全突发事件网络舆情演变的模仿传染行为研究》，《科研管理》2015 年第 6 期。
47. 平亮、宗利永：《基于社会网络中心性分析的微博信息传播研究——以 Sina 微博为例》，《图书情报知识》2010 年第 6 期。
48. 齐佳音、刘慧丽、张一文：《突发性公共危机事件网络舆情耦合机制研究》，《情报科学》2017 年第 9 期。
49. 钱成、曹进德、杨夏竹：《基于社会影响模型的观点演化规律研究》，《系统工程学报》2010 年第 6 期。
50. 邱蒙雯、姜育恒：《微博用户的社会网络分析——以新浪微博中国国家图书馆官方微博为例》，《科技情报开发与经济》2015 年第 19 期。
51. 山丽杰、吴林海、钟颖琦、徐玲玲：《添加剂滥用引发的食品安全事件与公众恐慌行为研究》，《华南农业大学学报》（社会科学版）2012 年第 4 期。
52. 宋艳双、刘人境：《网络结构和有界信任对群体观点演化过程的交互影响》，《软科学》2016 年第 1 期。
53. 苏炯铭、刘宝宏、李琦：《社会群体中观点的信任、演化与共识》，《物理学报》2014 年第 5 期。
54. 苏瑶：《食品安全议题的微博谣言传播机制调查研究》，《新闻与传播》2017 年第 4 期。
55. 孙宝国、王静、孙金沅：《中国食品安全问题与思考》，《中国食品学报》2013 年第 5 期。
56. 汪春香、徐立青、赵树成：《影响食品安全网络舆情网民行为的主要因素识别研究——基于模糊集理论 DEMATEL 方法》，《情报杂志》2015 年第 3 期。
57. 王晗啸：《基于社会网络分析的微博谣言传播模式及其演化研究》，硕士学位论文，江苏大学，2017 年。
58. 王顺晔、刘大勇：《基于社会网络分析的网络舆情管理研究》，《电脑知识与技术》2015 年第 17 期。
59. 王雯、刘蓉：《食品安全类网络舆情危机治理的公共政策研究——基于公害品视角》，《理论与改革》2014 年第 3 期。

60. 王晰巍、邢云菲、赵丹、李嘉兴：《基于社会网络分析的移动环境下网络舆情信息传播研究——以新浪微博"雾霾"话题为例》，《图书情报工作》2015年第7期。
61. 王英翠：《微信食品安全类谣言的传播逻辑》，《新媒体》2016年第5期。
62. 王子文、马静：《网络舆情中的"网络推手"问题研究》，《政治学研究》2011年第2期。
63. 韦路、丁方舟：《社会化媒体时代的全球传播图景——基于Twitter媒介机构账号的社会网络分析》，《浙江大学学报》（人文社会科学版）2015年第6期。
64. 魏泉：《谣言与恐慌中的文化网络变迁》，《学术研究》2013年第1期。
65. 吴林海、吕煜昕、洪巍、林闽钢：《中国食品安全网络舆情的发展趋势及基本特征》，《华南农业大学学报》（社会科学版）2015年第4期。
66. 吴林海、吕煜昕、吴治海：《基于网络舆情视角的我国转基因食品安全问题分析》，《情报杂志》2015年第4期。
67. 吴玉鸣：《广西城市化与环境系统的耦合协调测度与互动分析》，《地理科学》2011年第12期。
68. 夏进进、牛冲、郭萌、董凯欣：《政府处置因素对公众舆情感知的影响研究——以食品安全事件为例》，《现代商业》2015年第8期。
69. 肖强、朱庆华：《Web 2.0环境下的"网络推手"现象案例研究》，《情报杂志》2012年第9期。
70. 徐速：《微博谣言传播的影响因素研究——基于162则科技微博谣言的实证分析》，硕士学位论文，天津师范大学，2014年。
71. 徐占品：《安全恐慌下的谣言传播特点》，《青年记者》2012年第35期。
72. 燕道成、杨瑾：《网络推手炒作谣言的传播机制及其防控策略》，《华侨大学学报》（哲学社会科学版）2014年第4期。
73. 叶金珠、陈倬：《食品安全突发事件及其社会影响——基于耦合协调度模型的研究》，《统计与信息论坛》2017年第12期。
74. 叶金珠、陈倬：《新媒体下食品安全突发事件演变机制研究》，《电子政务》2015 年第 5 期。

75. 余莎莎、王友国、朱亮：《基于 SIR 社交网络中商业谣言传播研究》，《计算机技术与发展》2016 年第 11 期。

76. 俞静波、曾超：《旅游危机事件中网络舆情节点的控制研究——以"东方之星"沉船为例》，《市场周刊》2016 年第 7 期。

77. 俞立平、潘云涛、武夷山：《科技评价中效用函数合成方法的比较研究》，《科技进步与对策》2010 年第 1 期。

78. 张会平、郭昕昊、郭宁：《突发事件中网络谣言识别行为意向的影响因素研究》，《现代情报》2017 年第 7 期。

79. 张亮、李霞：《食品安全突发事件的网络舆情分析》，《食品研究与开发》2014 年第 18 期。

80. 张倩楠：《网络推手环境下的三方博弈研究》，硕士学位论文，天津财经大学，2015 年。

81. 张一文、齐佳音、方滨兴、李欲晓：《非常规突发事件及其社会影响分析——基于引致因素耦合协调度模型》，《运筹与管理》2012 年第 2 期。

82. 张玥、朱庆华：《Web 2.0 环境下学术交流的社会网络分析——以博客为例》，《情报理论与实践》2009 年第 8 期。

83. Aldoory, L., Kim, J. N. and Tindall, N., "The Influence of Perceived Shared Risk in Crisis Communication: Elaborating the Situational Theory of Publics" [J]. *Public Relations Review*, 2010, 36 (2): 134 – 140.

84. Amblard, F. and Deffuant, G., "The Role of Network Topology on Extremism Propagation with the Relative Agreement Opinion Dynamics" [J]. *Physica A Statistical Mechanics and Its Application*, 2012 (343): 725 – 738.

85. Burghardt, K., Rand, W. and Girvan, M., "Competing Opinions and Stubborness: Connecting Models to Data" [J]. *Physical Review E*, 2016, 93 (3): 032305.

86. Burt, R. S., *Structural Holes: The Social Structure of Competition* [M]. Cambridge, MA: Harvard University Press, 1992.

87. Castellano, C., Fortunato, S. and Loreto, V., "Statistical Physics of Social Dynamics" [J]. *Reviews of Modern Physics*, 2009, 81 (2): 591 –

646.

88. Chazelle, B., Jiu, Q. and Li, Q. et al., "Well-posedness of the Limiting Equation of A Noisy Consensus Model in Opinion Dynamics" [J]. *Journal of Differential Equations*, 2017, 70 (7): 1197-1200.

89. Chen, F. and Huang, J., "The Strategy of Managing Net-cheaters Based on Three-side Game" [J]. *Chinese Public Administration*, 2013 (11): 18-21.

90. Cheng, Z., Xiong, Y. and Xu, Y., "An Opinion Diffusion Model with Decision-making Groups: The Influence of the Opinion's Acceptability" [J]. *Physica A Statistical Mechanics and Its Applications*, 2016 (461): 429-438.

91. Chung, I. J., "Social Amplification of Risk in the Internet Environment" [J]. *Risk Analysis*, 2011, 31 (12): 1883-1896.

92. Deffuant, G., Amblard, F., Weisbuch, G. and Faure, T., "How can Extremism Prevail? A Study Based on the Relative Agreement Interaction Model" [J]. *Journal of Artificial Societies and Social Simulation*, 2002, 5 (4): 1.

93. Deffuant, G., Amblard, F. and Weisbuch, G., "Modelling Group Opinion Shift to Extreme: The Smooth Bounded Confidence Model" [J]. In: 2nd European Social Simulation Association (ESSA) Conference, 2004.

94. Deffuant, G., "Comparing Extremism Propagation Patterns in Continuous Opinion Models" [J]. *Journal of Artificial Societies and Social Simulation*, 2006, 9 (3): 8.

95. Franks, D. W., Noble, J. and Kaufmann, P. et al., "Extremism Propagation in Social Networks with Hubs" [J]. *Adaptive Behavior*, 2008, 16 (4): 264-274.

96. Freberg, K., "Intention to Comply with Crisis Messages Communicated Via Social Media" [J]. *Public Relations Review*, 2012, 38 (3): 416-421.

97. Frewer, L. J., Miles, S. and Marsh, R., "The Media and Genetically Modified Foods: Envidence in Support of Social Amplification of Risk", *Risk Analysis*, 2002, 22 (4): 701-711.

98. Galam, S. and Jacobs, F., "The Role of Inflexible Minorities in the

Breaking of Democratic Opinion Dynamics"[J]. *Physica A: Statistical Mechanics and Its Applications*, 2012, 381 (1): 366 – 376.

99. Galam, S., "Minority Opinion Spreading in Random Geometry"[J]. *The European Physical Journal*, 2002, 25 (4): 403 – 406.

100. Galam, S., "Rational Group Decision Making: A Random Field Ising Model at T = 0"[J]. *Physica A: Statistical Mechanics and Its Applications*, 1997, 238 (1): 66 – 80.

101. Gallos, L. K., Havlin, S. and Liljeros, F. et al., "How People Interact in Evolving Online Affiliation Networks"[J]. *Physcial Review*, 2012, 2 (3): 4583 – 4586.

102. Gambaro, J. P. and Crokidakis, N., "The Influence of Contrarians in the Dynamics of Opinion Formation"[J]. *Physica A Statistical Mechanics and Its Applications*, 2017, 486: 465 – 472.

103. Greco, S., Mousseau, V. and Slowinski, R., "Robust Ordinal Regression for Value Functions Handling Interacting Criteria"[J]. *European Journal of Operational Research*, 2014, 239 (3): 711 – 730.

104. Hashemi, E., Pirani, E. and Khajepour, A. et al., "Opinion Dynamics – Based Vehicle Velocity Estimation and Diagnosis"[J]. *Transactions on Intelligent Transportation Systems*, 2017, (99): 1 – 7.

105. Hee, J. and Lee, C., "The Effect of Crisis Communication Strategy, Information Source, and Involvement on Acceptance of Communication: Focusing on the Crisis from Food Rumors"[J]. *Journal of Communication Science*, 2013, 13 (2): 329 – 369.

106. Horst, U., "Dynamics Systems of Social Interactions"[J]. *Journal of Economic Behavior And Organizations*, 2010, 73 (2): 158 – 170.

107. Isenberg, D. J., "Group Polarization: A Critical Review and Meta – Analysis"[J]. *Journal of Personality and Social Psychology*, 1986, 50 (6): 1141 – 1151.

108. Kahneman, D. and Tversky, A., "Prospect Theory: An Analysis of Decision under Risk"[J]. *Econometrica*, 1979, 47 (2): 263 – 292.

109. Kim, J. N. and Grunig, J. E., "Problem Solving and Communicative Action: A Situational Theory of Problem Solving"[J]. *Journal of Commu-*

nication, 2011, 61 (1): 120 - 149.
110. Kim, J. N., Ni, L. and Kim, S. H., Kim, J. R., "What Makes People Hot? Applying the Situational Theory of Problem Solving to Hot - Issue Publics" [J]. *Journal of Public Research*, 2012, 24 (2): 144 - 164.
111. Kowalska - Pyzalska, A., Maciejowska, K. and Suszczyński, K. et al., "Turning Green: Agent - based Modeling of the Adoption of Dynamic Electricity Tariffs" [J]. *Energy Policy*, 2014, 7 (3): 164 - 174.
112. Kuttschreuter, M., "Psychological Determinants of Reactions to Food Risk Messages" [J]. *Risk Analysis*, 2006, 26 (4): 1045 - 1057.
113. Kwon, S., Cha, M. and Jung, K. et al., "Aspects of Rumor Spreading on A Microblog Network" [J]. *Springer International Publishing*, 2013: 299 - 308.
114. Lai, Z. D. and Yang, J. Z., "Why Food Rumors Are Generated Easily? —An Empirical Study on the Communication Behaviors in the Situation of Food Risk Perception" [J]. *Science & Society*, 2014 (1): 112 - 125.
115. Liu, P. and Ma, L., "Food Scandals, Media Exposure, and Citizens' Safety Concerns: A Multilevel Analysis Across Chinese Cities" [J]. *Food Policy*, 2016 (63): 102 - 111.
116. Lozano, J., Blanco, E. and Maquieira, J., "Can Ecolabels Survive in the Long Run? The Role of Initial Conditions" [J]. *Ecologiacal Economics*, 2010, 69 (12): 2525 - 2534.
117. Marlon, R., Jia, S., Reis, S. D. S. and Celia, A. et al., "How Does Public Opinion Become Extreme" [J]. *Scientific Reports*, 2015 (5): 10032.
118. Mayhew, B. H. and Leving, R. L., "Size and the Density of Interaction in Human Aggregates" [J]. *American Journal of Sociology*, 1976, 82 (1): 86 - 110.
119. Meadows, M. and Cliff, D., "The Relative Agreement Model of Opinion Dynamics in Populations with Complex Social Network Structure" [D]. Springer Berlin Heidelberg, 2013, 91 (1): 53 - 69.
120. Mobilia, M., Petersen, A. and Redner, S., "On the Role of Zealotry

in the Voter Model" [J]. *Journal of Statistical Mechanics Theory and Experiment*, 2007 (8): 266 –276.

121. Mobilia, M., "Does A Single Zealot Affect an Infinite Group of Voters?" [J]. *Physical Review Letters*, 2003, 91 (2): 028701.

122. Nielek, R., Wawer, A. and Wierzbicki, A., "Spiral of Hatred: Social Effects in Internet Auctions between Informativity and Emotion" [D]. Kluwer Academic Publishers, 2010, 10 (3 –4): 313 –330.

123. Nyczka, P. and Sznajd – Weron, K., "Anticonformity or Independence? —Insights from Statistical Physics" [J]. *Journal of Statistical Physics*, 2013, 151 (1 –2): 174 –202.

124. Paul, R. W., Julie, H. and John, C. et al., "How do South Australia Consumers Negotiate and Respond to Information in the Media about Food and Nutrition" [J]. *Journal of Sociology*, 2011, 48 (1): 23 –41.

125. Pei, S., Muchnik, L. and Tang, S. T. et al., "Exploring the Complex Pattern of Information Spreading in Online Blog Communities" [J]. *PLos One*, 2015, 10 (5): e0126894.

126. Peng, Y., Li, J., Xia, H., Qi, S. and Li, J., "The Effects of Food Safety Issues Released by We Media on Consumers' Awareness and Purchasing Behavior: A Case Study in China" [J]. *Food Policy*, 2015, 51: 44 –52.

127. Scully, J., "Genetic Engineering and Perceived Levels of Risk" [J]. *British Food Journal*, 2003, 105 (1 \ 2): 59 –77.

128. Sia, C. L., Tan, B. C. Y. and Wei, K. K., "Group Polarization and Computer – Mediated Communication: Effects of Communication Cues, Social Presence, and Anonymity" [J]. *Information Systems Research*, 2002, 13 (1): 70 –90.

129. Slovic, P., "Perceptions of Risk" [J]. *Science*, 1987, 236 (17): 280 –285.

130. Smith, D. and Riethmuller, P., "Consumer concerns about food safety in Australia And Japan" [J]. *International Journal of Social Economics*, 1999, 26 (6): 724 –741.

131. Stoner, Finch J. A., "Comparison of Individual and Group Decisions In-

volving Risk" [D]. *Massachusetts Institute of Technology*, 1961.
132. Su, W., Chen, G. and Hong, Y., "Noise Leads to Quasi – Consensus of Hegselmann – Krause Opinion Dynamics" [J]. *Automatica A Journal of Ifac the International Federation of Automatic Control*, 2015 (85): 448 – 454.
133. Sunstein, C. R., "The Law of Group Polarization" [J]. *Journal of Political Philosophy*, 2002, 10 (2): 175 – 195.
134. Sznajdweron, K., Tabiszewski, K. and Timpanaro, A. M., "Phase Transition in the Sznajd Model with Independence" [J]. *Europhysics Letters*, 2011, 96 (4): 2510 – 2513.
135. Tversky, A. and Kahneman, D., "Advances in Prospect Theory: Cumulative Representation of Uncertainty" [J]. *Journal of Risk and Uncertainty*, 1992, 5 (4): 297 – 323.
136. Utz, S., Schultz, F. and Glockal, S., "Crisis Communication Online: How Medium, Crisis Type and Emotions Affected Public Reactions in the Fukushima Daiichi Nuclear Disaster" [J]. *Public Relations Review*, 2013, 39 (1): 40 – 46.
137. Verma, G., Swami, A. and Chan, K., "The Impact of Competing Zealots on Opinion Dynamics" [J]. *Physica A Statistical Mechanics and Its Applications*, 2014, 395 (4): 310 – 331.
138. Vosoughi, S., Mohsenvand, M. and Roy, D., "Rumor Gauge: Predicting the Veracity of Rumors on Twitter" [J]. *Acm Transactions on Knowledge Discovery from Data*, 2017, 11 (4): 1 – 36.
139. Walla, P., Brenner, G. and Koller, M., "Objective Measures of Emotion Related to Brand Attitude: A New Way to Quantify Emotion – Related Aspects Relevant to Marketing" [J]. *Plos One*, 2011, 6 (11): e26782.
140. Woolcock, A., Connaughton, C. and Merali, Y. et al., "Fitness Voter Model: Damped Oscillations and Anomalous Consensus" [J]. *Physical Review Letters*, 2017, 96 (3 – 1): 032313.
141. Xia, J., Song, P. X. L. and Tang, W., "Retraction of a Study on Genetically Modified Corn: Expert Investigations Should Speak Louder during Controversies Over Safety" [J]. *Bioscience Trends*, 2015, 9 (2): 134 – 137.

后　记

在食品安全网络舆情中，夸大、虚假的食品安全网络谣言是造成舆情爆发、引发食品安全恐慌的重要因素，是食品安全网络舆情中的主要风险要素。因此，食品安全网络谣言是食品安全网络舆情研究中的重要问题。深入分析食品安全网络谣言的传播特征，探讨其演化机理与治理策略，对于消除食品安全网络谣言的负面影响，引导公众科学地看待与理性地应对食品安全问题，进一步提高政府的公信力具有重要意义。

《报告》作为教育部批准立项的研究重大经济社会问题的哲学社会科学研究发展报告培育资助项目，是第六次出版的年度报告。《报告》重点关注我国食品安全网络舆情的发展状况，以食品安全网络舆情的核心参与主体——网民为研究的切入点，在深入分析网民对食品安全与食品安全网络舆情的认知与行为、网民对食品安全网络谣言信息的认知与行为、食品安全网络谣言信息与公众恐慌的同时，探讨食品安全网络舆情的耦合机制，分析食品安全网络谣言的传播网络，开展食品安全网络谣言传播仿真研究等，以系统、全面地探究与展现食品安全网络舆情的发展状况与一般规律。

《报告》是由江南大学江苏省食品安全研究基地、江苏省高校哲学社会科学优秀创新团队（中国食品安全风险防控管理研究）牵头，清华大学、亚太食联（北京）食品质量技术开发中心、中国技术监督情报协会、中国食品安全舆情研究中心、南京邮电大学、中国食品安全报社等多个单位合作、共同完成的实证性、研究性学术专著。参加研究工作的人员主要有（以姓氏笔画为序）：山丽杰、马晔风、王建华、王忠国、王晓莉、王虎、朱长学、吕煜昕、李国梁、李峰、李敏、吴治海、吴祐昕、张强、张秋琴、郑昌元、洪小娟、夏爱民、徐协、徐新、徐玲玲、浦徐进、黄卫东、黄伟伟、彭奇志等。

我们对上述相关学者与同行富有成效的努力和无私的支持，表示由衷的感谢。

在问卷调查组织、报告资料收集、数据处理与研究成果的最后汇总、图表制作、文字校对、格式调整等诸多环节中，江南大学研究生李敏、郑昌元等做出了积极的努力。

《报告》也是食品安全风险治理研究院智库研究成果，并且是 2014 年国家自然科学基金青年项目"食品安全网络舆情演化机理与应对策略研究"（71303094）、2012 年江苏省自然科学基金青年项目"基于复杂网络的食品安全舆情的演化机理与动力学仿真研究"（BK2012126）的研究成果。在此，感谢国家自然科学基金委以及江苏省科技厅的资助。

我们在研究过程中参考了大量的文献、资料，并尽可能地在文中一一列出，但也有疏忽或遗漏的可能。我们对被引用的文献作者表示感谢。

感谢中国社会科学出版社和卢小生老师等为出版《报告》所付出的辛勤劳动。

《报告》由江南大学江苏省食品安全研究基地洪巍副教授、邓婕与首席专家吴林海教授共同负责，总体设计、确定大纲、并最终统稿完成。洪巍副教授、邓婕、吴林海教授对《报告》的真实性、科学性负责。

洪　巍　邓　婕　吴林海
2017 年 12 月